Java
就该这样学

王洋 编著

電子工業出版社
Publishing House of Electronics Industry
北京•BEIJING

内 容 简 介

本书基于建构主义教育思想，通过大量循序渐进的案例，让学生在体验中掌握 Java 语句，同时获得编程能力、排错能力和学习能力。本书多次使用陷阱式教学法，帮助学生深刻理解所学知识，理解面向对象编程思想。本书详细地介绍了 Java 程序设计的开发环境、概念和方法。内容分为四个阶段：小案例阶段、小案例推动大项目阶段、重点建立复杂编程逻辑阶段和综合大项目阶段，用于巩固面向对象编程思想，并且弥补即时聊天项目在数据库应用上的不足。

本书的内容和组织形式立足于高校教学教材的要求，适用于从职业院校到重点本科院校的课程和学生群体，可以作为 Java 语言入门教材，或者面向就业的实习实训教材，同时也可以作为计算机技术的培训教材，读者完全可以通过本书自学 Java 技术。

图书在版编目（CIP）数据

Java 就该这样学 / 王洋编著. —北京：电子工业出版社，2013.6
ISBN 978-7-121-20222-3

Ⅰ. ①J… Ⅱ. ①王… Ⅲ. ①JAVA 语言－程序设计 Ⅳ. ①TP312

中国版本图书馆 CIP 数据核字（2013）第 081247 号

策划编辑：孙学瑛
责任编辑：葛　娜
印　　刷：北京虎彩文化传播有限公司
装　　订：北京虎彩文化传播有限公司
出版发行：电子工业出版社
　　　　　北京市海淀区万寿路 173 信箱　邮编 100036
开　　本：787×1092　1/16　印张：18.5　字数：472 千字
版　　次：2013 年 6 月第 1 版
印　　次：2021 年 5 月第 17 次印刷
定　　价：49.00 元

凡所购买电子工业出版社图书有缺损问题，请向购买书店调换。若书店售缺，请与本社发行部联系，联系及邮购电话：（010）88254888，88258888。

质量投诉请发邮件至 zlts@phei.com.cn，盗版侵权举报请发邮件至 dbqq@phei.com.cn。

本书咨询联系方式：（010）51260888-819，faq@phei.com.cn。

推荐序

我们用了 10 年的时间来探讨如何快速地教会各种基础的人掌握编程技术，并且在短时间内深入理解这些技术的背景、发展和特点，帮助学生建立编程感觉，获得编程能力和学习能力，更加困难的挑战是，如何让学习者找到编程的乐趣，并将这样的快乐心态带到当下的学习中、未来的工作中，甚至每个学生的生活中。

凡是人设计发明的技术，人都能学会。因为人设计发明的技术往往都遵循人的思维和习惯，即为什么（Why）要这样设计？这个设计或技术的基本原理是什么（What）？在什么情况下（When）使用？该如何（How）使用？这就是我们通常所提倡的 3W1H 软件学习法。

讲师通过 3W1H 教学，不但教会学生知其然，也能教会学生知其所以然。学生通过 3W1H 学习，不但能学会软件编程的技术，同时也能学会软件编程的思想和方法。

达内集团的金牌讲师王洋老师的新书《Java 就该这样学》正是遵循了 3W1H 教学和学习的精髓，让您像玩游戏一样玩代码，让天下再也没有难学的编程技术。

通过 3W1H 的学习过程，学生的成长超越了仅仅掌握编程语言的程度，从始至终培养了学生的编程思维和编程能力，这些难能可贵的能力帮助学生在未来的工作过程中可以轻而易举地掌握新的技术，这些是属于开发领域的技术人员必备的素质。

我相信这是一本与众不同的书，一本改变技术学习方式的书，读者能够明显感受到这些改变，这是王洋老师、他的这本书乃至我们整个公司所追求的价值，这样的价值让我们每年超过 5 万名学生快速成为技术精英。

感谢王洋老师让这样的奇迹能够惠及更多的人。

达内时代科技集团 CEO

前　言

关于学习

一直以来人们都认为教师和书籍是知识的载体，教学过程就是将知识传递给学生，于是书上写满了正确的知识，学生看书就可以迅速掌握知识，理论上这是高效率的系统。事实上只有极少数人能够适应这样的系统，因为这些知识也是有人经过一个过程得到的，忽略了发现知识的过程，而直接将结果传递给学生，似乎高效率，但是学生却常常无所适从，因为学习是发现知识的过程，而不是记住知识的过程。

好在建构主义教育思想指明了更加适合学生的教学过程。在这一思想下，书和教师从正确知识的传递者转变成探索知识的引领者，带领着学生去体验、去感觉、去发现属于学生自己的知识。优秀学生通过自己的努力在到达学习目标的道路上，不断地调整，将错误的理解剔除。问题是大多数学生无法完成这个过程，要么陷入错误的包围中，最终放弃了探索；要么通过死记硬背来达到学习目的，结果是学生能够通过考核，却没有运用知识的能力。这些学生的学习目标离正确的轨道越来越远，甚至很多人迷失了学习的真正目标。将记住知识作为唯一的目标，是很多教育者正苦苦探索的正确的教育途径，在教育理论研究中早已经被发现，那就是建构主义教育。

建构主义教育思想从来不认为掌握知识是学习的最终目的。我认为学习的目标是认知、能力和精神。认知和知识是不同的，知识停留在人的头脑中，而认知是能够被熟练使用的知识；能力在不同的领域是不同的。在本书的范畴内，一个优秀的 Java 程序员，需要有编程的能力、排除错误的能力、探索新技术的能力。如果学习的目的仅仅是为了掌握一项技术，那么人终将会被新的技术手段所替代。任何学习过程都需要是生命价值的提升。一个程序员需要有严谨的态度、专注的品质、探索的精神和创新的意识。这些学习目标不是一节课或一个章节的任务，而是需要通过整个教学过程来建构。

学生的学习动机始终是教育理论界热衷讨论的话题。我认为学生学习的动机有三个方面：一是为了获得喜悦，二是为了消除恐惧，三是自我效能。好的成绩可以获得家长、老师的表扬，可以有更好的名次甚至奖学金；而差的成绩会被批评、留级，甚至拿不到毕业证书。我们发现普遍的教学手段是为了推动学习动机的前两个方面，这造成了两个可能的结果：一是有些学生对于奖励或者惩罚麻木了，一旦丧失了学习动机，自然好的成绩就无从谈起；二是在另外一些学生身上，这些手段一直能够起作用。我们会得到所谓的好学生，问题是，这些动机是外界推动的，而非内生的，这些习惯于此的好学生或许一生都在意别人的评价。如果教学过程能够激发学生的自我效能，让学生的学习是基于自己强烈的爱好和成功的喜悦，我们就一定能够培养出优秀的学生，而他们也将一生受益。

问题是，为什么建构主义教育思想如此的好，却很少在教学实践中应用？这是因为建构主义和现有的教学形式相比仍有些弱点。

第一，从理论上讲，建构主义教育的效率比较低。现在我们能够在短时间内将大量的正确知识传递给学生，学生只需要理解记忆就好了，而建构主义教育要呈现知识探索的过程，这样会消耗更多的时间和精力。

第二，建构主义教育的效果不可控。学生是通过体验自己发现整合知识，那么不同的学生或许得到的结论不同、深度不同。

第三，考核困难。我们不能再用知识点来考核学生，因为教学过程中就没有传递经典的知识点。

第四，实施建构主义教育对于教师的要求比较高。它的教学过程的设计建立在对学生深入理解的基础上，教师不仅仅要准备知识。

为了实现上述效果，教师将扮演不同以往的角色，教师不再是知识的载体，教师将陪伴着学生一同探索，带领着学生犯错误，引领着学生思考整合。为了克服建构主义教育思想的弱点，在写本书时，我基于对学生和技术的理解，剔除了大量知识点的讲解，在反复的教学实践中，已经能够获得和传统教学相同的教学效率。另外，我大量总结和研究了学生的学习过程，建立了学生在学习 Java 过程中的学习曲线，依照学习曲线来评估和考核学生的学习效果。

关于本书

本书总结了我多年来在这条道路上的探索，力求提供基于建构主义教育思想的 Java 教学材料，帮助学生轻松地掌握作为 Java 程序员所需要的知识和能力。书中的内容并不是简单的案例堆砌，每个部分的任务都包含了对相关知识的整合，都基于学生的学习曲线特点。

我在 8 年教学探索后才动手写这本书，是因为我一直相信“教育是用生命影响生命的过程”。我无法在一本书中实现和我亲自上课同样的影响过程，课堂上一遍遍地重复代码所传递的严谨态度，无法在书中呈现，加上我对技术、对学生的理解，以及对建构主义教育思想理解的局限，让我清楚地知道，我并没有完成一部让我心满意足的作品，书中不可避免地有很多不足，恳请读者批评指正。

这本书的内容是我所教的数以万计的学生的成果，甚至有很多案例是我的学生在学习过程中发明的。从 8 年前开始的这段探索并不是一挥而就的，我诚挚地感谢我的学生，是他们的忍受、包容和努力帮助我完成了这本书。我要感谢我的家人，我儿子的出生和成长让我开始接触和研究教育理论，给我之前漫无目的的探索指明了方向。为了让这本书通俗易懂，我那学文科的爱人像一名真正的学生一样，通过本书来学习 Java 技术。在她的努力下，这本书具备了更广的覆盖范围，确保读者即使没有任何专业基础，也能够通过本书掌握 Java 技术。同时也要感谢电子工业出版社的老师为本书的出版所付出的辛勤工作。

代码下载

我一直希望这本书的定价尽可能低，希望有更多的人能够没有负担地学习 Java 技术，所以本书不用光盘提供代码，而是将代码放在网上供下载。需要强调的是，请不要直接编译运行，或者复制我所提供的代码，供下载的代码是我的，只有你亲手输入到电脑里的内容才属于你。

代码下载地址：http://www.broadview.com.cn/20222

王　洋

于 2012 年 3 月 14 日

学习之前

在翻开这本书的这一刻，你一定对编程是有兴趣的。每年成千上万的人开始学习编程，但是大多数人都没有坚持下来。失败者都在找借口说这门技术太难了，不适合没有基础的人，和最初的想象完全不同，学习编程太枯燥了。坚持下来的人通常有不同凡响的毅力，但很多人也没有真正驾驭这些技术，大概 5 年以后，很多人说："哦，原来是这么回事"。我用了 8 年时间教授 Java 这门课，尝试着让初中毕业生、被传统教育淘汰的人，或是退休在家的老人掌握编程技术，大约 15000 名各种基础和理解能力的学生轻松地掌握了这项技术。令人欣慰的是，所有的学生从始至终都将这个学习过程当成一场游戏，并将编程这个工作发展成自己的兴趣。下面我将阐述我的做法与众不同的地方，希望学习者能够在一开始便建立起新的学习思想，这样我们才能一起玩代码。

教会你的不是这本书或者我

我上课的第一个要求，就是请所有的学生将学校发的书从窗户扔出去，看一百遍这些愚蠢的书，你也不可能学会这项技术。可是今天我不得不通过书来低成本地帮助大家学习，但是请记住第一个原则：这本书也教不会你，真正能让你学习并一直坚持学下去的是最开始的兴趣，是整个学习过程持续不断的热情。如果这本书的内容能够一直帮助你维护开始的兴趣，你自己就能学会所有的一切。所以请放松下来，这本书不是要教给你什么，而是引领着你一起玩代码。

本书的内容尽力让你的学习是有趣的、有成就感的，但是帮助你的真正力量是你自己的主动投入，属于你的内容才是你的动力所在。我能够提供这些有趣的内容，不是我多么有创造力，所有的案例都是我教过的学生提供的。我相信源于学习者的内容最贴近学习者，他们能够提供这么多充满想象力的案例，是因为我一直鼓励大家自由地创造。在这里我也这样鼓励你，有人跟我学习就是为了能够做一个连连看的游戏，这是他的梦想；有人 6 年多沉迷于网络游戏，当意识到他也能的情况下，他全身心地投入要做一个自己的网络游戏。雷电、坦克大战、环保网站数不胜数，是你的想法，帮助你学会所有的一切，即便想法相当宏大，也会在这本书的推进过程中，解决一个又一个难题，将这本书扔掉的时候，你已经完成了开始梦想的软件。

开始编程序不需要理论基础

书只是传统学习模式罪恶的焦点，真正的问题是大多数人认为学习就意味着要掌握知识，而书里承载着知识，看懂书便吸收了知识，就学会了知识。这个结论根本的错误是，编程序需要的不是知识，而是驾驭代码的能力，是学习新技术的能力，是解决困难的能力，甚至是面对这项工作的精神，如果这些能力和精神没有问题，那么知识就一定没有问题。

中国整个的教育体系建立在行为主义的教育思想上，没有人关心学习者的感受。老师的心思在他所教授的知识体系上，所以课堂上老师滔滔不绝地讲着，而学生在以各种形式昏昏欲睡。没有几个学生提出异议，因为大家都麻木了，想当然地认为学习只能是这个样子，一定要先经历一大堆枯燥的理论学习，才有能力进行实践。其实每次受益终生的学习都不是这个样子的，这种教育模式唯一的效果是熄灭学生开始的学习热情，最终学生记下了大量的知识，却没有编程能力，其实也没有多少人在这样的学习过程中真正记住什么。

我观察到 1 岁的孩子，通过自己的努力艰难地学会站起来走路，这是孩子非常了不起的成就。这个过程别人的帮助十分有限，甚至使用学步车或学步带的帮助都是有害的。是什么支持着孩子掌握如此复杂的技能？是强烈的意愿。我想到如果直立行走成为今天大学的一门课程，会是怎样的一个景象——这个内容会成为一个学期的课程。第一节课想必是直立行走对人类的重要意义，还有直立行走的演变过程，然后一点点地展开，告诉学生直立行走需要动用多少块骨骼、多少块肌肉，小脑所起的作用，它们的名字都是什么，这些内容足够支撑一份期中考试的卷子，下学期会更加深入地讨论，是哪些肌肉收缩带动着哪些骨骼和哪些关节运动。不知道这么多内容一个学期是否能讲完，结果呢，学生会通过这样的过程学会走路吗？这就是我们现在所遭受的教育。这个例子看起来有些调侃，但是我们今天的学习就是这样的状况，所以大家抱怨在学校学的都是理论，没有实践能力，虽然很多人都在维护这个体系，但是我认为这根本就迷失了方向，我们只想学会走路，只想有编程的能力。

如果我告诉你 Java 有 8 种基本的数据类型，然后将它们都写在黑板上，一个个地讲解它们的定义、特点和范围，我相信你一定昏昏欲睡。当我讲到第 8 种数据类型的时候，你一定忘掉了前 6 种，这根本和你的专注力或者学习能力无关，这样的课程内容和你的需求无关，你凭什么能注意力集中地听课。我们所期望的学习过程不是这样的，在上课和玩游戏之间，越来越多的人选择玩游戏。

到底游戏和上课之间的区别是什么？我总结了三点不同。其一，游戏一直有成就感激励着你，无论是打死了鬼怪让经验值提升，还是一关关的挑战让人有成就感，甚至成为高手是可以炫耀的。我们经历的上课会有成就感吗？有人学会一个什么东西会跑去找人炫耀吗？其二，游戏需要玩家一直主动地参与，几乎所有的游戏都需要不停地操作，所以你停不下来，你会克服困倦，可以整夜地玩。而上课呢？学生在绝大多数时间里都是被动地听，即便走神了，即便睡着了，也不会造成失败。其三，游戏被精巧地设计，整个玩的过程既不容易也不难，太容易的游戏会让玩家睡着，而太难的游戏会让人放弃。可是大多数课堂要么太容易，一直在讲每个人都知道或是无聊的事情，要么太难，所以学生要么睡着了，要么放弃了。

这本书的目标就是这三点，给学习者一直带来成就感，即便没有基础，你也只需要 2 个小时便能够写出可以炫耀的王八，每一步的内容都是基于你的成就感设计的；你一直需要动手操作，没有人告诉你真正的答案，完全要你自己发现；内容被设计得既不容易也不难。但是如果上我的课，我有大量的手段来确保这三点，而对于书这个有限的载体需要你按照我的原则和指示来干，所以不能像大多数书一样一口气看下去，我会提示你在哪里停下来完成你的任务，有的时候欲速则不达。正确的学习体验是，我提示你，你尝试，经过失败、反思和努力，你找到解决的办法，并体会其中的感觉，直到你会了，或许你没法将你会的东西告诉别人，但是你会的已经是你自己的能力。

大家都有共同的学习曲线

上面的讨论揭示了一个问题：好的老师不是精通知识的人，而是能够理解学生的人。需要理解的是什么？是我这里提到的学习曲线。什么是学习曲线？就是一个人从接触一个新学科开始，每个阶段学习的特点和关注点。我们注意到一个普遍现象：老师明明讲了一个内容，所有的学生像是完全没有听到一样。老师气愤，觉得学生没有注意听讲；学生无辜地看着老师，却不敢辩解，确实没听到。问题就在于在那一刻学生的学习曲线恰好不在老师讲授的点上，因为学生的注意力不在此，所以老师在做无用功。

比如一个编程的初学者，第一个星期，他的关注点是单词，告诉他再多的东西他都听不到，因为单词总也拼不对；第二个星期，学生的学习曲线到了关注语句了；第一个月，学生关注三、五行语句之间的逻辑关系；第二个月，学生开始关注复杂的逻辑，以及一个函数里的三、五十行代码；从第四个月开始，学生有能力注意到不同代码段之间的关系；第五个月，学生开始有能力理解面向对象。那些一上来就讲面向对象的书，完全是在浪费纸张。

你会发现学习编程的学习曲线和代码规模有关系。当然学习曲线没有一个对每个人都适用的准确标准，不过每个学生的学习过程是相同的，不同之处在于经历每个阶段的时间。一些因素影响着个体的学习曲线，主动练习的量、基础、逻辑能力等因素都影响着时间进程。

不要尝试从别人那里获得答案

有问题问老师几乎是好学生的标志，可是我的课堂上是禁止提问的。为什么要提问题？因为想得到答案。从掌握知识的角度看，向老师提问是最高效率的做法，但是我前面已经讨论了，我们的目的不是要学知识，而是获得能力，其中最重要的一个能力是学习能力。获得答案的办法有很多，尤其是编程这门专业，因为这个专业所需的学习成本最低，一台电脑、适当的软件足够了。有了这个条件，你就可以任意地尝试。在我的教学过程中，我发现绝大多数的问题，自己用电脑试一下就知道答案了。还有一些问题是为了理解所学的知识，原则是如果你不理解，就是这个阶段你无法理解，写的代码多了，感受到了，自然而然就理解了。那个时候的理解，和现在有人告诉你完全不同，自己顿悟的结果是真正属于你的，而不是别人灌输给你的。

问老师问题揭示了一个现象：长期以来老师都是学生的依赖，是知识权威，所以听到正确答案似乎理所应当。这个现象不仅仅表现在计算机的相关专业上，只是在编程相关专业上的危害太大了。这个行业需要想象力和创新精神，所有的权威都妨碍了学生在这个方面的发展。没有权威，你也只能依赖自己的思考、尝试和体验。

笔记是没有意义的学习工具

我的学生不允许记笔记，我同样要求学生抛弃这个经典的学习工具。回想一下从小学到现在，你在课堂上记了多少本笔记，那么又有多少笔记你回头看过，很多人只在考试前突击看一下。可是你为什么要记笔记？理由不外乎要记住重点，或是一时消化不了的内容。不管理由是什么，不回头看就将这些丢给了一个本子，它们并没有进入你的头脑。想象一下，如果没有笔记怎么办？你只能尽力地记住更多的内容。所以丢掉这个拐棍，能够帮你掌握得更多。

问题是，还是有两个理由支持笔记这样的工具。有人说可以通过整理笔记来总结整理所学的知识。好了，再也不提知识了，如果需要总结整理，就写代码吧，因为这是最终的目的。还有一个理由就是必然会有一时掌握不了的内容，记下了回头消化。暂且不论是否能回头看，即便是你有这样的学习能力，你也根本不需要回头看。还是那个原则：如果你现在理解不了，那么就是理解不了，就丢掉好了，理解不了的东西不属于你，属于你的东西就把它变成你身体的一部分。

我不赞成记笔记，但是我希望学生能够每天写学习日志，这和记笔记有着本质的区别。反对记笔记，因为这是完全从知识角度出发的工作，而且往往还是被动的，大多数人的笔记是某种形式的复述；学生日志的内容要比笔记广阔多了，可以是所学知识，还可以是学习心得、喜悦与困惑，甚至描述生活感悟或对未来的憧憬，写什么随你，即便是记录所学到的知识，也是你所掌握的知识，就是一段学习生活的记录，它将激励你、鼓舞你、鞭策你，如果能够因此养成写日志的习惯，这将成为一生的财富。

20 遍地敲代码

我的很多学生开始觉得跟着我学习，真是太幸福的一件事情了，不需要书，不需要记笔记，不需要背任何东西。但是我也有让人痛苦的要求，所有经历的代码都要敲 20 遍。事实上大多数学生没有做到 20 遍，但是所有做到 20 遍的人对编程的理解远远超过其他人。我甚至得出一个结论：在我教过的学生中，对编程的理解程度和他敲过的代码遍数成正比。

为什么要敲 20 遍代码呢？我理解了不就行了吗？我们需要的不是理解，而是能力，作为一个程序员需要建立手上的感觉。在软件企业里，最好的软件工程师不仅仅会技术，而且可以不思考、靠下意识就能完成大多数编码。这样的人才有精力去思考用户需求，设计软件的框架。更何况在学习的过程中，我们认为的理解不见得真的理解了，就好像来到一个陌生的环境住下，我带着你走了一遍新住所门前的马路，那么你当然知道这条马路的存在了，但是你对这条马路是没有感觉的，当你走了 10 遍后，你开始忽略这条马路，注意点放在了左边有个小卖部，右边有棵歪脖树，前面有个岔路上，你开始能够感觉到这条马路的细节；如果走了 20 遍会怎么样？你甚至能够在伸手不见五指的夜晚摸着回来。代码也一样，不在乎学得有多快，而是每学一点，就建立感觉，让这些内容成为你身体的一部分，坚持这个原则，没有人会学习失败。

20 遍还有一个附加的好处，一些一时理解不了的内容，你会发现大量的重复练习后，问题自然而然地解决了，这是熟读唐诗三百首的道理。很多人担心这样做的效率，会不会学得很慢。我的经验：不会慢，而是快得惊人，因为这样学习一点扎扎实实地掌握一点，向前推进过程中不需要返工之前所学。

所有的内容都有内在的关联，是一个整体

这本书包含了大量的内容，如 Java、数据库编程、数据结构和算法。我没有将这些内容分开，我此前的教学实践也从不划分科目，它们本来就是一个整体。我甚至不用不同的学科来设计这本书的结构，这本书唯一要遵循的是学习者的学习曲线。遇到数据库，我们就讨论数据库，所以或许你能看到数据库的内容散落在书的不同地方。划分科目本来就是一些无聊专家的游戏，与我们没有任何关系。

因为这样的设计思路，在跟着这本书学习完以后，你或许要去看其他的书籍，那些依照知识体系写成的书，可能会描述一些我没有提及的知识。也就是说，这是一本带领你学习的书，而不是一个知识的词典，所以我建议你在看这本书的时候，暂时不要看其他的书，那或许会破坏我精心设计的学习节奏。

关于高端技术

Java 语言如此强大，是因为这个技术属于整个产业界。由于有大量的企业和开发者的支持，在 Java 语言的基础上已经产生了大量的扩展，对于 Java 的发展还在继续着。这些发展有来自于官方的，也有第三方的扩展，同样的问题会找到侧重点不同的解决方案，经过市场的筛选，有些技术就会成为流行技术。招聘企业可能会问求职者是否掌握了一些流行技术，以便判断这位求职者发展到了什么程度，于是便有人想到走捷径，直接学习流行技术，甚至直接背面试题来求职，很多学校也急功近利地推动着这个现象，这是对于学生、软件企业和学校都无法持续发展的策略。

因为所谓的流行技术都是快速发展变化的，今天大家会说 SSH、AJAX 甚至 Android，明天大家会用什么没人知道。追逐这些技术的基础是你有强大的学习能力，而不是一直能够找到带领

你的老师。在编程技术中，学习能力意味着扎实的基础、逻辑能力、清晰的概念和探索精神，对于 Java 来说，你需要在 Java SE 的学习阶段就获得这些能力，所以我一直重视基础技术的学习。基础扎实的学生学习 Struts、Spring 或 Hibernate 只需一个半天就能够摸到一个技术的门路，然后在实践中能够迅速完善相关的知识；而很多人学习一个星期都稀里糊涂。所以我建议你用 60%的时间去彻底掌握基础知识，而不是用主要的时间去学习流行技术。

我一直在使用流行技术，而不是高端技术。我认为在技术领域并没有什么高端或低端的区分。很多人会误认为，掌握所谓的高端技术的人会比使用相对基础技术的人更厉害。实际上在我教过的学生中，目前发展最好的学生主要使用的语言是 JavaScript。确实有些技术是另外技术的基础，但是打好基础可能会更强大。

考虑到即便限定在 Java 的范畴内，要学的技术也非常多，我将技术分成了三种类型：第一种是必须熟练掌握的，再过 100 年都不会变化的；第二种是通常会用得上，你需要知道怎么做；第三种是知道这个能做什么就好了，你根本不需要有能力去做，在未来需要的时候，你至少知道看那个方面的书，到网络上搜索就可以。

基于上面的分类，我将学习深度分为知道能做什么、知道怎么做、能够熟练使用这三个程度，每一个程度都是下一个程度的前提条件，我们的学习也将遵循这样的规律。我就见过有学生用了大量的时间和精力来学习 Struts，结果在工作中却不使用 Struts，后来我发现，虽然他会照葫芦画瓢地写 Struts 的代码，但是不知道在什么地方用 Struts 技术，这样的话等于完全没学。这本书涉及的大多是需要熟练使用的内容。

学习本书的几点建议

（1）在我提问的地方，停顿一下，思考一下再向后看。

（2）处理开始的代码，在其他代码前，我都会描述是做什么的，请看完描述，不要直接看或练习我提供的代码，而是放下书，尝试着自己实现，即便是失败了，再看我的代码，你也是主动学习，而不是被动接受。

（3）我会在需要的地方提示你练习，或者建议你停下来明天再学，这些都是我长期教学经验的积累，是学习曲线所提供的节奏，希望你能遵从我的这些建议。

（4）我所用的软件环境是 JDK、Eclipse、MySQL、Tomcat，这些软件都是免费的，开始只需要安装 JDK 和 Eclipse 就可以了，其他软件可以在学到的时候安装。我不提倡在学习期间过度依赖工具，所以 Eclipse 在我看来只是一个编辑工具，我甚至都不会涉及单步调试的使用，也不会用到 Eclipse 中任何的向导，因此你可以安装更加小巧的工具。之所以不建议使用记事本来学习，是因为记事本完全没有提示功能，而提示功能能够帮助你去探索。我不认为搭建开发环境是多么重要的内容，所以将环境搭建内容放到附录里，如果你有能力自己搭建的话，完全可以不看附录，或者找个懂的人帮你搭建开发环境，我也不认为有什么不可以的。

目　录

第 1 章 认识 Java 程序

学习曲线

关注点：单词和简单逻辑

代码量：500 行

1.1 写代码前的准备

好了，我们开始吧！一开始是一段艰难的过程，因为我想尽快开始写程序，但是 Java 不是一个很初级的技术，我们不得不理解一些概念，当写了第一个程序以后，你会发现剩下的都没那么困难，别忘了，如果理解不了，就丢掉这些讨论，只要你能将代码敲上 20 遍，该理解的就理解了，鼓足勇气越过这个坎吧。

既然要学编程，就要先弄明白什么是程序。（不要忘记，在我提问的时候停顿一下，自己想想答案）有的教科书上有简单的定义：程序是数据结构加算法。无论是这个答案还是百度上的定义，都让人崩溃，本来一个还能蒙一下的词，变成一堆都没法猜的词。我来说什么是程序："我想让你站起来，走到门口，下楼梯，到公交车站，坐车回家"，就这么一系列的事情，我跟着你说一句，你来做一句，那么我说的叫**命令。**大多数情况下，我们操作电脑，就是在不断地命令电脑，如果我将这些话写在一张纸上，你照着这张纸去做，那么纸上写的就叫**程序**。

可是现在照着纸去做的不是你，是一台比傻子还傻的电脑，它看不懂人话，人话太复杂了，电脑的语言是 0 和 1，但是让人用 0 和 1 跟电脑说话也太折磨人了，所以人们找到了一个办法，将人类的语言简化，简化到一个极致，产生了一门新的语言，我们管它叫做 **Java 语言**，当然还会产生其他语言，比如 C、C++、C#等，这些语言都位于复杂的人类语言和计算机能看懂的 0、1 之间。

人如何能够用 Java 语言说话？当然是通过学习了。那么计算机如何能够看懂 Java 语言呢？要通过一个软件 JDK，JDK 的意思是"Java 开发工具"，JDK 将写好的 Java 程序翻译成计算机所能够认识的 0 和 1，这个翻译过程我们暂时不深究，以后有兴趣可以看一下其他书。

也就是说，我们要学习一个新的、简化的 Java 语言，以便跟计算机说话，而 JDK 会将我所说的话翻译给计算机看，所以需要在计算机上安装 JDK。JDK 是免费的软件，如果你不知道如何获得或者安装，到书后面的附录里看 JDK 安装的内容。

现在我们打开一张纸，在计算机中所谓的打开一张纸就是用记事本创建一个新的文本文件。不是有 IDE（集成开发环境）吗？没错，现在有很多流行的集成开发环境，如 Eclipse、JBuilder 之类的工具，它们提供了很多辅助的工具，简化了程序员的劳动，但是这些方便对于初学者来说是有害的，尤其是学到后期，工具提供的向导通过简单的点击便可以产生大量的代码，你以为自己学会了这些知识，其实只不过学会了如何使用工具，一旦换成其他工具，或者在生成代码的过程中发生了问题，学习者就会无所适从。我们要学会的不是工具，而是 Java 语言本身。

本书并不介绍任何集成开发工具的使用，使用记事本即可学习所有的代码，如果你觉得记事本过于简陋，推荐你使用 EditPlus。

1.1.1 程序的入口

如果是写在纸上的一段话，人们通常会从最上边开始看，这是人类的阅读习惯，或者说是一个约定。但是计算机不是从第一行开始看 Java 程序的，计算机从一个特定的位置开始读，这个位置叫做主函数，还有人说那是程序的入口。

我们又碰到了一个新的名词：函数。什么是函数？其实我们生活中充满了函数，早晨起床时，你喊了一嗓子："妈！给我做早饭。"这是典型的函数运用，你并不知道早饭是如何做出来的，你就喊了一下，我们管这个叫做**函数调用**，妈妈提供了具体的实现，也就是说，妈妈提供了做早饭的函数，你调用了这个函数。是不是我们的生活中充满了函数和函数调用？上饭店点菜是函数调用，坐出租车是函数调用。

那么回来看所谓的主函数，大多数的计算机语言都将主函数写成 main(){}，程序从这个地方开始运行你写的语句。我们先来看一下这个主函数的各个部分，main 是函数的名字，计算机会找这个名字。这是一个怎样的过程呢？我们单击 Windows 的"开始"菜单，在运行的框里输入 cmd，然后回车，你会看见一个黑窗体，这是我们常说的 DOS 窗体（见图 1-1）。事实上我们看到的图形界面只是为了能够更方便操作而设计的，计算机的操作系统本质上就是这个黑窗体。

图 1-1

现在我们的手离开计算机，想一下，计算机现在是忙着的还是闲着的？（请想一下再往后看）计算机是忙着的，它在忙着让那个白色的小横线闪烁，你或许觉得这真不是个事，但是从计算机的角度看，这确实是个任务，那么我们随便在键盘上按个字母，会发生什么？（试一下）字母跳到了小横线所在的位置了，这说明计算机还一直在扫描着键盘，等待着你的输入，一旦你输入了，它要将这个字母显示到屏幕上，那么如果这个时候回车会怎么样？（你需要先有一个想法）你的答案是换行，或者是运行。没错，会换行，事实上计算机会到当前目录里找你输入的那个字母的可执行文件，如果没有就会显示一堆废话（见图 1-2），如果有会怎么样？千万不要说**运行**这个程序，这是非程序员的想法。非程序员和程序员的区别在于，非程序员向计算机输入一个命令，然后等着里面的程序执行；而程序员关心的是计算机一步步在做什么，在这个时刻，如果目录里有这个可执行文件，计算机就会将这个程序从硬盘搬到内存里，记得程序是在内存里运行的，然后寻找其中的一个叫做 main 的函数，去调用这个函数，就像让妈妈做早饭一样，一步步读里面的语句。这就是为什么 main 是主函数，因为计算机找的是 main，计算机是调用者，你是 main 函数的提供者。为了便于理解，我简化了这个调用过程，事实上 Java 有着更加复杂的机制。

图 1-2

再看小括弧，小括弧中间是放参数的。什么是参数？如果你是这样喊的："妈！给我做早饭，我想吃个鸡蛋。"和之前的区别是你有了鸡蛋这个进一步的要求，那么鸡蛋是参数，你是调用者，你提供了一个鸡蛋的要求进去，函数的提供者需要接受这个参数，所以需要一个接受的容器，事实上 Java 的主函数是需要参数的，人们通常这样写：main(**String args[]**){}，鸡蛋就放到了叫做 args 的容器里了。在 Java 里标识一个函数，不完全用名字，也包括参数，也就是说，main(){}和 main(String args[]){}是两个不同的函数，计算机要调用的是带参数的 main 函数。不知道你是否注意到：String 的 S 是大写的——Java 语言是区分大小写的，该大写的地方要大写，该小写的地方要小写。

接着看后面跟着的大括弧，我们要跟计算机说的话就放在那里，所以通常大括弧要跨越一个很大的区域，以便容纳你要说的很多话。

Java 语言的函数还需要有返回值，如同早饭做完以后，是要把做好的饭给你一样，现在计算机来调用 main 函数，而计算机并不需要什么返回，即便是这样，我们也要说明没有返回值，我们使用单词 void，加上返回值声明，main 函数被扩展成 void main(String args[]){}。

这还不算完，看起来 Java 语言真是啰嗦，后来发展出来的语言将这个 main 函数简化了。函数前面还有一个 public 声明，public 专业的叫法是公有的，那么对应的将是私有的，每个人的外衣都是公有的，是允许别人看的，而内衣是私有的；家里的大门、信箱和电话号码是公有的，允许外面的人访问，至于藏钱的地方一定是私有的，我会在后面专门讨论为什么 Java 语言要设计这样的东西，现在理解是为了能够让计算机从外界访问到 main 函数，我们需要将它定义成公有的就好了。

在 public 后面，还需要一个叫做静态的 static 这样一个标识，static 我要放在后面讨论。至此，我们看到了一个完整的 Java 中主函数的定义：public static void main(String args[]){}。

1.1.2 初步理解类和对象

可是 Java 不能直接写主函数，因为 Java 语言是基于一个叫做面向对象的思想设计的。要知道计算机技术是天下最简单的一种技术，不像物理、化学，每次进步都让人吃惊得目瞪口呆，人只能接受发现的东西，计算机从发明的那一天起就是人的逻辑思维，而每一步的发展都是因为过去的技术遇到了问题，新的技术会想办法解决这些问题，这个过程也符合人的逻辑思维。和我相比你已经不太幸运了，因为我在 20 年前学习了计算机语言，技术又发展了 20 年，你要比我当初多追赶这 20 年的发展。那么这 20 年编程领域的变化是什么？从面向过程发展到了面向对象。

很多程序员用了几年的时间也没有办法真正理解面向对象，不理解面向对象的思想就没法成为一个真正的 Java 程序员，但是在这个阶段我也没有办法让你真正理解面向对象，随着代码量的增加，我会对比着使用面向对象思想，积累到一定程度，才有可能真正了解面向对象。这里我先简单解释面向对象是什么。还记得我在开始解释程序的时候要你做的那一系列动作吗？很明显那个程序在描述一个过程，我们将这样的做法叫做面向过程。

面向对象就没这么容易解释了，我们先来理解面向对象中最基本的概念——类和对象。如果我拎着一条鱼被你看到了，你会说：“哦，老师，你买了一条鱼。”那我就要问你了：“你是怎么知道那是鱼的？”难道是上中学的时候背的鱼的定义吗？一定不是，因为大多数人一懂事就知道什么是鱼了。那么是一生下来就知道什么是鱼吗？

这个更不靠谱，从出生后到懂事前，会有一个有趣的学习过程，我们能够想象出来一个场景：5、6 个月大的时候，我妈妈为了不让我输在起跑线上，决定让我认识万事万物，于是买了一条大鲤鱼，放到盆里，抱着我指着鱼说：“宝贝，鱼。”我妈妈一定不会多么详细地解释，或者带领我看什么细节，就是一个命名。

第二天我妈妈又弄了一条鱼放在盆里，抱着我复习概念，她说完鱼以后，我傻了，昨天是条大鲤鱼，今天是条带鱼，我没法问我妈妈呀，因为我还不会说话，加上我无比地相信我妈妈，只好自己困惑着。

第三天我妈妈又弄了一条比目鱼，我彻底混乱了，经过一段时间，我决定试着理解我妈妈为什么要将这些完全不同的东西都叫鱼，最后我发现它们都湿漉漉地在水里游，都有眼睛和嘴，我总结了很多共同之处，最后在头脑中形成了一个概念“鱼”。

Java 里的类就是这个概念，所以类并不存在，它只是一个概念，在计算机里讲不存在就是在内存里不存在，那么我手里拎着的那条存在的鱼是什么呢？在 Java 里，那条存在的鱼就是对象，是符合概念的，存在于内存里的。

有了一个基本的认识，类是一个概念，并不存在，对象是存在的，符合类的定义。那么出几个问题，你看看是类还是对象。我想买个空调，那么空调是类还是对象？（思考）空调是类，因为这还是我的想法，只要是能吹凉风的我就认了，后来我拿着钱去电器商店抱回家的是对象。

十年前，我想娶个媳妇，媳妇是类还是对象？媳妇那个时候是类，还没有，是一个概念，后来我千辛万苦地努力才弄了一个对象回来。我是类还是对象？我是对象，因为我存在。那么我是什么类的对象？是人类的对象，也是男人的对象，说我是动物类的对象也对，你发现一个对象可能有好多类，而这些类有层次关系，人类是动物类的一种，男人是人的一种。先理解到这就可以了。

Java 是纯粹的面向对象的语言，所以 Java 程序是由一个个类构成的，类的里面是变量和函数，函数的里面是语句。所以我们要先定义一个类，public class MyTest{}，看好了，我起的名字是 MyTest，这里有大小写。不按照我的写也没问题，但是这是约定俗成的，在 Java 里大家都将类的名字的第一个字母大写，这样一眼就能看出来什么是类，因为起名的时候不能有空格，所以英文单词间下一个单词的第一个字母大写容易读。好了按照我的写吧，成了习惯再理解为什么也来得及。

我们的主函数写在这个类中，形成的代码如下：

```
public class MyTest {
    public static void main(String args[]){
    }
}
```

然后存盘，保存的时候，记事本会让你起一个名字，名字是 MyTest.java，这个文件的扩展名是 java，说明这是 Java 源程序，在记事本中默认的扩展名是 txt，你需要将保存类型改成“所有文件”，再保存。再看文件名，不知你发现了没有，这个文件的名字和类的名字是一样的，连大小写都是一样的，这是强制性的规定，Java 的文件名要和 public class 的名字一模一样。

别停下来，写好了，删除，反复练习 20 遍，如果哪次敲错了，就重新来，这次不算，一直到快速的、没有错误的、不需要过脑子的程度，要尽可能地快，这个阶段的任务就是尽快建立手感，还要注意格式，是否注意到我的缩进。

1.2　画王八

有了上面的基础，我们开始第一个项目“画王八”，之后我们每天都将有明确的项目，画王八这个挑战至少需要完成两个任务，首先我们需要一个窗体，然后就是学会绘图了。

Windows 的窗体如此复杂，怎么办？不用担心，在 JDK 中除了编译器和 JRE 外，还提供了 7000 多个类（再想想类是什么），也就是说，Java 提供给我们的时候，已经预设好了很多代码、很多功能，编译器加上这 7000 多个类构成了 Java 的一个基础版本 Java SE。Java 的标准版，我们可以这样理解，其他的版本都是在这个基础上加入了一些新的类，在这 7000 多个类里，有一个类是窗体，它的名字叫 Frame，7000 多个类仅用名字来区分不太现实，所以 Java 使用了包名来管理，这类似于新街口这样的街道在中国是重名的，为了避免这个问题，我们加上前缀，北京 新街口就没问题了，Frame 加上前缀的写法是：java.awt.Frame，中间用点来分隔。我们现在要做的，就是将系统提供的这个窗体类导入到程序里，我们在代码基础上加入 import java.awt.Frame ;，目前这行语句加到整个程序的最上面，意思是：哥们，把 Frame 的那个类借我用一下。最终形成的新代码是：

```
import java.awt.Frame ;
public class MyTest {
    public static void main(String args[]){
    }
}
```

很多看书学编程语言的人，没办法建立编程思维，是因为书上的代码是死代码，你看到的都是一行行写好的，但是真正写代码不是从第一行开始，一行行向下写，而是跳着写的，这是因为写代码要符合人的思维过程，比如上面几行代码，不可能一上来就知道要写 import java.awt.Frame ;，是你想要窗体，才想起来要导入，所以第一行是后加入的。这样的先后顺序远比代码本身重要，因为通过这样的顺序，你能够一点点建立自己的编程思路。后面的一个阶段，在代码中我会加入序号，请务必按照序号的顺序练习，在这个阶段，你还没有建立起来自己的编程思路的时期，先按照我的思路写程序。

有了窗体类，我们下一步需要建一个窗体的对象，因为只有这样窗体才会存在于内存中。我们继续添加代码：

```
5 import java.awt.Frame ;

1 public class MyTest {
3     public static void main(String[] args) {
6         Frame w = new Frame() ;
4     }
2 }
```

我们来看一下新增加的、编号是 6 的代码，这句话将 Frame 类变成了对象，我们来理解一下这行语句。先看等于号，Java 语言的等于号和数学上的等于号是不同的，数学上的等于号用于确定两边是否是相等的，而 Java 里的等于号用于将右边的内容交到左边去，我们将这个过程叫做赋值，所以左边通常是能够装东西的容器，这样的容器在 Java 语言中叫做变量。

我们先来看一下属于程序的内存是怎么管理的。下面是一个内存示意图（见图 1-3），我们看到内存被划分成两个区域，一个是栈，另一个是堆，看得出来栈很小，堆很大，栈是操作系统按照薯片桶的管理方式管理的，先放进去的薯片，会在最后被取出来，而堆没有管理限制。

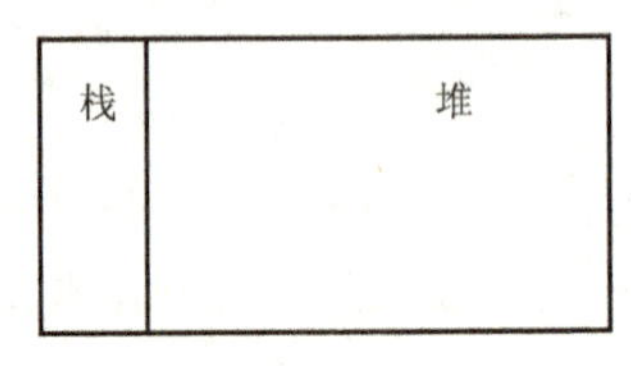

图 1-3

还是回到等于号，见到等于号，我们就要看等于号右边，看到第一个单词是 new，new 就意味着在堆里分配了一块内存，分配内存干什么？new 后面跟着 Frame 这个类，那么分配内存就是为了装 Frame 的对象，也就是说，等于号右边已经创建对象了，图 1-4 是 new Frame()的结果。

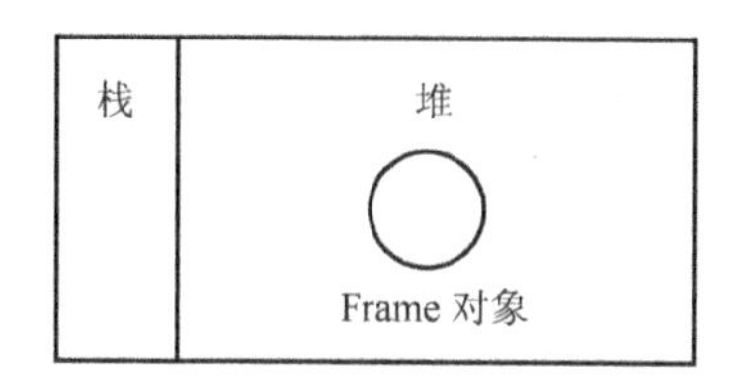

图 1-4

等于号左边是干什么的？上面提到过，在 Java 里等于号意味着将右边的东西送到左边去，左边通常是一个变量，变量在 Java 里是分配内存的另一个手段。既然 new 用于在堆里分配对象，那么变量就被放在栈里，我们已经得到了一个 Frame 对象，为什么还要一个变量呢？是因为我们得到的这个对象不方便操作，new 那一刻之后就没法找到它了，如果把这个对象的地址存到一个变量里，我们以后就可以通过这个变量随时随地地找到这个对象，这个变量起到了电视遥控器的作用，为了方便操作。变量也不是什么都能装的，需要提前说明它能装什么类型的东西，这里的声明 Frame w，就是表明 w 是能够装 Frame 对象的变量，这条语句运行的结果是，w 里存放着 Frame 对象的地址，看起来 w 就指向 Frame 对象，我们管这种指向对象的变量叫做引用（见图 1-5）。

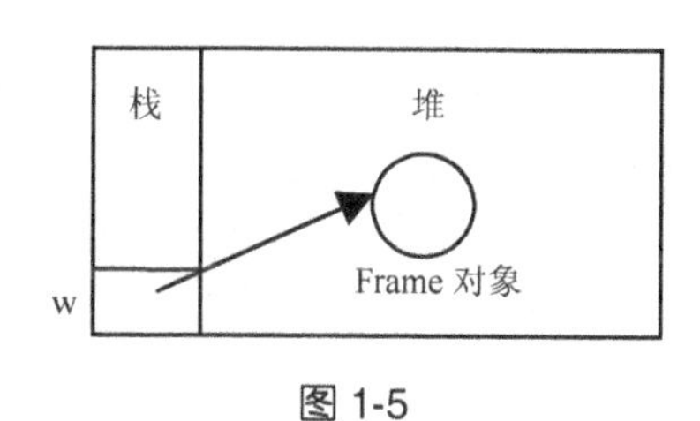

图 1-5

我们终于有了一个窗体对象，问题是这个窗体在内存里，并不在屏幕上，要想让它到屏幕上，我们需要加一条语句让它显示出来。

```
5 import java.awt.Frame ;

1 public class MyTest {
3     public static void main(String[] args) {
6         Frame w = new Frame() ;
7         w.show() ;
4     }
2 }
```

输入 w 之后输入点，然后运行所调用的函数，就是 Frame 拥有的功能。我们可以这么理解，你想买台电视，你得到了一台电视加上一个遥控器叫做 w，遥控器 w 上面有很多的功能键，在 Java 里对象的引用提供的函数就是 w 的功能键，在 Java 里叫做方法。不知道你是高兴还是头疼，确实不能和电视遥控器比，因为这里的方法太多了，加上又有那么多类，学到哪天才是头呀！不用担心，Java 语言的设计者不是诚心来和你较劲的，这么多类和方法以非常容易理解的规律存在，你什么都不用记，用一段时间就能摸出规律，然后蒙着就能用了，别忘了 20 遍。

1.2.1 运行 Java 程序

我们来运行一下吧，这需要编译写好的程序，将代码存盘，然后进行两步操作：

（1）将源文件编译成字节码。

（2）用 JVM 运行字节码文件。

不是说要将源文件翻译成计算机所认识的 0、1 吗？这是一个过时的做法，因为这个世界上有不同种类的计算机，每一种计算机能够认识的 0、1 指令也是不同的，过去的计算机语言只有一步编译，为了适应不同种类的计算机，就要针对每一种计算机编译一次，产生不同的 0、1 指令的可执行文件。Java 想出来一个聪明的做法，在编译的时候不直接编译成针对计算机的 0、1，而是编译成一个自己定义的中间码文件，又称字节码文件，在运行的时候，由一个运行在计算机上的 JVM（Java 虚拟机）临时翻译成 0、1 文件执行。先理解到这里，后面我还会讨论这个话题。

现在来完成上面的两步操作，它们分别对应了 JDK 中的两个工具：javac.exe 和 java.exe。首先确保刚刚写的代码已经存盘，现在启动命令行窗口，在"开始"菜单的运行输入框中，输入 cmd，然后在命令行窗口中输入 javac 后回车，你将看到下面的输出（见图 1-6）。

图 1-6

可是在我所安装的 JDK 目录 C:\Program Files\Java\jdk1.7.0_02\bin 中确实有 javac.exe 可执行文件。之前讲过在这个地方，如果输入 javac 后回车，系统会到当前目录下找有没有 javac.exe 可执行文件，也就是说，我们还不能使用 javac 和 java 命令，虽然我们已经将 JDK 安装到计算机上，但是计算机不知道到哪里找这两个命令，除非你将文件所在的目录放在 Path 这个环境变量中。

用鼠标右击"我的电脑"图标，出现了右键菜单，单击"属性"项，在"系统属性"对话框中，单击"高级"标签页，再单击"环境变量"按钮，出现"环境变量"对话框，在这个对话框中能够找到 Path 环境变量（见图 1-7 和图 1-8）。

我们在这里能够找到两个 Path：一个是用户 Path，一个是系统 Path，设置哪一个都可以。它们的不同是，用户 Path 只影响当前用户，而系统 Path 会影响这台计算机上的所有用户。

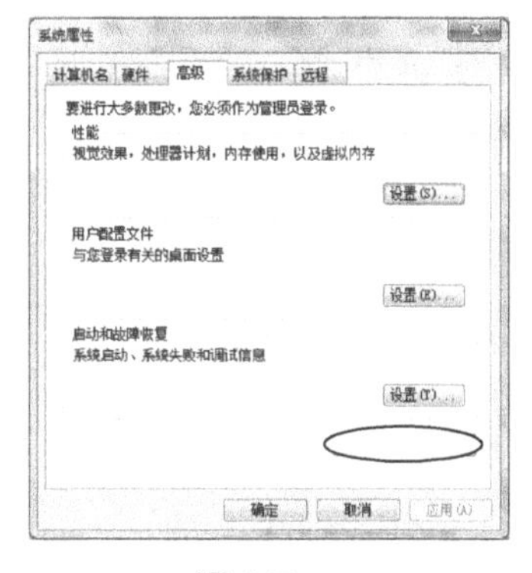

图 1-7

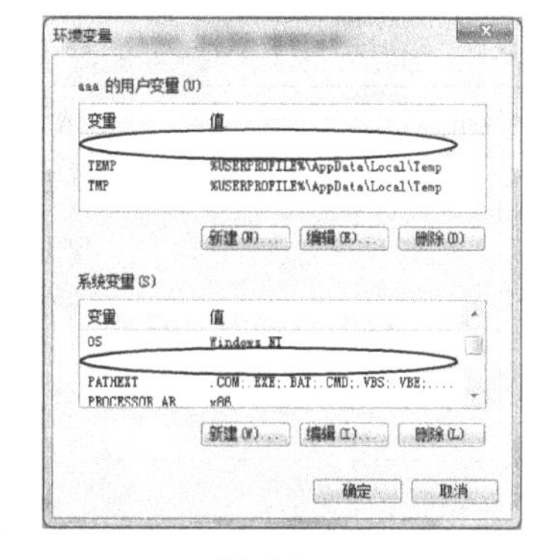

图 1-8

选中一个 Path 后，单击下面的“编辑”按钮，会弹出一个小对话框，发现环境变量 Path 已经有一些内容了，不建议你删除这些内容，删除有可能会影响其他软件的运行，在变量值的内容最后面，加上一个分号，然后将 javac 所在的路径放在这个分号后面：

```
;C:\Program Files\Java\jdk1.7.0_02\bin
```

然后确定，再确定，关闭这两个对话框，重新启动命令行窗口，再次输入 javac 来测试，你会发现错误信息变成了提示信息，这样 javac 命令就可以用了。

现在我们用 DOS 命令到文件所在的目录，可以直接输入 cd c:\work 后回车，这样命令输入的提示符就变成了 C:\work>，输入 dir 命令能够列出这个目录中有什么文件（见图 1-9）。

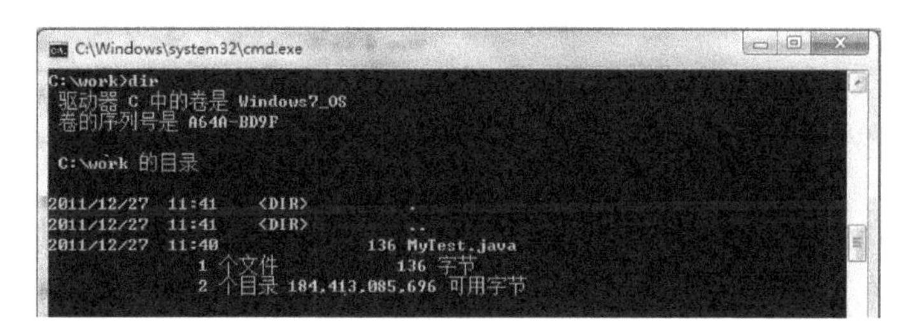

图 1-9

我们输入 javac MyTest.java，注意写法，要写整个 Java 文件的全名。如果你看到图 1-10 所示的输出，则说明程序没有错误，否则就要重新检查所编写的代码。

图 1-10

这时在用 dir 命令显示该目录的内容，你会发现出现了一个新文件：MyTest.class，这便是编译产生的字节码文件。现在我们来运行这个程序，输入 java MyTest，注意：这时不输入扩展名。

你看到了什么运行结果？一种可能是你遇到错误了，没有出现想要的结果，错误会在编译的时候显示在命令行窗体上。我发现很多人这时就气馁了，甚至慌神了，开始想着寻求别人的帮助，那么你将丧失获得排除错误能力的机会。越学越多以后，错误就会越来越复杂，等到那时再学习排除错误，要比现在开始难多了，要知道一个程序员 70%的工作都是在排除错误。事实上很多人不是学不会编程，而是学不会排除错误，所以道理很多人都知道，但是不会编程。就这几个单词字母，再仔细找找，如果找不到，就删了重敲，一直到恍然大悟为止，这才是你目前真正要学习的东西。

下面列举可能出现的错误，如果你遭遇错误，看一下是否是下面的问题。

（1）大小写，在成为程序员之前，很多人不关心大小写，Java 是严格区分大小写的语言。

（2）源文件命名，这往往可能包含两个方面的问题。

- Java 程序源文件的扩展名必须是.java，初学者经常会犯这样的一个错误，就是在保存文件的时候，保存成了*.java.txt。由于 Windows 在默认的情况下会“隐藏已知文件类型的扩展名”，使得文件可能存在的.txt 看不见，你可以到文件夹选项中修改这个设置。
- 另外，如果文件中有一个类是 public 的，那么文件名就必须和这个类名相同，包括大小写，这样我们就知道在一个源文件中，只可能有一个类是 public 的，事实上我们推荐在一个文件中只放一个类。

如果幸运，你会看到结果。有人说我没看到编译的时候有错误，但是也没看到窗体，拜托再仔细看看，这个窗体很小，在屏幕的左上角，通过这个我们证明计算机是个比人还要懒的东西，你说要个窗体，然后显示出来，计算机一看没什么特别的要求，于是就显示给你一个最小的窗体，用鼠标可以将这个窗体拖大。

你马上就发现了新的问题，这个窗体关闭不了，右上角的那个小叉只是个样子，没有功能，怎么关闭呢？单击命令行窗体，让命令行窗体成为当前窗体，然后按“Ctrl+C”组合键。我们终于能够运行出来一个 Java 程序了。

停下来吧，敲 20 遍再继续，务必按照我标注的序号来敲代码，在你的编程思路还没有建立起来的时期，先用我的，一直到我们不需要序号了为止。

问题是这个气人的窗体也太小了，我们需要加一条语句，让窗体在显示前就有你想要的大小。务必注意代码编写的先后顺序。

```
5 import java.awt.Frame ;

1 public class MyTest {
3    public static void main(String[] args) {
6        Frame w = new Frame() ;
8        w.setSize(300 , 400) ;
7        w.show() ;
4    }
2 }
```

我想我不需要解释这句话吧，300、400 是参数，告诉计算机窗体的宽和高，练习 20 遍再继续吧。

有很多人这个时候觉得我小题大做，按照代码的先后顺序，最后才写 show，我们正常人的思维是，先将窗体显示出来，再调整大小、样子，每次调整都会运行一下，看看是不是自己想要的，不是的话再重新调整。曾经有个学生，写了 200 多行的代码，做了一个复杂的窗体，然后举手问我，为什么运行起来什么都没有？我一看，没写 show，我竖起大拇指说："你真牛。"他问我为什么，我说："你一眼都不看就能写出来 200 多行代码的界面，厉害。"所以正常的编码顺序是先写 show，然后再调整窗体。

重复之前的编译、运行过程，务必将这段程序运行出来。

1.2.2　绘图

下面我们开始学习如何在窗体上绘画，这里有个前提，Java 语言不允许直接将图形画在窗体上，必须画在一个画布上，然后将画布放到窗体上。好消息是系统提供了画布类，坏消息是画布上没有王八，当然不可能有了，你现在的思路是什么？（请想一下）是不是将系统提供的画布类 new 成对象，然后在这个对象上画图，如果能想到这就非常不错了。

但是面向对象思想意味着有另外一种方式能够更好地解决这个问题。如果我有一个类叫做动物，我希望得到一个人的类，你会发现动物几乎所有的一切，人也有，能不能将动物拿过来改造一下，添加上去人特有的就完成了人的定义，如果这样行的话就太好了，因为动物类描述的内容有太多类需要了，我们因此会得到一个叫做代码重用的好处，那么这个做法叫做继承。人类是从动物类继承来的，所以人类拥有动物类的一切，事实上人类也是动物类，是动物类的一个特例，那么动物类被称作父类，而人类叫做子类。有一个说法：继承自什么就是什么，人类继承自动物，所以人类就是动物。当继承的想法真正主宰了你的思路时，你就会在一切可能的情况下优先使用继承这个手段。

回到我们的问题里，我现在有一个类，提供了一个没有内容的画布，你希望得到一个有内容的画布，应该怎么办？当然是通过继承来产生一个有王八的新画布，Java 代码是这么写的：

```
1 class MyPanel extends Panel {

2 }
```

新的类名叫 MyPanel，注意：这是类与类之间的关系，不是对象与对象之间的关系。extends 是关键字，说明要继承，这样实现继承的类 MyPanel 被称为子类，被继承的类 Panel 被称为父类，有时也叫基类、超类。

Panel 就是系统提供的空画布，问题是在整个程序的前面需要导入这个类。

```
import java.awt.Panel ;
```

这里有个小问题，随着程序越来越大，使用的类越来越大，一个个类导入会占据很大的区域，所以 Java 允许用一种简洁的方式，将整个包中所有的类都导入。在现在的代码中，5 和 8 行可以被替换成 import java.awt.* ;，代码是节约了，但这样会将很多不需要的类导入进来，这个不用担心，因为类只是定义，并不存在，在 JDK 进行翻译的时候，没有使用的类会被自然丢弃掉。

```
import java.awt.* ;

public class MyTest {
}
```

我们集中精力来看新写的这段代码：

```
1 class MyPanel extends Panel {

2 }
```

继承意味着，如果 Panel 中有 5000 行代码，那么 MyPanel 相当于已经拥有了 5000 行代码；如果 Panel 里有 50 个方法，那么 MyPanel 里已经有 50 个方法了。方法就是之前叫做函数的东西，以后不再用函数这个叫法了。

如果我加上一个方法 aaa，继续假设 Panel 里已经有 50 个方法了，那么现在 MyPanel 里有多少个方法？没错，是 51 个方法，我们增加了一个。

```
1 class MyPanel extends Panel {
3     public void aaa() {
4     }
2 }
```

继承是面向对象的三大特征之一，是非常重要的代码重用手段，Java 只支持单继承，也就是说，一个子类只能有一个直接的父类，当然父类也可以有一个直接父类。事实上，在 Java 里只有一个类是没有父类的，那就是 Object，这就是我们常说的 Java 是单根结构，Object 是所有类的根。比如前面我们写的 public class MyTest {}，表面看起来这个类没有继承，它等效于 public class MyTest extends Object{}，这意味着 Object 中有的成员在 Java 中任何类都有。

可是我现在要增加的不是 aaa 这个方法，而是一个叫做 paint 的方法。

```
1 class MyPanel extends Panel {
3     public void paint(Graphics g) {
4     }
2 }
```

看得出来，这个 paint 方法不是随随便便写出来的，如果 Panel 里有 50 个方法，那么加上 paint 方法，现在 MyPanel 里仍然是 50 个方法，因为 Panel 里也有一个 paint 方法，将父类的方法重写，也被称为方法覆盖。举例来说，父类是动物，动物会有方法吃喝拉撒睡，今天我们要继承出来一个人，可是人不能使用动物的"吃"，所以我们在人的这个类里又写了一个"吃"的方法，那么动物的"吃"哪去了？被新的方法覆盖了，动物的"吃"不起作用了，现在人的"吃"在起作用。

我们看 paint 方法的参数 Graphics g，注意到 Graphics 的第一个字母是大写的，第一个字母大写意味着什么？它是一个类，这个类也包含在 java.awt.*里，第一句话就给导入了。这个类是系统提供的，所以不要写错了。

我们来仔细看看这个 paint 方法是干什么的。用鼠标单击菜单栏里随便哪个菜单，你看到了什么？一个弹出菜单（见图 1-11），我们注意到这个弹出菜单成为屏幕最上面的一层，它盖住了后面的内容。在今天的计算机中，这种现象比比皆是，我们可以想象目前计算机上第一层是这个菜单，第二层是记事本，记事本下面至少还盖着一个桌面，是不是？其实是骗人的，计算机的屏幕只能显示一层，这么多层是假的，为了欺骗大多数人，菜单的边缘甚至还画了阴影，让人们误以为后面的东西还在，其实后面的东西早就没有了，在这个菜单消失后，如果后面的东西立刻显示出来，人们才能认为后面的东西并没有消失，只是被盖住了。那么是怎么做到的呢？在 DOS 年代是这么做的，如果你的程序准备弹出这个菜单，需要先计算好要盖住的区域是哪个部分，在显示菜单前，程序要到显卡的显存里将马上就要被盖住的内容取出来，放到内存的一个地方保管下来，在菜单消失后，立刻将刚才保管的内容重新放到显卡的那个区域里，由于计算机的速度很快，所以可以欺骗人的眼睛。

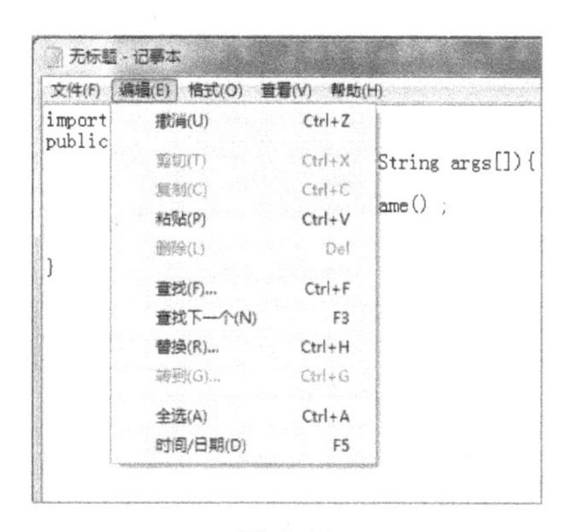

图 1-11

刚才我描述的是 DOS 的做法，Windows 不是这么做的，在 Windows 里，程序如果想弹出菜单，什么都不需要做，就在那个地方画菜单就好了，背后的东西当然是不见了，菜单消失就消失好了，程序还是什么都不需要做。那么背后的东西是怎么出现的呢？在 Windows 里，计算机一直在扫描屏幕，就像之前说的一直扫描键盘一样，当菜单消失的时候，Windows 操作系统立刻会发现屏幕上有一个区域没人管了，于是 Windows 就会去追查应该由谁来管那个区域，用我们的例子来看，Windows 立刻就会发现菜单消失后，应该由记事本来负责这个区域，于是 Windows 操作系统就会给记事本发出一道命令，让记事本将这个区域重新画好。Windows 如何向程序下达命令？只有一个办法，调用程序中的一个特定方法，此前系统让一个程序运行起来，是调用 main 方法，现在系统让程序重画一个区域则会调用 paint 方法，这就是为什么我们要重写一个 paint 方法的原因。

有没有想过为什么 Windows 不用 DOS 的那个做法，看起来 DOS 的做法更合理，你弄坏了那个区域，就由你来恢复。因为在 Windows 里用户常常会运行很多程序，大多数程序会弹出一个窗口，而且往往还是全屏的，按照 DOS 的做法，弹出一个窗口要盖住已经存在的整个屏幕，这就意味着如果屏幕的分辨率是 1024*768 的话，要消耗 1024*768 再乘上为了区分颜色这么多内存空间，这样或许同时打开了几个程序，为了保存被挡住的内容就将内存消耗完了，DOS 年代同时打开几个程序的情况非常少见，所以这不是问题，而且 DOS 的做法也有好处，虽然浪费了内存，但是节约了 CPU。回头看 Windows 的做法，虽然节约了内存，但是 CPU 要做很多事情，查找哪个窗口是当前的，要调用 paint 方法里的语句来画图。这是一个程序员一直要思考的内存和 CPU 的平衡问题。

有人说为什么 main 是主函数，因为 main 是程序的入口。现在来看真不能这么说，paint 也是程序的入口，只不过这两个方法的进入时机不同，main 是程序最初运行的时候被操作系统调用的，而 paint 是需要画界面的时候被调用的，其他书上做了总结：①在界面第一次显示的时候 paint 方法被调用；②当窗体改变大小的时候 paint 方法会被调用；③当窗体被盖住、重新显露出来的时候 paint 方法会被调用……这个根本不用记，你想象一下，如果你是操作系统，你什么时候需要调用 paint 方法，paint 方法就会被调用。这样我们清楚了，你准备了一个 paint 方法给操作系统在需要的时候调用，你是方法的提供者，操作系统是调用者，那么 Graphics 就是操作系统提供的参数，那是在特定区域画图的权利，我管它叫画笔。

那么看看画笔的遥控器 g 有什么功能吧，专业的叫法不叫遥控器，叫做引用，思考一下，和遥控器的说法差不多，Graphics 提供了如下方法用于绘制图形。

- drawLine：绘制直线。
- drawString：绘制字符串。
- drawRect：绘制矩形。
- drawRoundRect：绘制圆角矩形。
- drawOval：绘制椭圆。
- drawPolygon：绘制多边形边框。
- drawArc：绘制圆弧。
- drawPolyline：绘制折线。
- fillRect：填充一个矩形。
- fillRoundRect：填充一个圆角矩形。
- fillOval：填充椭圆。
- fillPolygon：填充一个多边形。
- fillArc：填充圆弧所包围的区域。
- drawImage：绘制位图。

看样子你需要 Java API 的手册，到网上找一个吧。

我一直纠结的事情是，我们知道有很多强大的集成开发环境，比如 Eclipse，这样的开发环境会用颜色标记程序中不同的代码，会通过提示帮助你快速地编写代码，将编译和运行过程也集成起来，这样你就不必到命令行状态下做这些事情了。问题是通常这样的开发环境还提供了很多向导，通过向导的引导，可能你回答几个问题，系统就给你生成了大量的代码，这真是让人高兴的事情，可是我却发现很多学习者，一上来便投入到对这些向导的学习中，最终他们发现自己只是知道这些向导的用法，当注意力完全放在学习开发工具上时，必定会忽略对语言本身的练习和理解，这种本末倒置的学习让很多人过度地依赖工具，一旦代码出现问题便束手无措。

为了避免学生过度依赖集成开发环境，我尝试着只用记事本来教学，但是这样也遇到了问题，因为记事本不会提供任何帮助，学生不得不依赖 API 文档探索未知的类和方法。要说学会使用 API 文档对于程序员来说也非常重要，但是掌握这个能力对于有些学生来说并不容易，并且依赖 API 文档也抑制了学生掌握更加强大的另一个能力，就是尝试的能力。

所以我在教学过程中一度推荐使用一个叫做 JCreater 的开发工具，这个工具非常小，只有 3、5MB 的大小，没有多么强大的向导，却恰好能够提供适合的提示，问题是 JCreater 并不是免费软件（免费的版本不提供提示），并且在企业开发中，JCreater 也不是主流的开发工具。现在被使用最多的开发工具是 Eclipse，加上 Eclipse 又是免费软件，所以我不得不在这本书中推荐使用 Eclipse，但是我不会涉及 Eclipse 这个工具中任何向导的使用，甚至不建议你利用其中的调试功能，我们仅仅将其作为针对 Java 的记事本来用，如果你对 Eclipse 有兴趣，那么在本书学完后，你可以参考其他书，甚至自己探索。

现在我们用 Eclipse 来重新实现之前的代码，在附录 A 中提供了 Eclipse 的安装指导。

Eclipse 是一个能够管理很大项目的开发工具，虽然我们现在做的不是大项目，但 Eclipse 不知道，有些针对大项目的操作必不可少。在打开 Eclipse 的过程中，它可能需要我们输入一个目录，通常单击“Browse”按钮来指定一个目录（见图 1-12），我们所写的程序以后存放在这个目录中。等待片刻，我们可能会看到一个欢迎界面，有屏幕的右上角有一个弯曲的小箭头，单击它会关闭欢迎界面。

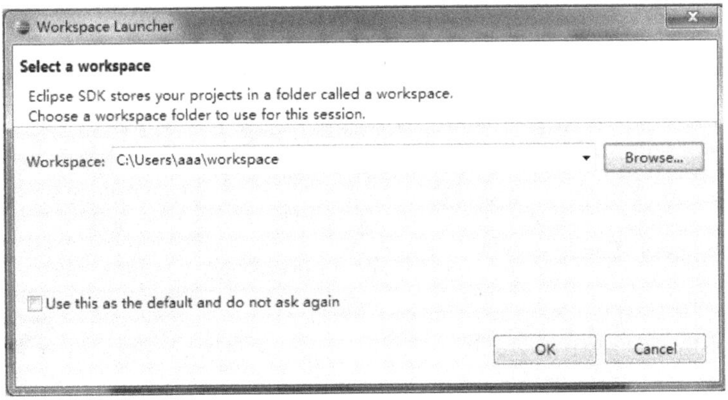

图 1-12

在开始写程序前，我们需要创建一个项目，这是为有很多程序的大项目准备的，但是 Eclipse 要求我们必须创建它，有两个创建途径：在工具栏单击“New”按钮，会弹出一个对话框，在其中选择“Java Project”，或者选择菜单“File”→“New”→“Java Project”（见图 1-13）。

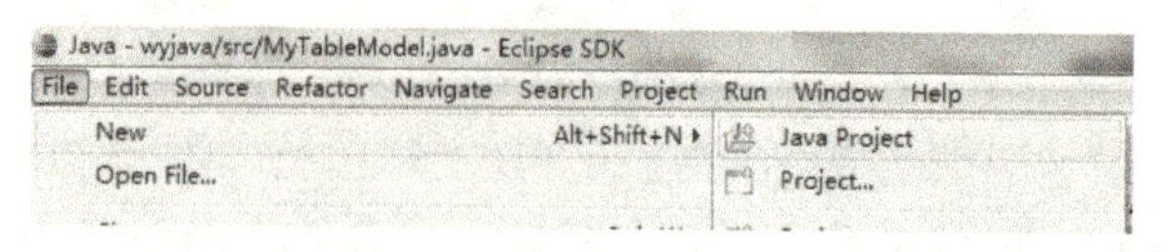

图 1-13

无论使用哪个途径，我们都将看到一个“New Java Project”对话框，在“Project name”输入框里填上一个名字（随便起一个名字，但是强烈建议不要用 aaa 或 123 这样的名字，显得太业余了），然后单击“Finish”按钮就可以了，在屏幕的左边将看到一个区域叫做“Package Explorer”，里面出现了我们刚刚起好名的项目。

再次单击新建按钮，我们要找到一个叫做 Class 的选项，这是 Java 语言最重要的概念——类，选择“Class”后单击“Next 按钮”。一切从简，只在名字那里填上 MyTest 就可以了，单击“Finish”按钮，我们就来到了编写代码的页面，在这里将上面的代码实现一遍吧。

我们来运行一下吧，先将代码存盘，在 Eclipse 里存盘不但能保存到硬盘的文件里，而且也进行了编译，相当于执行了 javac 命令，结果自然是产生了.class 文件。存盘以后，我们到上边的工具栏里找一个用绿色圆圈套着的三角按钮，那是“运行”按钮，类似的操作还有其他途径，熟悉了以后再选择自己喜欢的吧。

你看到了什么运行结果？一种可能是你遇到错误了，没有出现想要的结果，这时仔细看看你写过的东西，你会发现某处有红色的波浪线，那个地方就是错误，问题是随着你写的越来越多，有时错误不是准确地标注在波浪线的位置，很有可能错误发生在这之前。如果没有问题，我们继续来画一条线。

```
1 class MyPanel extends Panel {
3     public void paint(Graphics g) {
5         g.drawLine(30, 30, 100, 100) ;
4     }
2 }
```

能猜出来为什么需要 4 个数字的参数吗？两个点决定一条线，两个坐标决定一个点，所以它们是 x1, y1, x2, y2，这是一条斜线，别着急运行看结果，现在什么都看不见，因为忙乎半天，你什么都没做，因为一直在写一个类，类是个概念，并不存在，要想有用，需要将这个类变成对象。

```
5 import java.awt.* ;

1 public class MyTest {
3     public static void main(String[] args) {
6         Frame w = new Frame() ;
8         w.setSize(300 , 400) ;

14        MyPanel mp = new MyPanel() ;
15        w.add(mp) ;

7         w.show() ;
4     }
```

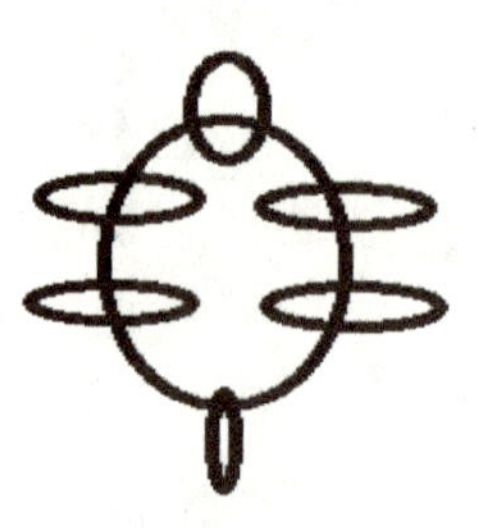

```
2 }

9 class MyPanel extends Panel {
11    public void paint(Graphics g) {
13        g.drawLine(30, 30, 100, 100) ;
12    }
10 }
```

注意看 14 和 15 行，虽然 14 和 6 行很不同，但是它们做的事情一样，MyPanel 类产生了一个引用叫做 mp 的对象，15 行将 mp 这个画布放到窗体 w 上了。好了，运行一下，看看有没有一条斜线。

如果成功了，试试画圆和矩形吧，不需要我告诉你用什么方法，猜着写，编译的时候 javac 会告诉你对不对。画圆用 drawOval 方法，里面的参数是什么意思？都是数字，自己试试吧，换个数，看看什么发生了变化，或者就画个王八吧。

如果你能够做到，就试着做个更漂亮的，setColor 方法能够设置颜色。

```
class MyPanel extends Panel {
    public void paint(Graphics g) {
        g.setColor(Color.BLUE) ;
        g.fillOval(30, 30, 50, 100) ;
    }
}
```

需要提示的一点是，setColor 将影响这条语句下面的图案，一直遇到新的 setColor 为止。有没有发现一个问题：setColor 方法里有一个 Color，第一个字母是大写的，说明 Color 是一个类，但是这个类直接就点点了，这是什么情况？别着急看我下面的解释，将之前的代码练够数，画好王八再往下看，而且下面我的解释看一遍就可以了，如果不理解，跳过去。这是我教的一个学生画的王八（见图 1-14），不要被它限制了你的思维，画一个属于你的完美的王八，也有人画了熊猫、米老鼠等，你的想象力比学到的这些知识重要多了。

图 1-14

你将遇到一个问题，用 Color 预设的颜色太有限了，告诉你一个万能的方法——g.setColor(new Color(10, 100, 200)) ;，其中的 3 个数是三原色 RGB（红绿蓝），最小的值是 0，最大的值是 255，这样你就可以调出来任意的颜色了。

还记得那个 main 方法的完整写法吗？public static void main(String args[]){}，里面有个 static，它称作静态的。什么是静态的？我问你，我是个类还是对象？当然是对象，因为我存在。那么我是什么类的对象？大多数回答是人类的对象，说我是男人类的对象可不可以？说我是动物类的对象可不可以？你发现动物的描述很粗糙、很泛泛，男人的描述就相当具体了，我们说人类是男人类的父类，男人类就是人类的子类，那么动物类就是人类，以及男人类的父类。另一种说法是，人类是男人类的泛型，更加泛泛的类型。

事实上，男人对我的描述还不具体，我是我爸妈的儿子类，是男人类的子类，对吧？小孩儿生来就不平等，我生来就不是富二代，但是我爸妈结婚的时候，不管什么原因手里就有 20 万了，那我和周围其他的孩子就不一样，因为我连哭带上吊的有 20 万能花，可是好景不长，一年后，我弟弟出生了，他和我都是我爸妈儿子类的对象，他也能花 20 万，你发现 20 万是我们俩共有的，我花 10 万，我弟弟也少 10 万，20 万就是静态的。静态的第一个特征是，一个类无论产生多少个对象，静态的都只有一份，大家共享；静态的第二个特征是，我爸妈结婚的时候，他们的儿子对象还都不存在，但是他们的儿子类里的静态的 20 万就存在了，所以静态的东西在类声明的时候就已经存在了。也就是说，静态东西的出现跟对象没有关系，对象的多少也不影响静态的数量，那岂不是静态的东西跟对象没关系？没错，所以人们将静态的成员称作类成员。

既然是类成员，我们也应该能够理解为什么用类名直接点点也行（Color.BLUE），因为 BLUE 是静态成员。再回头看，为什么 main 方法需要说明成静态的，main 写在哪里？在一个类里，类从硬盘搬到内存里按道理不存在，但这个时候系统又要调用 main，如果不说明成静态的，main 也就不存在了，所以声明成 static 其实是迫不得已。

因为是刚刚开始学 Java，我又想第一天便让你能够做出东西有成就感，难免一下子提出了很多概念，你不可能现在就真的理解了，这需要一个漫长的体会过程，很多内容后面我还会提到，不过现在我们换个角度来理解一下这些概念。

《暗黑破坏神》大家玩过吧，或者任何的游戏，你能想象的一个经典的游戏场景是：一个英雄，在地图里砍小鬼，假设有 10 个小鬼，这个程序怎么写？一上来的思路是，做窗体，画图，先画地图场景，再画英雄，然后画 10 个小鬼。你想到问题吗？英雄和小鬼都在动，下一帧要在新的位置重画，真正的问题不只是画画，每个小鬼身上还背着一些参数，比如奔跑速度、生命值、魔法、打死后你能得到的经验值，如果一个小鬼身上有 5 个数字，那么 10 个小鬼就一共有 50 个数字，你不能弄乱了，事实上很容易弄乱，弄乱的结果是，英雄拼命地砍身边的小鬼，最后远处的一个小鬼倒下了。为了好管理，人们想了一个办法，声明了一个小鬼类，需要小鬼的时候就 new 一个小鬼，并给一个名字，他的生命值就成了“小鬼 1.生命值”，不但不会乱，而且代码也少了很多，不用一个个地描述小鬼了。我们再想一下，如果生命值不小心给写成静态的会怎么样？大家共享一个值，英雄拼命地砍身边的小鬼，最后一刀，所有的小鬼一起倒下。这个例子随着我们学习的深入，我会经常讨论。

今天就到这里，练习够了遍数，好好睡一觉，明天继续。

1.3　满天星星

现在我们来做满天的星星，先想象一下做好的结果应该是什么样子。我将这个任务分成三步：第一步，做一个黑天；第二步，是画一颗星星；第三步，画 300 颗星星。我的经验是，在 1024*768 的屏幕上 300 颗星星的效果最好。上面是程序员非常重要的思考方法，我们常常要面对一个复杂的任务，不是一下子就能够驾驭的，那么我们就将这个任务分解，一直分解成每块都能驾驭的程度，当然随着编程能力的提高，驾驭能力随之提高，分的块会越来越大，学会这个方法，并且提高自己的编程能力。

完成第一步没问题，就是做个窗体，轻车熟路的代码如下：

```
5 import java.awt.Frame ;

1 public class MyTest {
3     public static void main(String[] args) {
6         Frame w = new Frame() ;
7         w.show() ;
4     }
2 }
```

然后我们要设置窗体大小——w.setSize() ;，问题是大小填多少？我讲课的时候，大多数人填了 300*400，问大家为什么要 300*400，没有答案，之前就是设成这么大的，这是可怕的惯性思维，暴露了一个现象，很多人在这个时候，忘记了任务是什么，所以很多人上大学考试成绩很好，但是到了软件公司不会干活了，就是因为没有任务意识，满脑子想的都是知识。假设我们的思维能力是 100%，如果有 80%在想知识，不到 20%在想任务，我们就没有工作能力；如果 80%在想任务，不到 20%在想知识，我们的工作能力就很强，可是凭什么 20%的思维想技术就够了，还是那个办法，练 20 遍，不是学会知识，而是将知识学到骨子里，学成习惯，可以不通过脑子，下意识地就能做出了，这样才能让 80%的思维想任务如何完成。

我们的任务是满天星星，知道窗体大小是多少了，我的电脑是 w.setSize(1024 , 768) ;，我们还要设置颜色，没听说过大白天有星星的。

```
5 import java.awt.Frame ;

1 public class MyTest {
3     public static void main(String[] args) {
6         Frame w = new Frame() ;
8         w.setSize(1024 , 768) ;
9         w.setBackground(Color.BLACK) ;
7         w.show() ;
4     }
2 }
```

写好了，自己试一下，看看是不是满屏的黑色。如果没问题了，我们来完成第二步。

画一颗星星，还是用我们学到的绘图办法，猜一下 draw 什么，是 drawStar 吗？这个想法不错，可惜没有这个方法，我用的是 drawString("*" , 30 , 30) ，画一个字符串，就是将键盘上的*号画在屏幕上，后面的数字是坐标。先不看我的代码，自己试着做出来。

```
5 import java.awt.* ;

1 public class MyTest {
3     public static void main(String[] args) {
6         Frame w = new Frame() ;

8         w.setSize(1024 , 768) ;
9         w.setBackground(Color.BLACK) ;

15        MyPanel mp = new MyPanel() ;
16        w.add(mp) ;

7         w.show() ;
4     }
2 }

10 class MyPanel extends Panel {
12    public void paint(Graphics g) {
14        g.drawString("*", 30, 30) ;
13    }
11 }
```

检查一遍，你写代码的顺序是不是和我的一样，有很多人先是一下子将 main 里的代码写完，包括 15、16 行，然后再写 class MyPanel。一定避免这样做，要确保一直在写对的代码，这样在写 15 行的时候，MyPanel 并不存在，代码是带错写的，要知道你不是在学单词，不是在学 Java 语言，你学的是编程思路，现阶段就是代码的顺序。

你运行了吗？没有星星，是没有，为什么？

没错，要设置颜色，前面画线的时候，我没设置颜色，你看到的是一条黑色的线，这说明默认的颜色是黑色，而现在我将窗体颜色变成黑色的，也就是说，我将黑色的星星画在了黑色的天上，星星有，你看不见而已，我想你能设置好颜色吧。

其实我们平时看到的星星不过如此，如果能够看见一颗星星，我们就进入第三步，满天 300 颗星星，先想想该怎么办？

开始前，我们来讨论一个问题：学会 Java 你准备每月赚多少钱？我假定你的目标是刚开始程序员的工作 5000 元/月，不知道高了还是低了，这个数你有信心吗？我告诉你，每个人都能达到这个薪水水平，原因是刚开始程序员从事的并不是多么不可达成的、高智商的工作，初级程序员的工作和体力劳动者没有本质的区别，多干活多给钱，好在程序员的工作条件好，待遇也高，从概率的角度来看，程序员平均的收入和每个月写的代码量有关，假如我们的标准是 1 元钱 1 行代码，那么这件事情就成了想每个月收入5000元，就得每个月给老板写5000行代码。为什么计算机专业的大学毕业生转行不从事本专业？因为太多的人在大学四年也没自己写过5000行代码，这样的人根本没胆量去软件公司面试，如果要找每月5000行代码的工作，你就得在找工作前三个月，每个月自己敲7000行代码，这样你才有面试的能力和勇气，所以我发现学习编程什么窍门都没有，就是不断地敲代码。

好了，我们来画300颗星星。

```
1 class MyPanel extends Panel {
3     public void paint(Graphics g) {
5         g.setColor(Color.WHITE) ;
6         g.drawString("*", 30, 30) ;
7         g.drawString("*", 30, 30) ;
8         g.drawString("*", 30, 30) ;
                 .
                 .
                 .
305       g.drawString("*", 30, 30) ;
4     }
2 }
```

看这段代码，你一定不干了，这不是骗钱吗？1行语句1元钱，这就300元了，计算机不比人聪明，不过是快并且不知疲倦，也就是说，干重复性的工作，它擅长，既然是特长，一定有简单写法。

所有的编程语言都有循环语句，用于完成重复性的工作。

```
1 class MyPanel extends Panel {
3     public void paint(Graphics g) {
5         g.setColor(Color.WHITE) ;
7         for (int i = 0; i < 300; i++) {
6             g.drawString("*", 30, 30) ;
8         }
4     }
2 }
```

看6、7行代码，这两行代码能使它们所形成的大括弧中的语句循环300次，即便是对完全没有基础的学生，我也从来没讲解过这个for循环语句，干巴巴地讲不明白，每个人都能看见里面有个300，也就是说，即便不理解，只要敲过20遍，我让你将循环变成100遍，你也一定知道该怎么做，写多了，你一定能够理解。

好了，运行一下，看看有没有满天星星，没有？为什么？

对，300颗星星是有，但是它们重叠在一起了，坐标都是30*30，看来我们需要将坐标错开，而且不能有规律地错开，否则就不像天上的星星了，每种计算机语言都有一个叫做随机数的函数，Java也有，Math.random()，这个函数每次运行都会得到一个不同的数，看着这个写法，你想起了什么？对！是静态的，Math这个类里全是静态的，问题是这个函数不能直接来替换坐标的位置，因为这个函数产生的数是0到1之间的数，都是零点几的数，如果放在坐标上，那么所有的星星就都聚集在屏幕的左上角，我们希望星星分布在 1024*768 的区域内，如何将 0 到 1 之间的数放大成 0 到 1024 之间的数？请先想一下，答案是乘上 1024，代码变成 Math.random()*1024，可是还是不行，计算机有一个麻烦的地方——它关心数据类型，这是因为计算机没有人那样的容错能力，就算是人，在不明确数据类型的情况下也会糊涂，比如 1+1 等于几，如果是两个数字，自然是 2；可是如果是两个字，那就是 11 了。计算机为了避免发生这样的事情，要求每个地方都明确数据类型，坐标需要整数，可是 Math.random()*1024 一定会产生一个小数，Java 中整数用 int 表示，所以我们用(int)将产生的随机数强行转变成整数，写法是(int)(Math.random()*1024)。需要明确的是，这个操作是舍尾操作，也就是说，1.1 这样转成整数是 1，1.5 也是 1，1.9 还是 1，在我们的这个应用中，这个影响无所谓。

用(int)(Math.random()*1024)替换坐标的位置吧，争取自己得到最终的结果见图 1-15，克制自己不要提前看我的代码。

图 1-15

延伸阅读

Java 是一种强类型语言，意思是在 Java 中所有的变量必须显式地声明数据类型，这就意味着 Java 中的变量必须先声明再使用。虽然 Java 是一种纯面向对象的语言，但是基于效率的考虑，在 Java 语言中有 8 种基本数据类型不是对象，除了基本数据类型，还有引用类型。我不会在这本书中集中介绍 8 种基本数据类型是什么，以及它们的定义和范围，掌握这样的知识，只能在编程过程中逐步体会，所以我将在适当的情况下，介绍所涉及的数据类型，如需系统了解相关知识，请查阅其他书籍或上网查找。

不同数据类型的值经常需要进行转换，有两种类型转换方式：自动类型转换和强制类型转换。当把一个范围小的数赋值给一个范围大的数时，系统可以进行自动类型转换。虽然 String 不是基本数据类型，但是这里我要提一下，将任何数据类型和字符串值进行连接运算时，基本数据类型的值都可以自动转换成String。

将范围大的数据类型值转换成范围小的数据类型时，因为会丢失精度，所以不能进行自动类型转换，编译的时候，编译器会报告错误，这时需要进行强制类型转换，相当于告诉编译器，你认同这种精度的丢失。比如，在我们的这个例子中，将小数转换成整数，小数的范围大，因为小数要比整数多出存放小数位的空间，所以无法完成自动类型转换，只能进行强制类型转换，问题是这样会丢失小数位，只不过现在我们能够承受这样的丢失。

```
5 import java.awt.* ;

1 public class MyTest {
3     public static void main(String[] args) {
6         Frame w = new Frame() ;

8         w.setSize(1024 , 768) ;
9         w.setBackground(Color.BLACK) ;

15        MyPanel mp = new MyPanel() ;
16        w.add(mp) ;

7         w.show() ;
4     }
2 }

10 class MyPanel extends Panel {
12    public void paint(Graphics g) {
14        g.setColor(Color.WHITE) ;
15        for (int i = 0; i < 300; i++) {
17        g.drawString("*", (int) (Math.random()*1024),
              (int) (Math.random()*768)) ;
16        }
13    }
11 }
```

延伸阅读

由于书籍篇幅的限制，上面的代码中有一条语句写在两行中，这在Java中是允许的，因为Java用分号做分隔符，空格和换行都不影响这条语句是一句话，所以Java语句可以多行书写，只是字符串和变量名不能跨行。

不过，并不建议在编程的时候做这样的换行，因为会影响程序的可读性。

感觉很棒吧，在这个基础上你想要做什么？画个月亮，实现五颜六色的星星，把星星变大，飞来一颗流星，还是所有的星星轻轻地落下，像冬天夜晚的雪花一样。无论要做什么，把上面的代码敲 20 遍，牢牢地掌握以后，我们再开始新的尝试。

画月亮太简单了，我没有什么可以提示的，你要思考一下如何能够画出来弯弯的月亮。实现五颜六色的星星，需要每循环一次，就 setColor 一次，里面用 new Color()作为参数，三原色随机生成。把星星变大，在画星星前 g.setFont(new Font("" , 0 , 36)) ;。

然后我们看流星和下大雪，这个就复杂了，涉及动画机制，正常的学习过程是，通常将这个内容放在一本书的最后，但是我们为了完成任务，下面就来讲解如何实现动画。千万别心急，扎扎实实地掌握了，再继续吧。

1.4 飞行的小球

让 300 颗星星落下来太复杂了，我们先来学习让一个东西运动——做一个下落的小球，还是将这个任务分解：第一步，做个窗体；第二步，做个小球；第三步，让小球落下来。前两步是大家都能够做到的，不要看下面的代码，自己尝试着完成前两步，这个程序不用空心的圆。

```
5 import java.awt.*;

1 public class MyBall {
3     public static void main(String args[]){
6         Frame w = new Frame() ;
8         w.setSize(300 , 400) ;

14        MyPanel mp = new MyPanel() ;
15        w.add(mp) ;

7         w.show() ;
4     }
2 }

9 class MyPanel extends Panel {
11    public void paint(Graphics g){
13        g.fillOval(30, 30, 20, 20) ;
12    }
10}
```

下一步，我们来看如何实现动画。想想怎么能看到小球的运动，如果向下，那么小球的坐标要不断地增加，每增加一下，都抹去原有的小球，重画一个。还记得循环吗？循环能够实现不断地增加，但是重画是个问题。

```
class MyPanel extends Panel {
    public void paint(Graphics g){
        int x = 30 ;
```

```
        int y = 30 ;
        while(true){
            g.fillOval(x, y, 20, 20) ;
            y ++ ;
        }
    }
}
```

先来分析上面的代码。这里展现的只是paint方法里的代码，我们先是看见了int x = 30 ; int y = 30 ;这两行是来声明变量的。什么是变量？就是能变化的量，之前的代码，小球的坐标写死了30,30，不能变，就没法动，现在换成了能变化的x,y，问题是在Java里，x和y需要事先声明，说未来我需要一个可以变化的量，叫做x，以后我要在x里放整数，所以前面加上int，这是必需的、规定好的语法格式，我这里事先给x一个初值30。

下面的while是循环，之前我们看到了一个for循环，通常如果知道需要循环多少次，就用for；如果不知道需要循环多少次，就用while。奇怪了，怎么会不知道循环多少次？举个例子，上课的时候你不好好听讲，老师罚你到操场上跑10圈，for循环10次；你上课不好好听讲，老师罚你到操场上跑圈，跑多少圈，不知道，跑到死为止，用while，活着是循环的条件，每循环一次看看还能不能跑，如果能，在Java里用true表示，不能用false表示。true和false是基本数据类型boolean的值，这个类型就这两个值，通过boolean值来判断循环是否退出。

这里的while循环比较特别，一直是true，也就是说，这个循环永远不会停，除非程序不运行了，我们通常管这样的循环叫做死循环，这是希望动画一直进行下去，大多数情况下要避免出现死循环的程序。

再看循环里面，有y++;，就是让y这个变量加1的意思，如果y原本是30，那么加一就是31，31这个数需要重新放到y变量里面，正常的写法应该是y=y+1 ;，人们发现这样的操作太多了，于是发明了一个简单写法：y++ ;。

1.4.1 使用线程

运行一下，看看结果怎么样？我们看到了一条向下的黑线，这是因为虽然能够不断地在新位置画圆，但是过去画的圆没有抹掉，都留了下来。聪明的学生学到这里，找到了擦除的办法，也做出来动画，但是一个不可解决的问题是，小球飞行的时候，什么用户操作都做不了，程序完全被循环占用了，要是隔一会儿让y++一下，才能解决问题，目前最好的做法是线程。

什么是线程？有书上这么写着："线程是通过利用CPU的轮转，让程序中不同的代码段同时执行的机制。"我心想，这是谁下的定义，成心把人搞晕，我们来理解一下这个定义吧。大家都知道在城市里生活，人与人之间的关系比较冷漠，你常常不知道对门或隔壁住的是谁，但是有孩子就不同了，因为你每天都要带着孩子到楼下玩，这样就能遇到很多带孩子的人，孩子在一旁玩，大人无聊起来就会一起聊天，一来二去就聊熟了。假设有一天天不好，于是我提议大家到我们家来玩，结果来了4个孩子还有他们的家长，这么多人在一起得找点事儿，大家提议打麻将吧，但是我不会，于是被安排负责看孩子，这样我面前就有了 5 个哇哇哭的孩子，我的任务是哄着 5 个孩子不哭，我试了很多吃的和玩具，终于找到了一个玩具，只有这个玩具，放到孩子手里他就不哭了，那么下一步我就要找到 5 个这样的玩具，可是没有 5 个，我只有一个，怎么办？我想到了一个办法，将玩具给了一个宝宝，在他刚刚露出笑容的时候，给抢下来，宝宝不会立刻哭的，趁着这个机会，把玩具交给第二个宝宝，也在他露出笑容后，立刻抢下来，交给下一个宝宝，明白了吗？到了最后一个之后，再交到第一个宝宝的手里，如果玩得漂亮，一个玩具能哄 5 个宝宝。对照一下，那个玩具是我们的 CPU，我们没有 5 个 CPU，只有一个，但是我们有 5 个程序要同时运行，怎么办？这里面叫做轮转，就是这个 CPU 轮着给每个程序用，如果每个程序都轮到 10 毫秒，从宏观上看，好像每个程序都在运行，其实每个时刻都只有一个程序在运行。问题是，到目前为止的描述叫做进程，是不同的程序，有时我们希望一个程序里要有两段并列的代码同时运行，也使用类似的机制，不同的是这是一个程序。再看一遍："线程是通过利用 CPU 的轮转，让程序中不同的代码段同时执行的机制。"其实同时执行一定是假的，只是人这么认为。

延伸阅读

线程和进程的区别：进程是一个独立运行的程序，比如一个正在运行的记事本和一个正在运行的浏览器，这是两个进程，假如我们启动了两次记事本，那么也得到了两个进程，程序在运行的时候，系统会在内存中分配一块独立的空间给这个程序，两个运行的记事本就有两块独立的空间；而线程是在一个进程中，能够共同运行的两段代码。

好了，了解了线程的道理，我们看 Java 是怎么写线程的。在这个阶段，我们不深究线程的细节，能够使用线程就好了。我们在 MyPanel 的类里面加上一个方法 run：

```
class MyPanel extends Panel {
    public void paint(Graphics g){
        g.fillOval(30, 30, 20, 20) ;
    }
    public void run() {
    }
}
```

这个 run 就是一个新来的宝宝，CPU 在适合的情况下就会轮到 run 那里，要说这个 run 也是程序的入口。问题是你写个 run 在 MyPanel 类里面，操作系统也不知道呀，你问我为什么当时 paint 系统就知道，这是因为 Panel 里面就有这个机制，你一继承 Panel，就相当于告诉操作系统，我有重画机制了，而线程不仅仅应用在 Panel 的类上，几乎什么类都可以包含 run，所以需要新的机制，我们在类的声明后面加上 implements Runnable，叫做实现 Runnable 接口。接口又是一个复杂的概念，今天先记住怎么写，这么写是为了让系统知道里面有个 run，后面我专门来解释接口。

```
class MyPanel extends Panel implements Runnable{
```

```
    public void paint(Graphics g){
        g.fillOval(30, 30, 20, 20) ;
    }
    public void run() {
    }
}
```

到这还不行，你还要告诉系统，这里有一个宝宝也要玩具。

```
5 import java.awt.*;

1 public class MyBall {
3     public static void main(String args[]){
6         Frame w = new Frame() ;
8         w.setSize(300 , 400) ;

14        MyPanel mp = new MyPanel() ;
15        w.add(mp) ;

18        Thread t = new Thread(mp) ;
19        t.start() ;

7         w.show() ;
4     }
2 }
```

增加的是18行和19行，用了一个新的对象来包装这个宝宝，它是Thread的对象，特别是在new这个Thread对象的时候就放进去mp。mp是什么？它是MyPanel对象的引用，再看看MyPanel，里面有一个run，这样就关联起来了。经过这个讨厌的线程八股文代码，我们终于可以开始写让小球动起来的代码了。

延伸阅读

即便你不写多线程的程序，Java程序本身也是多线程的，main方法被调用的时候多线程机制就已经存在了，我们将程序所处的线程称为前台线程。在Java中，为前台线程提供服务的后台线程会伴随着运行起来，所以后台线程也称为“守护线程”或“精灵线程”，JVM的垃圾回收机制就是由后台线程完成的。当前台线程都死亡后，后台线程会自动死亡。

问题是我们不能在run里面画图，一个重要的理由是在run方法里，访问不到变量g，因为大括弧限定了变量的范围，意思是你在一个大括弧开始和结束的范围内声明的变量，就在这个大括弧里有效，离开这个大括弧就无效了。这么设计是有道理的，但是现在我们先不管这个道理是什么，写的代码多了，就会发现这样设计的好处。现在我们的思路是，把小球的坐标改成变量，声明在paint方法的外面，或者说是MyPanel类中，这样变量就定义成了MyPanel类的成员，变量处于类的大括弧中，在整个类的作用域中有效，那么paint方法和run方法都能使用坐标变量，我们将在 paint 方法中取坐标值，在 run 方法里改变坐标变量。

注意下面代码的顺序发生了变化，因为 MyPanel 越长越大了。

```
5 import java.awt.*;

1 public class MyBall {
3     public static void main(String args[]){
6         Frame w = new Frame() ;
8         w.setSize(300 , 400) ;

11        MyPanel mp = new MyPanel() ;
12        w.add(mp) ;

13        Thread t = new Thread(mp) ;
14        t.start() ;

7         w.show() ;
4     }
2 }

9 class MyPanel extends Panel implements Runnable{
20    int x = 30 ;
21    int y = 30 ;
15    public void paint(Graphics g){
17        g.fillOval(x, y, 20, 20) ;
16    }
18    public void run() {
22        y ++ ;
19    }
10}
```

有些编码顺序实在没办法表达了，比如 17 行画圆的时候，不能用 x 和 y，因为这个时候还没声明 x 和 y，而且写到这里，你还不知道要将坐标变成可变的，所以这个地方还用 30 和 30，写完 20 和 21 行，再将坐标改成变量。另外，9 行的实现接口也是后加上的，原则有两个：一是一直在写没有语法错误的代码；二是符合正常人的逻辑思维。

现在运行一下，看看小球有没有动吧。没动，为什么？明明 y++了，哦！原来 *y* 坐标虽然变了，但是图像没有重画。问题是怎么重画图像？要知道重画是系统的事情，你不能在程序中自己调用，Java 提供了一个 repaint 方法，发出 repaint()的调用，这个请求将发送回系统，系统见到后便会调用 paint()方法，还是系统重画，你发出的是个请求。下面我只截取 MyPanel 类的代码，前面的代码没有区别。

```
9 class MyPanel extends Panel implements Runnable{
20    int x = 30 ;
21    int y = 30 ;
15    public void paint(Graphics g){
17        g.fillOval(x, y, 20, 20) ;
```

```
16    }
18    public void run() {
22        y ++ ;
23        repaint() ;
19    }
10 }
```

这下子该有动画了吧！还没有？不可能，一定有动画了，只是你没看出来，小球确实向下移动了，只不过就移动了一个像素点，然后重画，线程就结束了。要想看到动画，你得让 y 坐标不断地向下移动，不断地重画，对了，用循环。

```
9 class MyPanel extends Panel implements Runnable{
20    int x = 30 ;
21    int y = 30 ;
15    public void paint(Graphics g){
17        g.fillOval(x, y, 20, 20) ;
16    }
18    public void run() {
24        while(true){
22            y ++ ;
23            repaint() ;
25        }
19    }
10 }
```

这下子不但没有动画，连小球都没了，因为小球目前正飞往地球的另一面，电脑太快了，y 坐标很快就比窗口的高度还大，我们得在 y 坐标超出窗口下边缘的时候，将它拉回窗口的上边缘。

```
9 class MyPanel extends Panel implements Runnable{
20    int x = 30 ;
21    int y = 30 ;
15    public void paint(Graphics g){
17        g.fillOval(x, y, 20, 20) ;
16    }
18    public void run() {
24        while(true){
22            y ++ ;
26            if(y>400){
28                y = 0 ;
27            }
23            repaint() ;
25        }
19    }
10 }
```

1.4.2　线程的生命周期

看到动画了吧，小球真的动起来了，只是和想象的有所差别，小球飞得太快了，你是不是希望小球能够优雅地、至少是用可控制的速度飞行。我们的思路是，能不能在每次 y++以后，让线程等待一会儿，再重画。好吧，有一条指令，能够让线程休眠，这是一个类方法——Thread.sleep()。

问题是，休眠这个指令是有风险的，有睡死过去的可能，而 Java 语言太严谨了，要是有风险，就不能随随便便地放在代码里，你得告诉系统，万一风险出现了怎么办，我们将可能出现的风险叫做异常。这是为了区分错误这个概念，错误是你写程序的时候就写错的代码，错误通常一定会发生，有些错误是显而易见的，JDK 就能发现并且告诉你，有些错误 JDK 发现不了，要你自己有敏感度；而异常不是，异常是有可能出现的问题，通常这样的问题不怪罪于程序员，比如我们要读一个文件，写程序的时候读没问题，可是程序安装到用户的电脑上，用户那里没有这个文件，程序就不知道该怎么办了，类似这样的问题，即只是有可能发生的问题叫做异常。虽然不怪罪于程序员，但是好的程序员常常能够预料到异常，并且做好准备应对异常，想想如果是你该如何应对没有这个文件的问题。这里面就有一个隐患，如果不是一个好的程序员在写代码，这个程序就会表现得不稳定。Java 语言解决了这个问题，不管你是不是好的程序员，都规定在可能出现异常的代码上，强制你写异常处理程序。其实有的时候我们并不想做什么处理，但是这个规定是强制的，以后你会发现这个规定有点啰嗦。

异常处理程序的写法是，try 后面跟的大括弧保护了有可能有异常的代码，我们这里写的是线程休眠 30 毫秒，catch 后面的大括弧里面放的是万一出现异常了该怎么处理，catch 后面跟的小括弧很像是方法的参数，这是有人给的内容，内容放在 e 里面；这是系统给的内容，放的是发生了什么事情。在这个例子中，我们不做任何处理，睡死就睡死好了，无所谓的事情，所以 catch 后面的大括弧就那么放着，什么内容都没有，这种事情常会发生，但是你不能不写 try catch。

```
try{
   Thread.sleep(30) ;
}catch(Exception e){}
```

好了，将这段代码加进去吧！

```
9 class MyPanel extends Panel implements Runnable{
20    int x = 30 ;
21    int y = 30 ;
15    public void paint(Graphics g){
17       g.fillOval(x, y, 20, 20) ;
16    }
18    public void run() {
24       while(true){
22          y ++ ;
26          if(y>400){
28             y = 0 ;
27          }
29          try{
31             Thread.sleep(30) ;
30          }catch(Exception e){}
23          repaint() ;
25       }
19    }
10}
```

快看看，是不是小球落下来了，可能在有些操作系统中小球闪得厉害，别管了，以后我们有办法解决这个问题。

应该没有忘记 20 遍吧，如果没问题了，想想怎样能够让小球斜着飞，这个不难，那么有没有办法让小球在遇到墙的时候反弹回来呢？

先别急着尝试下一步，务必将之前的代码练习熟练了再继续。

我借此讨论一下线程的生命周期。

可以理解在 new Thread()后，我们就在内存里得到了一个线程对象，这时线程对象和其他对象没有区别，安静地待在内存里，我们称这种状态为新建状态。

当调用了 start 方法后，线程就启动了，但是这并不意味着 run 方法中的代码会立刻被执行，start 方法只是通知系统，自己准备好，可以被轮转了，我们称这种状态为就绪状态。

这里要注意的是，由于 run 是一个正常的方法，也是可以被调用的，但是你不能直接调用 run 方法，这么做线程机制就不存在了，run 方法就成了一个普通的方法了，让线程处于就绪状态只有 start 方法。

至于线程什么时候进入运行状态，就不是我们程序员能够控制的了，这取决于线程调度机制的调度。但是你能理解，线程不能一直处于运行状态，当 CPU 轮转到其他线程时，线程将回到就绪状态。

在这个例子中，使用了 sleep，在 sleep 起作用的时候，线程处于阻塞状态，还有其他的阻塞语句会令线程处于阻塞状态，当线程处于阻塞状态时，CPU 不会轮转到这个线程上。

在 run 方法执行结束后，线程就处于死亡状态。

这样我们知道线程会有创建、就绪、运行、阻塞和死亡 5 种状态。

另外，线程还有优先级，优先级高的线程将获得更多的执行机会，最小优先级是 1，最大优先级是 10，普通优先级是 5。线程的默认优先级和创建它的父线程相同，在我们的例子中父线程是 main 线程，main 线程具有普通优先级 5，可以通过 t.setPriority(6)来改变优先级。

问题是，不同的操作系统对线程优先级的支持是不同的，所以要尽量避免直接设置优先级数字，而是使用 Thread.MAX_PRIORITY, Thread.MIN_PRIORITY, Thread.NORM_PRIORITY 这样的常量来设置，JVM 会协调操作系统。

1.5　小球撞墙

不知道对于遇到墙反弹这个任务你的思路是什么，我们还是先分解任务：第一步，做个窗体；第二步，做个小球；第三步，让小球斜着飞；第四步，遇到墙反弹。我们不会的就是第四步而已。

我们从可以斜着飞的代码开始。

```
9 class MyPanel extends Panel implements Runnable{
20    int x = 30 ;
21    int y = 30 ;
15    public void paint(Graphics g){
17       g.fillOval(x, y, 20, 20) ;
16    }
18    public void run() {
24       while(true){
22          x ++ ;
23          y ++ ;
25          try{
27             Thread.sleep(30) ;
26          }catch(Exception e){}
24          repaint() ;
25       }
19    }
10}
```

我们先得到了一个能够向右下角斜着飞的小球，下一步要判断墙在哪儿。之前我们已经用代码判断出了下面的墙，下一步就是见到墙以后，小球应该反弹回来，一个像右下飞行的小球遇到右边的墙，应该向左下飞行，如何做到，x-- y++，对吧！

从这段代码开始，我不再标识序号了，因为我们的讨论在更大的代码范围里了，后面遇到大型的代码，我还会标识序号。

```
class MyPanel extends Panel implements Runnable{
   int x = 30 ;
   int y = 30 ;
   public void paint(Graphics g){
      g.fillOval(x, y, 20, 20) ;
   }
   public void run() {
      while(true){
         x ++ ;
         y ++ ;
         if(x>300){
            x -- ;
            y ++ ;
         }
         try{
            Thread.sleep(30) ;
         }catch(Exception e){}
         repaint() ;
      }
   }
}
```

怎么样？没成吧？小球并没有反弹，而是消失在右边的墙里面了，我们分析一下为什么会这样。我们判断墙的代码是 if(x>300){}，问题是，小球的坐标是左上角的坐标，如果用 x 和 300 比较，必须是整个小球都进入了右边的墙里面，才能够符合条件，加上设置窗体大小为 300,400，这个值指的是窗体整体的大小，窗体里面的白色区域要比这个值小，白色区域的大小差不多是 283,361（我无法担保你的电脑上也是这个值，这需要你自己去试），我们看到横向的窗体边框占了 17 个像素点，纵向上占了 39 个像素点，因为窗体上面有一个放标题的蓝色区域。我们修正以后，判断墙的值就变成了 if(x<263){}，小球的直径也一并去掉。

墙是个问题，但是真正的问题是，小球咋就没飞回来呢？你别光看着我这样磨叽，别让我一直带着走，争取自己找到解决办法。我们看到当小球在墙的边缘时，就是 x=263，当然 y=263，代码遇到 x++,y++以后，x=264,y=264，是不是符合 if 的条件了，现在 x--,y++，这样 x=263,y=265，程序循环回来，又遇到了 x++,y++，x=264,y=266，再次符合条件，x 的值又被减去 1，看出来什么问题了吗？虽然 x--了，但是立刻又被++回去，结果 x 的值一直不变，y 以两倍的速度变大，小球贴着墙边滑落下去了。也就是说，我们减 x 值的时候，就不要再加了。

```
class MyPanel extends Panel implements Runnable{
    int x = 30 ;
    int y = 30 ;
    public void paint(Graphics g){
        g.fillOval(x, y, 20, 20) ;
    }
    public void run() {
        while(true){
            if(x>263){
                x -- ;
                y ++ ;
            }else {
                x ++ ;
                y ++ ;
            }
            try{
                Thread.sleep(30) ;
            }catch(Exception e){}
            repaint() ;
        }
    }
}
```

我从未讲解过 if 语句，我认为不需要，你完全可以根据见到的结果来认识这个 if 语句，很多知识是可以猜出来的，这个猜的能力其实就是你的学习能力。

试一下，发现还是没有反弹，我希望你能够花点时间思考一下，问题出在哪儿？该如何解决？我们拿墙做判断条件，当小球反弹后，便离开墙，一旦离开墙，反弹的条件就不满足了，小球又会恢复成向右下方飞行，能不能遇到墙，改变了飞行姿态后，就固定下来这个飞行姿态，而跟墙没有关系。在程序设计过程中，我们常常在逻辑遇到困难的时候，想到通过增加变量来解决问题，根据上面的描述，我们增加一个变量来存储当前的飞行姿态，并且事先这样来定义。

```
class MyPanel extends Panel implements Runnable {
    int x = 30;
    int y = 30;
    int att = 0;//0 就是右下，1 就是左下，2 就是左上，3 就是右上

    public void paint(Graphics g) {
        g.fillOval(x, y, 20, 20);
    }

    public void run() {
        while (true) {
            //定义飞行姿态
            if (att == 0) {
                x++;
                y++;
            }
            if (att == 1) {
                x--;
                y++;
            }
            if (att == 2) {
                x--;
                y--;
            }
            if (att == 3) {
                x++;
                y--;
            }

            //改变飞行姿态
            try {
                Thread.sleep(10);
            } catch (Exception e) {
            }
            repaint();
        }
    }
}
```

这段代码使用了注释，体会一下，如果没有注释，要不了多久，就会忘记开始的定义，思路就会乱掉，其中改变飞行姿态的代码还没提供，我想目前的代码是可以理解的。

我们再来看改变飞行姿态的代码，并不是简单的 0 变成 1，1 变成 2，2 变成 3，3 变成 0 这么简单，每面墙有两个可能的飞来方向，也有两个反弹出去的方向，所以反弹代码要对飞来的方向进行判断。下面是改变飞行方向的代码。

```
//改变飞行姿态
if (x > 263) {
    if (att == 0) {
```

```
            att = 1;
        } else {
            att = 2;
        }
    }
    if (y > 341) {
        if (att == 1) {
            att = 2;
        } else {
            att = 3;
        }
    }
    if (x < 0) {
        if (att == 2) {
            att = 3;
        } else {
            att = 0;
        }
    }
    if (y < 0) {
        if (att == 3) {
            att = 0;
        } else {
            att = 1;
        }
    }
```

相信你能将这些代码融合在一起，小球不但能够反弹，而且反方向也没问题。看到 if 语句里面等于的条件了吗？比较用的是两个连在一起的等于号“==”，看等于号两边是不是相等，一个“=”是赋值的意思，把左边的值放到右边的变量里。练 20 遍吧。

现在，你已经获得了一定程度的编程能力了，尝试着实现一些新的想法吧——小球能不能碰到墙变一个颜色，能不能有两个小球在窗体里飞行、反弹，甚至两个小球相撞也能反弹，最开始的王八现在能爬了吧，注意：不是漂移，而是先两条腿向前移，然后身子移，最后剩下的两条腿再移动。

1.6　下大雪

我们现在可以开始实现下大雪了，这个程序一共分成两步完成：第一步，满天星星；第二步，落下来。随着你的编程能力越来越强，每一步能够驾驭的代码就会越来越多。

下面的代码实现了满天星星，又加上了线程，在线程里加入了不断循环、延时和重画，这些都是你学过的内容，你尝试着不看下面的代码，自己实现出来，如果觉得做不到，就不要继续，想一下自己卡在什么地方，回头重新练习一下之前的那个部分。

```
import java.awt.*;

public class MySnow {
    public static void main(String args[]){
        Frame w = new Frame() ;
        w.setSize(1024 , 768) ;
        w.setBackground(Color.BLACK) ;

        MyPanel mp = new MyPanel() ;
        w.add(mp) ;

        Thread t = new Thread(mp) ;
        t.start() ;

        w.show() ;
    }
}

class MyPanel extends Panel implements Runnable{
    public void paint(Graphics g){
        g.setColor(Color.WHITE) ;
        for (int i = 0; i < 300; i++) {
    g.drawString("*",(int)(Math.random()*1024),(int)(Math.random()*768))  ;
        }
    }
    public void run() {
        while(true){
            try{
                Thread.sleep(30) ;
            }catch(Exception e){}
            repaint() ;
        }
    }
}
```

这段代码运行的结果是什么？是不是雪花乱飞，就像风太大一样？思考一下为什么会是这个结果？当然，因为每次重画，paint 方法都会在全新的 300 个位置画星星。

如果喜欢每颗星星都像小球一样，缓慢地落下来，我们就不能在 paint 方法里生成随机数来确定坐标，而是需要提前准备好 300 个随机的坐标，并且将这些随机数存下来，每次去修改 300 个 *y* 坐标。现在我们有两个问题要解决：一是我们需要声明 300 个 x 和 300 个 y，也就是说，我们需要声明 600 个变量来存放预先生成的随机数；二是我们需要在 paint 方法运行前产生所有的随机数。

产生大量相同类型的变量，用数组，事实上使用数组还有一个原则——通常将含义相同的变量定义为一个数组。数组是批量声明变量的工具。

```
class MyPanel extends Panel implements Runnable{
    int x[] = new int[300] ;
    int y[] = new int[300] ;
    public void paint(Graphics g){
        g.setColor(Color.WHITE) ;
        for (int i = 0; i < 300; i++) {
g.drawString("*", (int)(Math.random()*1024),(int)(Math.random()*768)) ;
        }
    }
    public void run() {
        while(true){
            try{
                Thread.sleep(30) ;
            }catch(Exception e){}
            repaint() ;
        }
    }
}
```

仔细看一下数组的定义，很像生成对象的代码，是不是？一个重要的标志是 new，这说明是在堆里申请一个空间，不同之处在于[]，这是数组特有的标志。

有了这 600 个变量，我们要解决第二个问题，即将随机数一次性装到这些变量中。

```
class MyPanel extends Panel implements Runnable{
    int x[] = new int[300] ;
    int y[] = new int[300] ;
for(int i = 0 ; i < 300 ; i ++){
        x[i] = (int)(Math.random()*1024) ;
        y[i] = (int)(Math.random()*768) ;
    }
public void paint(Graphics g){
        g.setColor(Color.WHITE) ;
        for (int i = 0; i < 300; i++) {
    g.drawString("*", (int)(Math.random()*1024),(int)(Math.random()*768)) ;
        }
    }
    public void run() {
        while(true){
            try{
                Thread.sleep(30) ;
            }catch(Exception e){}
            repaint() ;
        }
    }
}
```

看上面的代码，是不是能够解决问题。这样可不行，看一下，新加的代码放到哪里了？放到了数组声明的下面、paint 方法的上面，或者说是在变量声明和方法声明的同一级，放在了

MyPanel 类的下一层，这是不允许的，类里面不可以有语句，在 Java 程序中，第一层是类，类里面就是第二层，允许有变量和方法，第三层在方法里面，允许有变量和语句（见图 1-16），后面我们会提到一个例外，现在不考虑。

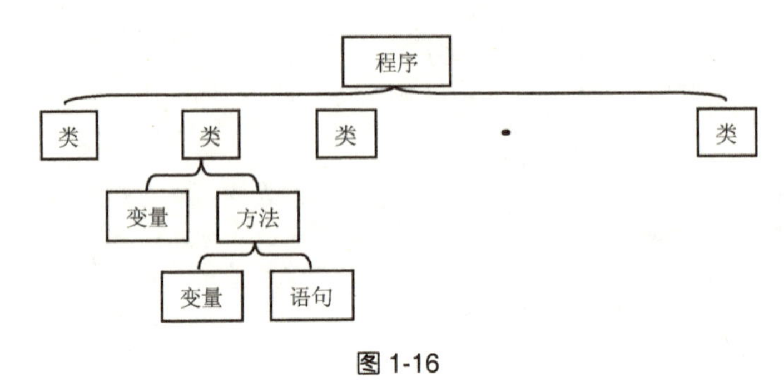

图 1-16

看来我们需要找一个方法，在这个方法里面赋值，要求这个方法的运行要在 paint 方法被调用前。我们知道 paint 方法第一次被调用是窗体显示的时候，我们用 w.add(mp)将 MyPanel 放到窗体上，我们大体可以认为这个操作之后，paint 就已经被调用了，所以我们需要在 w.add(mp)这个操作前赋值，但是不能将赋值操作放到 main 里，因为在 main 里 x 和 y 不可见，还必须放到 MyPanel 里。

有了这样的分析，我们完全可以这样做：把赋值语句放到方法 aaa 里，在 main 里调用方法 aaa。

```
public class MySnow {
    public static void main(String args[]){
        Frame w = new Frame() ;
            •
        MyPanel mp = new MyPanel() ;
        mp.aaa() ;
        w.add(mp) ;
            •
        w.show() ;
    }
}

class MyPanel extends Panel implements Runnable{
    int x[] = new int[300] ;
    int y[] = new int[300] ;

    public void aaa(){
        for(int i = 0 ; i < 300 ; i ++){
            x[i] = (int)(Math.random()*1024) ;
            y[i] = (int)(Math.random()*768) ;
        }
    }
}
```

上面的代码是不是怎么看都觉得不舒服，Java 考虑到这种对象一出现就需要的操作还很多，于是设计了一个机制，叫做构造方法。首先明确的是设计者定义了一个方法，一个特别的方法，你注意到 Frame w = new Frame() ;这句话的后面有个小括弧了吗？每个生成对象的语句都有这个小括弧，在这个位置上，包括小括弧很像是方法调用，没错，这个地方确实调用了一个方法，这个方法的名字就是类名，特别吧！也就是说，假如你声明了一个方法，名字就是类名，那么这个方法就会在生成对象的时候被自动调用。还有个问题，声明这个方法的时候，返回值应该是什么？按照调用来看，应该是 w 的类型，就是这个类，这是你改不了的，索性定义这个机制的人就规定构造方法声明的时候不用返回值。

```
class MyPanel extends Panel implements Runnable{
    int x[] = new int[300] ;
    int y[] = new int[300] ;

    //构造方法
    public MyPanel(){
        for(int i = 0 ; i < 300 ; i ++){
            x[i] = (int)(Math.random()*1024) ;
            y[i] = (int)(Math.random()*768) ;
        }
    }
    public void paint(Graphics g){
        g.setColor(Color.WHITE) ;
        for (int i = 0; i < 300; i++) {
            g.drawString("*", x[i] , y[i]) ;
        }
    }
    public void run() {
        while(true){
            try{
                Thread.sleep(30) ;
            }catch(Exception e){}
            repaint() ;
        }
    }
}
```

定义下来，构造方法是和类同名，没有返回值的方法，它会在类生成对象的同时被自动调用，每到这个时候，就一定有人问我，构造方法是干嘛的？一个广泛流传的解释是，构造方法是用来初始化的。没错，大多数情况下构造方法是用来初始化的，就像这个案例，我们用构造方法给数组填上初值，但是这个解释我并不认同，它是干嘛的，要看你在里面写了什么代码，构造方法只是一个机制，让你在对象生成的那一瞬间有机会做一些你想要做的事情而已。

好了！我们有了 300 个随机的 x 和 300 个随机的 y，下一步要在线程的循环里让每个 y 的值加一。别忘了，落到屏幕下面的雪花，需要让它回到屏幕上方，这样才能产生连续不断的下雪场面。

```
public void run() {
    while(true){
        try{
            for (int i = 0; i < 300; i++) {
                y[i] ++ ;
                if(y[i]>768){
                    y[i] = 0 ;
                }
            }
            Thread.sleep(30) ;
        }catch(Exception e){}
        repaint() ;
    }
}
```

到这步了，想想能写出来哪些有趣的程序，有人实现了一大堆小球互相撞，模拟出来随风飘扬的雪花，甚至有人想起了中学学过的三角函数，让球能够扔出去，沿着抛物线飞行，落地后反弹起来，而且越弹越矮。

如果天上落下来的是随机生成的字母，在键盘上按对了，可以将这个字母消掉，就成了打字母的游戏了。也有人实现了从屏幕上方下来几辆坦克，用键盘控制自己的坦克战斗，就成了坦克大战。看来我们要赶紧学习如何接收键盘的输入了。

先别着急，反复消化掉学过的内容，再继续。

1.7 键盘控制小球

还是先做个小球吧，已经做了很多遍了。我们开始思考，如果用户按了键盘上的一个键，那么在整个计算机系统中，谁最先知道这件事情？答案是键盘，然后键盘把这件事情通知给谁了？我们干脆跳过中间环节吧，一定会到操作系统对不对？如果你的程序要能够响应用户的输入，是不是操作系统要将这件事情通知给你的程序？系统怎么能够把一件事情通知到你的程序呢？其实之前我们遇到过很多类似的和系统打交道的事情，无论是开始的 main，还是重画的 paint，抑或是线程的 run 都是和系统打交道的，系统和程序交流的唯一办法就是你准备一个方法，它会在合适的时机来调用。难道我们要一个个地记住这些方法吗？Java 的设计者提供了一个很好的解决方案——接口。

我们现在来认识接口。其实在前面的线程里我们已经使用了接口 Runnable，但是那个时候我没有仔细讲接口是什么，为什么一定要使用接口。

我是个对象，我是男人类的对象，可以这么说，男人是从一大堆相似的对象中抽象出来的一个概念，男人是人类的一种，应该是人类的子类，也就是说，人类是从男人、女人中抽象出来的，人类是动物类的子类，那么动物类就是人类的抽象。我们现在要写出一个类——动物类，你想想动物类该怎么写，我想至少得有吃、喝、拉、撒、睡这些方法，那么我们就定义这些方法，具体到“吃”这个方法，你觉得有办法描述清楚动物的“吃”吗？是不是没法描述，因为不同的动物的吃有很大差别。

```
class Animal{
    public void eat() {
        //描述如何吃
    }
}
```

注释的位置是不是很难办，我确切地知道作为动物一定要有吃的方法，但是我现在没法描述，既然这样干脆就不描述了。

```
class Animal{
    public void eat() ;
}
```

如果你是跟着我来敲代码的，Eclipse 立刻就报错误了，因为没有方法的主体，可是不知道怎么写主体呀，那你可以在这个方法前说明这个方法是“抽象的”。

```
class Animal{
    public abstract void eat() ;
}
```

Animal 类的这个地方也立刻报错误了，它提示如果类里面有抽象的方法，那么这个类也需要说明成抽象的。其实到现在都很好理解，我们抽象、抽象，抽象到一定程度，得到了一个叫做动物的类，可是这个类太抽象了，很多东西我没法描述，那么我就告诉 Java 编译器，这是抽象的，我不写具体内容了。

```
abstract class Animal{
    public abstract void eat() ;
}
```

又有一个问题，抽象类能产生对象吗？如果你是 Java 编译器，别人给了你一个代码，代码里将抽象的类变成对象，你有办法吗？所以说抽象类没法产生对象。

我们再想想动物类里面的其他方法，你会发现所有的方法都没法描述，不但方法没法描述，而且根本找不到声明变量的需要，我们管这样的类叫做纯抽象类，在 Java 里纯抽象类会被换一个名字，叫做接口。

```
interface Animal{
    public void eat() ;
}
```

接口就意味着这是一个纯抽象类，所以里面的方法也不用声明成抽象的，肯定是抽象的。

既然接口不能产生对象，那有什么用？前面我们已经使用过接口 Runnable，现在要实现这个接口。

```
interface Animal{
    public void eat() ;
}

class Person implements Animal{

}
```

我们用一个人的类来实现动物接口，代码写到这儿，你就会发现 Person 下面有红色波浪线，这个类出错了，把鼠标放在 Person 上面，提示告诉你，必须实现接口 Animal 里面抽象的方法 eat。这有什么用？

假设我是一个班的老师，班里有 20 个学生，我觉得每天来上课太辛苦了，而且赚钱少，我想出了一个好办法，我出去接一个软件开发的活，报价 10 万，根据之前的标准，大约有 10 万行代码，我的课改成项目实训，也都不用上课了，每个学生分 5000 行代码，各自回家去完成，一个学期结束，完成的学生这门课就通过了，而我不但赚了讲课费，还把软件卖了赚了 10 万。这个计划看起来很好，但是有个问题，就是到最后，我需要将 20 个人写的 10 万行代码合并起来才能卖钱，这样我要看懂 10 万行代码，工作量也太大了吧，于是我规定，学生们给我的 5000 行代码要写上注释，每个人最多有 200 行代码标注上是给我看的，其他的不用我看，我就能合并。这个规定在 Java 里不需要，所有要给我看的代码前面，要写上 public（公有的），不需要我看的，声明成 private（私有的），这下子明白了，定义公有、私有的主要目的是为了降低项目经理的工作量，其实在面向对象里，我这个项目经理也不会一行行地看代码，也许每个人交给我的就是 5 个类，我拿到 100 个类，只需要写个主程序，new 成对象，然后调用方法就好了。做起来也不那么轻松，项目经理不但要知道 Java 的类怎么用，是不是还要学习项目组成员写的类，于是就产生了很多技术来简化项目经理的工作，比如，如果没有构造方法，每个类的项目经理就要多学一个方法。

现在还有个问题，就是学生写代码的这个学期，老师没事干，老师要等着大家将写好的类交上了才能够开始写主程序，这有点耽误时间，能不能老师和学生同步写程序呢？现在看起来不行，因为在大家将代码交给老师前，老师没法知道每个类的情况，主要有什么方法，看起来老师需要事先规定好每个类包含的方法，然后将描述的文档交给学生。这也有隐患，万一学生没有按照文档的规定完成怎么办？这时接口出场了，老师可以给每个学生分发 5 个接口，让大家去实现，实现接口就意味着必须实现里面的抽象方法，这样接口就成了项目经理和项目组成员之间的强制性约定了，这时想想，“接口”这个词用得还是很贴切的。

接口不仅仅有这个用处，我们再来看个例子。我现在接了一个企业的管理软件项目，规划财务、生产和销售系统，但是这个单位的资金不能到位那么多，现在决定先开发财务和销售系统，生产系统留着，等到资金到位后再开发。我该怎么办？可能我会开发一个菜单，上面有三个选项：财务、生产和销售，我会将目前不开发的生产系统设置成灰色的，等钱到位了，我再开发一个生产系统放上去。可以想象，未来当我将生产系统开发完成后，菜单里的“生产”就要设置成可用的状态，用户单击“生产”，将产生一个方法调用，调用到我未来开发的生产系统模块的方法上，也就是说，我要在现在就做好这个方法调用，虽然这个方法还不存在。我如何确保若干年后，有可能我都不在这个软件公司了，别人也能准确无误地写出来那个被调用的方法呢？我可以在开发这个菜单的时候，留下一个接口，未来开发生产系统的人只要实现这个接口，他的程序就能融合到已有的程序里，接口成了前人和后人之间的约定了，这么看“接口”这个词用得太准确了，换个词还真不行。

回到我们目前的任务中来，我要写段代码来响应用户的键盘输入，如何准确无误地写出来一个方法让系统调用呢？其实系统的调用早就写好了，现在知道了，系统会提供一个接口给我，我只需要实现这个接口就好了。看起来线程的 Runnable 也起到了这个作用，而里面实现的方法就是 run。

键盘的接口是 KeyListener，放在 java.awt.event 里面，导入的时候会写 import java.awt.event.* ;。我不是导入 import java.awt.* ;了吗？不行，这个导入就对一层有效，Eclipse 有辅助的工具帮你导入。我向来不喜欢学生学习期间过度地使用工具，这些工具将妨碍我们理解语言本身，我的很多学生从始至终都使用记事本来学习 Java，如果每一字母都是你自己敲出来的，你会建立对代码的感觉。

```
import java.awt.*;
import java.awt.event.*;

public class MyBall {
    public static void main(String args[]){
        Frame w = new Frame() ;
        w.setSize(300 , 400) ;

        MyPanel mp = new MyPanel() ;
        w.add(mp) ;

        w.show() ;
    }
}

class MyPanel extends Panel implements KeyListener{
    public void paint(Graphics g){
        g.fillOval(30, 30, 20, 20) ;
    }
}
```

代码写到这里，你会发现 MyPanel 下面有红色波浪线，说明有错误，我们知道是因为有未实现的抽象方法，这些方法就是我们想要的。在这一行的前面，你能看见有一个红色的小叉图标，用鼠标点一下，会弹出一个窗口，有一个选项“添加未实现的方法”，就选它。天呀！一下子蹦出来好多代码，仔细看是三个方法，有 KeyPressed（键按下）、KeyReleased（键抬起），KeyTyped 比较特别，前两个是比较底层的方法，能够识别一个键的动作，但是我们知道键盘上有很多组合键，比如“Shift+A”组合键，这就需要 KeyTyped 来识别了。

```
class MyPanel extends Panel implements KeyListener{
    public void paint(Graphics g){
        g.fillOval(30, 30, 20, 20) ;
    }
    @Override
    public void keyPressed(KeyEvent arg0) {
```

```
        }

        @Override
        public void keyReleased(KeyEvent arg0) {
        }

        @Override
        public void keyTyped(KeyEvent arg0) {
        }
    }
```

好了，你已经有接收键盘输入的方法了，但是还差一步，系统并不知道你能接收，或者说系统不知道你的哪个对象要去处理键盘输入，就好像现在有一件事情发生了，我的手机号码变了，其实这对我没有什么影响，我想找谁都能找到，对你有影响，那么我是事件的发出者，你是事件的处理者，你因为这件事情，要将电话号码本里我的号码更新，问题是，如果我没有你的电话号码，我就通知不了你，所以我们还需要一步——注册事件。

我们知道实现接口的类是 MyPanel，类不管用，它的对象才可能是处理者，那么 mp 是处理者，谁是事件的发出者呢？按说应该是键盘，但是程序以外的事情我们不管，这个事件第一步抵达的是窗体，所以我们需要。

```
public class MyBall {
    public static void main(String args[]){
        Frame w = new Frame() ;
        w.setSize(300 , 400) ;

        MyPanel mp = new MyPanel() ;
        w.add(mp) ;

        //注册事件
        w.addKeyListener(mp) ;

        w.show() ;
    }
}
```

不过我发现了一个问题，目前我们的程序里有两个对象，其中一个是窗体，窗体上面放了一个面板，大多数情况下窗体是程序的基础，键盘事件会到达窗体，可是如果鼠标在窗体中间的面板上点一下，键盘事件就接收不到了，因为当前有效的对象变成了面板。为了避免这种情况发生，我们加一条语句。

```
public class MyBall {
    public static void main(String args[]){
        Frame w = new Frame() ;
        w.setSize(300 , 400) ;

        MyPanel mp = new MyPanel() ;
        w.add(mp) ;

        //注册事件
```

```
        w.addKeyListener(mp) ;
        mp.addKeyListener(mp) ;

        w.show() ;
    }
}
```

新加的这句话有点怪异，看上去好像我们将 mp 加到 mp 上了，这是因为 mp 具有两个身份，前面用 mp 是因为这是 Panel 的对象，后面用 mp 是因为它是键盘事件的处理者。现在我们集中精力来看如何处理接收到的事件吧。我总结事件处理程序的编写分三步：第一步，实现接口；第二步，注册事件；第三步，编写事件处理程序。

先来认识一条十分重要的语句。其他编程书的第一个程序通常是“Hello World”，就是在控制台上打印一句这样的话，我觉得大家都 Hello World 太没意思，但是打印到控制台上，我们还是要学。虽然这句话今天看来几乎没有任何实用价值了，因为现在大家都用图形界面，没有人会将信息通过控制台显示给用户看，但是打印这句话能够帮助我们确定程序是按照预想的方式运行的，我们将在不确定的地方加上这句话，看看运行以后显示的是不是想要的结果。还有一个用处，这句话能够帮助我们探索不知道的内容，后面我将频繁地使用这种探索方式。

什么是控制台？有可能是我们偶尔能看到的黑色 DOS 窗口，不过因为使用的是 Eclipse，所以控制台集成到这个软件的一个窗口里了，这个窗口就是我们每次关闭程序的窗口。

这条语句是：System.*out*.println("需要打印的内容") ;。

我们把这条语句放到代码中，然后运行，见到窗体后，按动键盘，如果有一串 a 显示在控制台上，就说明我们的键盘事件机制没问题。

以下代码延续上一段代码：

```
class MyPanel extends Panel implements KeyListener{
    public void paint(Graphics g){
        g.fillOval(30, 30, 20, 20) ;
    }

    @Override
    public void keyPressed(KeyEvent arg0) {
        System.out.println("aaaaaaaaaaaaa") ;
    }

    @Override
    public void keyReleased(KeyEvent arg0) {

    }

    @Override
    public void keyTyped(KeyEvent arg0) {


    }
}
```

好了，你试试吧，再练上 20 遍。

如果没有问题了，我们继续，下一步的问题是键盘上那么多键，到底按哪个呀？不能总显示一堆 a 吧，你注意到事件接收的方法有参数吗？既然有参数，就有人向里面传值，谁传的值，当然是调用者了，调用者是系统，那么就是系统传值进去，通常你需要的信息都在那里，打印一下试试。

```
public void keyPressed(KeyEvent arg0) {
    System.out.println(arg0) ;
}
```

是不是一大串乱七八糟的结果，别着急，静下心来看看，里面有你按的字母，不过这太气人了，这么多东西也没法用呀。

我们来看这个 arg0 是个什么类型的东西，是不是 KeyEvent，这不是基本的数据类型，一看就知道是个对象，第一个字母还是大写的，既然是对象我们就能点点。

弹出来的窗口里列的都是我们能用的方法（见图 1-17），方法名字起得也够贴切的，你仔细研究一下就会发现这么多的方法，其实是有规律的，要得到信息就是以 get 开头的，要想改变一个对象通常是以 set 开头的，对不对？

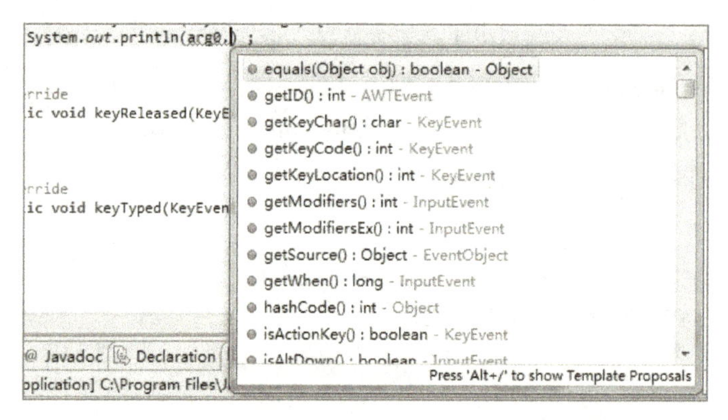

图 1-17

即便是小学英语水平也能发现有个 getKeyChar，直译“得到键字符”，既然猜到了，咱们就试试。

```
public void keyPressed(KeyEvent arg0) {
    System.out.println(arg0.getKeyChar()) ;
}
```

怎么样？运行后打印的就是你按的那个键吧。很快你就会发现问题，如果我们用 WASD 来控制小球还好说，如果是用上、下、左、右箭头键呢？你现在按箭头键看看能打印出来什么，是不是一堆问号。箭头并不对应字符，这次尝试失败，我们看还有什么 get 方法能用，实在不行就挨个试试，反正也不多。

我想你能够找到 getKeyCode，并且能够试出来箭头的编号是什么。

```
public void keyPressed(KeyEvent arg0) {
    System.out.println(arg0.getKeyChar()) ;
}
```

左 37、上 38、右 39、下 40，看来是顺时针排列的，现在你能用方向键控制小球移动了吧。

```
import java.awt.*;
import java.awt.event.*;

public class MyBall {
    public static void main(String args[]){
        Frame w = new Frame() ;
        w.setSize(300 , 400) ;

        MyPanel mp = new MyPanel() ;
        w.add(mp) ;

        //注册事件
        w.addKeyListener(mp) ;
        mp.addKeyListener(mp) ;

        w.show() ;
    }
}

class MyPanel extends Panel implements KeyListener{
    int x = 30 ;
    int y = 30 ;
    public void paint(Graphics g){
        g.fillOval(x, y, 20, 20) ;
    }

    @Override
    public void keyPressed(KeyEvent arg0) {
        if(arg0.getKeyCode()==37){
            x -- ;
        }
        if(arg0.getKeyCode()==38){
            y -- ;
        }
        if(arg0.getKeyCode()==39){
            x ++ ;
        }
        if(arg0.getKeyCode()==40){
            y ++ ;
```

```
        }
        repaint() ;
    }

    public void keyReleased(KeyEvent arg0) {
    }
    public void keyTyped(KeyEvent arg0) {
    }
}
```

现在你完全有能力做出来打字母的游戏了。充分练习前面的内容，然后尝试着做打字母的游戏吧。还有坦克大战、雷电之类的。

1.8 打字母的游戏

这个案例被看做上面所学内容的总结，它综合运用了几大块知识。这样定义案例：在一个300*400 的窗体上，有 10 个随机产生的字母向下落，在键盘上敲字母，如果对了就消掉，初始成绩为 1000 分，每敲对一个字母加 10 分，如果字母落到屏幕下方，或者敲错扣 100 分。

我们先来进行步骤划分吧。第一步，做满天星星；第二步，将星星改成 10 个随机字母；第三步，让字母下落，如果落出屏幕就产生新的字母，并从屏幕上方重新出现；第四步，接收键盘输入并消除匹配的字母；第五步，积分程序。其实还有第六步，我先不说，前五步完成后就能看到第六步的需求了。

现在做的星星，有些条件有所改变，需要 300*400 的窗体，需要 10 颗星星。

```
import java.awt.*;

public class MyChar {

    public static void main(String[] args) {
        Frame w = new Frame() ;
        w.setSize(300 , 400) ;

        MyPanel mp = new MyPanel() ;
        w.add(mp) ;

        w.show() ;
    }
}

class MyPanel extends Panel {
    public void paint(Graphics g){
        for(int i = 0 ; i < 10 ; i ++){
```

```
            g.drawString("*", (int)(Math.random()*300) , (int)(Math.random()*300)) ;
        }
    }
}
```

有几个地方需要注意。窗体的背景不是黑色的，那么字体的颜色也不用设置成白色的了，黑色的部分可能是个意外。为什么在纵坐标上我们不乘上 400？你想想我们的最终目的是让字母下落，等着用户看到后敲键盘上对应的键，如果乘上 400，就有可能有些字母一出来就在屏幕的最下方。事实上，我们前面的经验表明，如果乘上 400，有些字母一出现可能会因为数值太大而看不见了。

第二步是生成 10 个随机字母，我们索性在这一步将坐标放到数组变量里，以便准备给下落动作使用。

问题是，随机的字母如何产生？我从未讲过数据类型，我认为一上来就介绍 8 种基本数据类型毫无意义，如果没用到很快就会忘记，回顾一下我们已经使用过的数据类型都有什么。毫无疑问，第一个能想到的是 int，整数类型（简称整型），这是到目前为止我们用得最多的，既然有整型，就一定会有小数类型，在很多语言里都有两种表达小数的数据类型，一个是 float，另一个是 double。看单词能知道个大概，double 是两个的意思，这是由计算机的特点决定的，double 用了两倍的空间来存数，所以可以想象到 double 能够表示的数字更多，具体到小数来看，就是更精准，但是也更浪费资源。事实上，整型还有 short 和 long 之分，我不深入介绍，这些不是这个阶段要研究的，以后在需要的情况下，请上网搜索。

另外，我们还用到了 boolean 类型，你说我没讲到过 boolean，其实就是我们在 if 或者循环里用做条件的表达式的结果，boolean 简单，里面就两个可能的值：true 或 false。

还有一个是 byte 类型，因为计算机是用 0、1 作为基本运算单位的，但是能表达的东西太少了，所以人们将 0、1 组成一组来存放稍微大一点的数，8 个二进制数组合起来就是一个 byte，这成为编程中常用的基本数值单位。

介绍到我们关注的一个数据类型了，即 char。char 是字符类型，就是放字符的，字符用单引号引起来，比如'a'，这个我们没有用过，之前用双引号"*"不算，因为这是字符串 String，这个 String 不放在数据类型里讨论。String 是对象不是基本数据类型，这句话意味着这里讨论的数据类型不是对象，你可能觉得不是就不是呗，可是从学术角度或者一直面向对象的程序员看来，就难以适应了，有人抨击 Java 不是纯粹的面向对象语言，指的就是 8 种基本数据类型不是对象，从程序员角度来看，不是对象意味着点点不会出现方法。有的时候这是个问题，为什么 Java 的设计者不能纯粹一点呢？这更多的是从效率的角度考虑，基本数据类型的操作比对象更有效率，不过为了照顾面向对象的程序员，Java 提供了基本数据类型对应的封装类，帮助我们在需要的时候将这个数变成对象。

为什么要搞这么多数据类型呢？一是为了能够更好地使用内存，声明变量的时候如果指定了这个变量是 boolean 类型的，程序就不用为这个变量准备 int 类型那么大的空间了；二是不同数据类型之间的运算规则是不同的。我们来看下面两个程序的运算结果。

```
public class MyTest {

    public static void main(String[] args) {
        char a = '1' ;
        char b = '2' ;
        System.out.println(a+b) ;
    }
}
```

运行一下，你会发现得到了一个意想不到的 99。再看相似的代码。

```
public class MyTest {

    public static void main(String[] args) {
        int a = 1 ;
        int b = 2 ;
        System.out.println(a+b) ;
    }
}
```

这段代码不运行都能猜出来结果是 3。为什么会有这样的差异？留给你以后去探索吧。

既然有不同的数据类型，就会遇到不同数据类型之间的转换问题，其实我们之前已经使用过这样的转换，我们用(int)将随机数所产生的小数转换成整数，这叫做强制类型转换。事实上也有隐含的转换，比如，我将小数硬放到一个整型的变量里，自然放不了，系统会自动地帮我转换成整数后再放。我们立刻就遇到一个问题，既然类型不同，转换之后会成为什么呢？这里面一定会有比较合理的规则，比如，我们之前将小数转换成整数会舍掉小数部分，我不需要告诉你所有的转换规则，在知道了各种数据类型，以及如何转换的情况下，你完全可以自己试一下，大多数情况下，一看结果就知道规则是什么了。

以后我还会在需要的时候继续讨论数据类型这个话题，现在再多说，想必你也吸收不进去了。

我们来尝试一下 char 和 int 的互相转换。

```
public class MyTest {

    public static void main(String[] args) {
        char a - 'a' ;
        System.out.println((int)a) ;
    }
}
```

运行结果是 97，这是'a'这个字符在计算机里的编码，为了统一，这样的编码已经成了国际标准，被称为 ASCII 编码。我想你应该能够猜出下面代码的运行结果吧。

```
public class MyTest {

    public static void main(String[] args) {
        char a = 'a' ;
        System.out.println((int)a) ;
    }
}
```

没错，结果是'a'。看到这个结果你想到了什么？还记得我们的任务吗？这个阶段的小任务是生成随机的字母，也就是说，生成从 a 到 z 的随机字母，我们看到 a 对应的 ASCII 码是 97，那么 z 就是 97+26，如果能够生成从 97 到 97+26 的随机数，我们就能够通过强制类型转换获得随机字母。如何生成 97 到 97+26 之间的随机数呢？要知道 Math.random()产生的是 0 到 1 之间的随机数，我们需要转换，我想有人知道该怎么做了——(char)(Math.random()*26+97)。

事实上，还有一个问题需要解决。g.drawString()方法需要三个参数，这是我们知道的，第一个参数是一个字符串（String），第二个和第三个参数是 *x*、*y* 坐标，是整数（int），我们的问题是，得到了随机的字符，可是那是字符不是字符串，字符没法满足这个方法的需求，我们需要将字符强行转换为字符串。根据此前的经验，或许有人会用这种办法来转换——(String)c，这里假设 c 是字符变量。这是不行的，这种做法只适合于基本数据类型转换，还有一种情况也采用这样的做法，后面我会专门讨论。我有一个省事的办法——在需要转换的地方写""+c，""是一个完全空的字符串。要知道在大多数情况下，一个变量加到字符串上，都会被自动转换成字符串，无论是基本数据类型还是对象，唯一的问题是这么做的效率太低了，计算机需要用更长的时间来执行这个操作，字符串相加的做法会让程序运行的效率变低，所以如果正式编程，不建议这样做类型转换。正确的做法是将 c 变成对象——new Character(c)，所有的对象都有 toString()方法，我们用这个方法来得到字符串。遗留了一个问题，为什么所有的对象都有 toString()方法？后面我也会讲到。

好，理解清楚上面的讨论以后，你努力地试着自己完成这步的代码，让 300*400 的窗体上有 10 个随机的字母。

```
import java.awt.*;

public class MyChar {

   public static void main(String[] args) {
      Frame w = new Frame() ;
      w.setSize(300 , 400) ;

      MyPanel mp = new MyPanel() ;
      w.add(mp) ;

      w.show() ;
   }
}

class MyPanel extends Panel {
   int x[] = new int[10] ;
   int y[] = new int[10] ;
   char c[] = new char[10] ;
   MyPanel() {
      for (int i = 0; i < 10; i++) {
```

```
            x[i] = (int)(Math.random()*300) ;
            y[i] = (int)(Math.random()*300) ;
            c[i] = (char)(Math.random()*26+97) ;
        }
    }
    public void paint(Graphics g){
        for(int i = 0 ; i < 10 ; i ++){
            g.drawString(new Character(c[i]).toString(), x[i] , y[i]) ;
        }
    }
}
```

如果没有问题了，我们来完成第三步，让字母下落，如果落出屏幕就产生新的字母，并从屏幕上方重新出现。

落下的代码不难，几乎和下雪的代码相同，不同的是，下雪的代码在超出屏幕的处理上是让 y 值回到零。为了有更好的效果，在这个例子中，还要让 x 获得一个新的随机数，另外，这个字符也要新产生一个字符。

同样建议你先自己试着完成任务，然后再看我的代码，如果你没有思路，要考虑前面的内容是否掌握了。如果心中有疑虑，建议你向前翻，再多练习几遍下大雪的代码。

```
import java.awt.*;
import java.awt.event.KeyEvent;
import java.awt.event.KeyListener;

public class MyChar {

    public static void main(String[] args) {
        Frame w = new Frame() ;
        w.setSize(300 , 400) ;

        MyPanel mp = new MyPanel() ;
        w.add(mp) ;

        Thread t = new Thread(mp) ;
        t.start() ;

        w.show() ;
    }
}

class MyPanel extends Panel implements Runnable{
    int x[] = new int[10] ;
    int y[] = new int[10] ;
    char c[] = new char[10] ;
    MyPanel() {
        for (int i = 0; i < 10; i++) {
```

```
            x[i] = (int)(Math.random()*300) ;
            y[i] = (int)(Math.random()*300) ;
            c[i] = (char)(Math.random()*26+97) ;
        }
    }
    public void paint(Graphics g){
        for(int i = 0 ; i < 10 ; i ++){
            g.drawString(new Character(c[i]).toString(), x[i] , y[i]) ;
        }
    }
    public void run() {
        while(true){
            for (int i = 0; i < 10; i++) {
                y[i] ++ ;
                if(y[i]>400){
                    y[i] = 0 ;
                    x[i] = (int)(Math.random()*300) ;
                    c[i] = (char)(Math.random()*26+97) ;
                }
            }
            try{
                Thread.sleep(30) ;
            }catch(Exception e){}
            repaint() ;
        }
    }
}
```

现在我们进行第四步，接收用户的键盘输入，如果匹配上就消除这个字符。事实上，我们并不真正去消除字符，而是让这个字符重新从屏幕的最上面再出来，这将是个新生成的字符。接收用户输入我想不是问题了，那么拿到用户的输入以后怎么找到屏幕上有没有这个字符呢？字符都存在那个数组里，看来我们得到数组里去找有没有，如果有就处理。

自己试一下再看我的代码，这一步我不提供全部的代码，下面只列出事件处理程序。

```
public void keyPressed(KeyEvent arg0) {
    //将用户输入的字符存入 keyC 中
    char keyC = arg0.getKeyChar() ;
    //扫描整个数组，看有没有匹配的字符
    for(int i = 0 ; i < 10 ; i ++){
        if(keyC==c[i]){
            //找到了
            y[i] = 0 ;
            x[i] = (int)(Math.random()*300) ;
            c[i] = (char)(Math.random()*26+97) ;
            break ;//防止屏幕上同时有多个相同的字符被一次性消掉
        }
    }
}
```

说明：break 的作用是跳出这个循环，在这里加上 break 的目的是如果找到了就不再找了。

加入上述代码，别忘了要实现接口和注册事件。如果成功了，打字母游戏的效果就已经出来了。不过，你应该也发现问题了，如果有多个相同的字母，不一定消掉的是最下面的那个，因为消掉的顺序是字母在数组里的位置，跟 *y* 坐标没有关系，这就是我在前面划分步骤的时候留下的第六步，消掉最下面匹配的字母。

我们来看第五步，加入计分，我们似乎需要一个变量来保存成绩。假设变量的初值是 1000，我们需要用醒目的方式将这个成绩显示在屏幕上，如果字母落到屏幕最下方还没有被匹配上，那么扣 100 分，如果匹配上了就加 10 分；如果用户输入的字符在屏幕上没有，那么扣 100 分。看完我的任务，你先尝试着完成吧。

下面的代码用于定义并显示成绩，用红色显示在屏幕的左上角。

```
class MyPanel extends Panel implements Runnable , KeyListener{
    int x[] = new int[10] ;
    int y[] = new int[10] ;
    char c[] = new char[10] ;
    int score = 1000 ;

    public void paint(Graphics g){
        for(int i = 0 ; i < 10 ; i ++){
            g.drawString(new Character(c[i]).toString(), x[i] , y[i]) ;
        }
        //显示成绩
        g.setColor(Color.RED) ;
        g.drawString("你的成绩是："+score, 5, 15) ;
    }
```

下面的代码是字母掉到屏幕外的扣分代码，你看到“-=”运算符了吧，相似的还有+=、*=、/=之类的，这是 score = score-1000 的简单写法。

```
public void run() {
    while(true){
        for (int i = 0; i < 10; i++) {
            y[i] ++ ;
            if(y[i]>400){
                y[i] = 0 ;
                x[i] = (int)(Math.random()*300) ;
                c[i] = (char)(Math.random()*26+97) ;
                score -= 100 ;
            }
        }
```

最后我们来看如何实现敲对了加分，敲错了减分。

```
public void keyPressed(KeyEvent arg0) {
    char keyC = arg0.getKeyChar() ;
    for(int i = 0 ; i < 10 ; i ++){
        if(keyC==c[i]){
```

```
            y[i] = 0 ;
            x[i] = (int)(Math.random()*300) ;
            c[i] = (char)(Math.random()*26+97) ;
            score += 10 ;
            break ;
        }else {
            score -= 100 ;
        }
    }
}
```

你觉得这样行吗？不行的，我们来看，假如数组里的 10 个字符中有一个'a'，你敲了'a'这个字符，你期望的结果是成绩加 10 分，但是最坏的情况很有可能是，循环了 10 次，最后一次匹配上了，匹配上的这次加了 10 分，而没有匹配上的那 9 次，每次都被减了 100 分。这样不行，这是个经典的问题，我们需要一个标识，如果没有匹配上，标识里的值不变，一旦匹配上了，标识改变。等到循环完了，看一下标识，在很多情况下我们都会用到这个小算法。

具体实现来看，boolean 变量是最合适的，因为 boolean 变量只有两种状态，我们先设定 boolean 变量的初值是 false（假的），如果 if 匹配上了，就把它变成 true。

```
boolean mark = false ;
for(int i = 0 ; i < 10 ; i ++){
    if(keyC==c[i]){
        mark = true ;
        break ;
    }
}
```

我们来分析一下，开始 mark 的值是 false，然后循环，如果这 10 次循环都没有 if 成功，那么 mark 的值就一直不会被改变，还是 false；一旦 if 匹配成功，mark 的值就变成了 true，我们可以在循环结束后，根据 mark 的值来判断有没有匹配上的内容。

具体到这个案例的代码如下：

```
public void keyPressed(KeyEvent arg0) {
    char keyC = arg0.getKeyChar() ;
    boolean mark = false ;
    for(int i = 0 ; i < 10 ; i ++){
        if(keyC==c[i]){
            y[i] = 0 ;
            x[i] = (int)(Math.random()*300) ;
            c[i] = (char)(Math.random()*26+97) ;
            mark = true ;
            break ;
        }
    }

    if(mark){
        score += 100 ;
```

```
        }else {
            score += 10 ;
        }
    }
```

我建议现在就停下来练习 20 遍，充分理解和掌握这段代码以后，再去看第六步。对于有些人来说，第六步的逻辑很复杂，最好不要带着包袱向下走。

现在开始看第六步如何完成，我们的目的是找到多个匹配成功的字符中最下面的一个，并清除掉。其中清除不难，找到匹配字符也不难，焦点在最下面的一个字符上。如何判断哪个字符是最下面的？当然是 *y* 坐标最大的。如果不是计算机来完成这件事情，而是由人来做，那就是找到所有的匹配字符，摆在那里，看哪个 y 值最大，计算机没有一次比较多个值的能力，每次就能比较一个值，我们的思路是找到一个以后，将它的 y 值记录下来，再找到下一个，判断一下，如果新的 y 值大于记录下来的 y 值，那么就将记录改成新的，因为新的在下面；否则什么都不做，因为老的字符在下面，找一圈以后，记录下来的 y 值就是最大的了。我们可以这么理解这个逻辑：我拿到了一个字符，记住它的 *y* 坐标，再拿到一个看看是不是大于刚才那个，如果是就将刚才那个丢掉，否则就把新的丢掉，最后我手里就一个字符，这个字符就是最下面的。它对应的数组位置就是我们要清除的字符标号，我们将数组位置叫做数组的下标，也就是说，每次我们还得记录保留下来的数组下标。

还有一个小问题。即便有很多匹配的字符，判断的逻辑是相同的，我们完全可以将这个判断放在循环里，让这个逻辑周而复始地去做，可是第一个匹配字符的逻辑不同，它不需要判断，见到就存下来好了，能不能将第一个字符的逻辑和其他逻辑统一呢？如果能的话，我们就能够节省一段代码了。我想出了一个好主意，将存放最下面 *y* 坐标的变量初值设置成绝对不可能小的数，这样第一个字符就去判断，当然，由于老的值一定小，所以第一个字符的值也就一定会被存下来。

你能自己实现这一步，就自己实现，不能的话，也要努力去实现，即便不是自己找到的答案，再看我的代码也有益处，不要一上来就分析我的代码。在看我的代码时，使用跟踪方式，就是假设你是计算机，你来看这些语句，想象着计算机会做什么，该循环时循环，该判断时判断，该赋值时就记住变量的值是什么。

```
public void keyPressed(KeyEvent arg0) {
    char keyC = arg0.getKeyChar() ;
    int nowY = -1 ;
    int nowIndex = -1 ;
    for(int i = 0 ; i < 10 ; i ++){
        if(keyC==c[i]){
            if(y[i]>nowY){
                nowY = y[i] ;
                nowIndex = i ;
            }
        }
    }
```

```
    if(nowIndex!=-1){
        y[nowIndex] = 0 ;
        x[nowIndex] = (int)(Math.random()*300) ;
        c[nowIndex] = (char)(Math.random()*26+97) ;
        score += 10 ;
    }else {
        score -= 100 ;
    }
```

我们再来看一下这些代码。nowY 存放着最下面符合条件的 y 坐标，nowIndex 存放着最下面符合条件的数组下标，boolean 变量不需要了，因为完全可以根据 nowIndex 来判断有没有找到；break 也不要了，因为我们找到了一个匹配的字符并不算完，还要继续找。

下面是全部的代码。

```
import java.awt.*;
import java.awt.event.KeyEvent;
import java.awt.event.KeyListener;

public class MyChar {

    public static void main(String[] args) {
        Frame w = new Frame() ;
        w.setSize(300 , 400) ;

        MyPanel mp = new MyPanel() ;
        w.add(mp) ;

        Thread t = new Thread(mp) ;
        t.start() ;

        w.addKeyListener(mp) ;
        mp.addKeyListener(mp) ;

        w.show() ;
    }
}

class MyPanel extends Panel implements Runnable , KeyListener{
    int x[] = new int[10] ;
    int y[] = new int[10] ;
    char c[] = new char[10] ;
    int score = 1000 ;
    MyPanel() {
        for (int i = 0; i < 10; i++) {
            x[i] = (int)(Math.random()*300) ;
            y[i] = (int)(Math.random()*300) ;
            c[i] = (char)(Math.random()*26+97) ;
        }
```

```
    }
    public void paint(Graphics g){
        for(int i = 0 ; i < 10 ; i ++){
            g.drawString(new Character(c[i]).toString(), x[i] , y[i]) ;
        }
        //显示成绩
        g.setColor(Color.RED) ;
        g.drawString("你的成绩是: "+score, 5, 15) ;
    }
    public void run() {
        while(true){
            for (int i = 0; i < 10; i++) {
                y[i] ++ ;
                if(y[i]>400){
                    y[i] = 0 ;
                    x[i] = (int)(Math.random()*300) ;
                    c[i] = (char)(Math.random()*26+97) ;
                    score -= 100 ;
                }
            }
            try{
                Thread.sleep(30) ;
            }catch(Exception e){}
            repaint() ;
        }
    }
    @Override
    public void keyPressed(KeyEvent arg0) {
        char keyC = arg0.getKeyChar() ;
        int nowY = -1 ;
        int nowIndex = -1 ;
        for(int i = 0 ; i < 10 ; i ++){
            if(keyC==c[i]){
                if(y[i]>nowY){
                    nowY = y[i] ;
                    nowIndex = i ;
                }
            }
        }

        if(nowIndex!=-1){
            y[nowIndex] = 0 ;
            x[nowIndex] = (int)(Math.random()*300) ;
            c[nowIndex] = (char)(Math.random()*26+97) ;
            score += 10 ;
        }else {
            score -= 100 ;
        }
```

```
        }
        @Override
        public void keyReleased(KeyEvent arg0) {
            //TODO Auto-generated method stub

        }
        @Override
        public void keyTyped(KeyEvent arg0) {
            //TODO Auto-generated method stub

        }
    }
```

好了，打字母游戏的全部代码都实现了，这是到目前为止相对复杂的程序，看来你要好好消化一下，多敲几遍，在这个过程中，你的思维都会发生变化，要知道 Java 语言的语法和那些系统的类并不是什么难题。为什么一个好的 Java 程序员几天就能够学会.net？好的程序员意味着具有更好的逻辑能力，这个能力是不断增长的，通过逐个阶段对复杂代码的适应，逻辑能力将逐步提升，同时排错能力和学习能力也得到了逐步提升，这些能力的提升建立在大量亲手敲代码的基础上，也建立在主动思考的基础上。

主动思考和被动看我的解释及代码是两条完全不同的道路，将带来截然不同的结果，这个结果并不表明你对这本书的掌握好与不好，对 Java 语言的学习如何，而是你将以什么样的态度面对新知、面对困难，由此所表现的精神将左右你的程序员生涯的未来，甚至有一天你不再和代码打交道了，流淌在你的血液里的就剩下这段学习带给你的精神历练了。

1.9 鼠标控制小球

这是个小活，目的是让我们的学习停下来，让自己有机会尝试着找到未知的答案，我尽可能不制造太多的挑战，希望这个部分你能够完全靠自己实现。

定义任务：让鼠标能够拖动屏幕上的小球。还是先来分解一下，首先需要一个窗体，然后是小球，最后是鼠标事件。我不知道我的提示是不是多余的，跟鼠标有关的事件接口有两个：一个是 MouseListener，另一个是 MouseMotionListener。我们知道鼠标的状态有移动、拖动、停着点击，在 Java 里将这些动作分成了两类：移动和静止，所有跟移动有关的都是 MouseMotion Listener，静止的就是 MouseListener。

自己尝试完以后再来看我的代码。

```
import java.awt.*;
import java.awt.event.MouseEvent;
import java.awt.event.MouseMotionListener;

public class MyBall {
    public static void main(String args[]){
        Frame w = new Frame() ;
```

```
        w.setSize(300 , 400) ;

        MyPanel mp = new MyPanel() ;
        w.add(mp) ;

        w.addMouseMotionListener(mp) ;
        mp.addMouseMotionListener(mp) ;

        w.show() ;
    }
}

class MyPanel extends Panel implements MouseMotionListener{
    int x = 30 ;
    int y = 30 ;
    public void paint(Graphics g){
        g.fillOval(x, y, 20, 20) ;
    }
    @Override
    public void mouseDragged(MouseEvent arg0) {
        //鼠标拖动

    }
    @Override
    public void mouseMoved(MouseEvent arg0) {
        //TODO Auto-generated method stub

    }
}
```

我想这步你完全能够自己做到，关键代码在鼠标拖动那里，我们无非是在这里修改 x、y 的值，然后重画。x、y 的值要变成什么？当然是鼠标的位置了。那么鼠标的位置该如何得到？就像键盘事件里我们寻找哪个键被按下一样，答案通常在参数 arg0 里，用它点点找到支持的方法，然后打印出来看看，你能试出来。

我来完成这步逻辑。

```
public void mouseDragged(MouseEvent arg0) {
    //鼠标拖动
    x = arg0.getX() ;
    y = arg0.getY() ;
    repaint() ;
}
```

就这么简单。

1.10 第一阶段总结

我们用这些有趣的小案例，锻炼了敲代码的能力，感受和体会了程序，如果你熟练地掌握了这些代码，就算是你已经成功地进入编程世界了，在这个基础上，很多事情变得好理解多了。在这里你需要真正地停下来，全面复习一下上面的代码，让它们真正成为你身体的一部分。再想想你自己的项目是什么，做一些与众不同的有趣的东西，学习不是苦行，它本是开心快乐的事情。

有些遗漏的点需要回顾一下。我用 37、38、39、40 来判断用户按下的是哪个方向键，有一次这段代码被真正的程序员看到了，他大为吃惊，认为我是高手，竟然知道键盘的 code 是什么，我不理解他为什么吃惊，我当然知道，打印出来不就知道了吗？问题是他不用这些数字，用什么？他让我用 KeyEvent 点点，我发现也出来了不少东西，要知道 KeyEvent 是个类，凭什么类也能点点出来东西，不都是对象点点出来东西吗？事实上，我们之前也用过类点点，还记得 Color 点点找颜色，Math 点点用里面的随机数方法，这些都是静态成员，回顾一下什么是静态的，类一声明静态的就存在，即便是一个对象还没有产生，将来无论产生多少个对象，静态的也只有一份，也就是说，静态的东西跟对象没关系，只跟类有关，所以类点点出来的也就都是静态成员了，前面说过这叫做类成员，如果类成员是方法，通常这些方法都是工具，比如 Math 里的所有方法都是静态的，都是一些数学函数。另一种常用的情况就是静态常量，人们在写程序的时候发现，即便是自己写的程序，经过一段时间，可能连自己都看不懂了。更讨厌的问题是，未来我们的程序都是一个团队的人配合着写，自己写的代码能不能很容易让别人看懂是现在软件开发领域最关心的问题，所以好的程序员会不厌其烦地写好注释。我们再来看，37 表示左，这个代码可不容易让人看懂，我们不得不在这个地方写上注释，说明这是向左的逻辑，而好的计算机语句设计者定义了一些东西，让一般的程序员也能像好的程序员一样考虑周全，在这个地方 KeyEvent 就提供了上、下、左、右的常量，分别是 KeyEvent.VK_DOWN、KeyEvent.VK_ RIGHT、KeyEvent.VK_UP、KeyEvent.VK_LEFT，其实它们就是 37、38、39、40，如果语句是 **if**(arg0.getKeyCode()==KeyEvent.VK_LEFT)这样的，其他的程序员就好理解多了。事实上，这里提供了整个键盘上每个键的常量，那么 Color.RED 也是这样的意思，由此启发，在我们写过的那些程序里，也有一些数值看起来也该定义成类常量，以便提高代码的可读性，比如小球的飞行方向之类的。

还有一个让人不舒服的地方是，我们做的动画或多或少地闪，看上去很不舒服，这是因为到目前为止，我提供给你的类都是已经被 Java 淘汰的类，它们自身有缺陷，今天看 Java 是一种成熟的编程语言，随着版本的升级，有些类被新的类替代了，但是又不能在 JDK 中剔除这些类，因为可能之前有人写过的代码使用了这些被淘汰的类，新的 JDK 不能不让这些程序运行。你别生气，我是有意使用过时的类的，因为我发现学习一个新的东西，人们通常在开始都要经历一段黑暗期，有长有短，这个时期有很多东西一下子体会不到，如果这时就讲重要有用的东西，基础就打不牢，我用过时的类让你体会编程，在确保你已经进入了学习轨迹的情况下，我才开始讲真正在用的类。

那么在之前的代码中，到底人们真正用的类是什么？调整起来也不难，就是在我们用过的很多类的前面加上大写的“J”，导入的类库是 javax.swing.*。注意：不是所有的类前都加“J”。下面我重写一遍小球下落的代码。

```
import java.awt.*;
import javax.swing.*;

public class MyBall {
   public static void main(String args[]){
```

```
        JFrame w = new JFrame() ;
        w.setSize(300 , 400) ;

        MyPanel mp = new MyPanel() ;
        w.add(mp) ;

        Thread t = new Thread(mp) ;
        t.start() ;

        w.setVisible(true) ;
    }
}

class MyPanel extends JPanel implements Runnable{
    int x = 30 ;
    int y = 30 ;
    public void paint(Graphics g){
        super.paint(g) ;
        g.fillOval(x, y, 20, 20) ;
    }
    public void run() {
        while(true){
            y ++ ;
            if(y>400){
                y = 0 ;
            }
            try{
                Thread.sleep(20) ;
            }catch(Exception e){}
            repaint() ;
        }
    }
}
```

加粗的部分是改变的部分，w.show();被换成了 w.setVisible(**true**) ;，w.show()被淘汰了，这也解释了为什么每次写这句话的时候 Eclipse 都会在上面加删除线，新的比旧的显然要强大，因为你可以用 w.setVisible(false) ;将这个窗体隐藏。

你应该还能发现多了一行 super.paint(g) ;，这是干吗的？我现在先不解释，后面有专门的讨论，不过你完全可以将这行语句去掉，看看效果，再加上看看有什么不同，通过自己的尝试来感受它的作用。

另外，你发现新的类让这个窗体漂亮了吗？好吧，你没看出来，但是真的漂亮了，至少窗体的背景不是白色，而变成灰色了，当然我们主要的问题解决了，小球不闪了。

第2章

开始一个项目

学习曲线

关注点：简单逻辑

代码量：5000行

其实到现在我们才真正地开始学习 Java，前面的案例只是一个引子，有很多编程的感觉不是通过小案例就能够体会到的，尤其是面向对象的感觉。我定义了一个有一定规模的项目，这个项目有足够的复杂度，并且覆盖了 Java SE 的大多数知识，当然完成这个项目，你也会有更大的成就感。

我们的项目是个即时聊天工具，包括客户端和服务器端的软件，支持多用户相互聊天。为了控制代码量，本书只提供核心代码，大幅度地简化了界面和功能，你可以在此基础上添加功能，美化界面，有很多人模拟实现出来 QQ。

由于每个人的学习能力、逻辑能力和基础不同，我提供了三种建议的学习方式。在我的教学过程中，有 20%的人只看每个阶段的任务描述，不跟随我写代码，完全依靠自己摸索、上网查找和询问的方式完成这个项目，这是最艰难的方式，但是也是收获最多的方式，用这种方式学习的人，目前几乎都是软件企业里的高手。大多数人使用第二种学习方式，我的每一部分内容都包含了三个模块：一是任务描述，二是小案例，三是即时聊天工具项目代码，我是希望通过小案例的学习，让你掌握完成项目的知识和能力，所以大多数人是跟随着我学习小案例，然后努力地独自实现这个大项目。剩下的人需要跟随着我的小案例和大项目，如果能够坚持 20 遍的要求，同样能够成为优秀的 Java 程序员，如果你没有足够的智慧，至少应该坚持吧。

2.1 聊天界面

2.1.1 任务描述

我们在这个阶段要完成客户端界面，我要求的是最简单的界面：一个登录界面（见图 2-1）

和一个聊天界面（见图 2-2），有人在这个阶段做的界面和 QQ 相差无几。

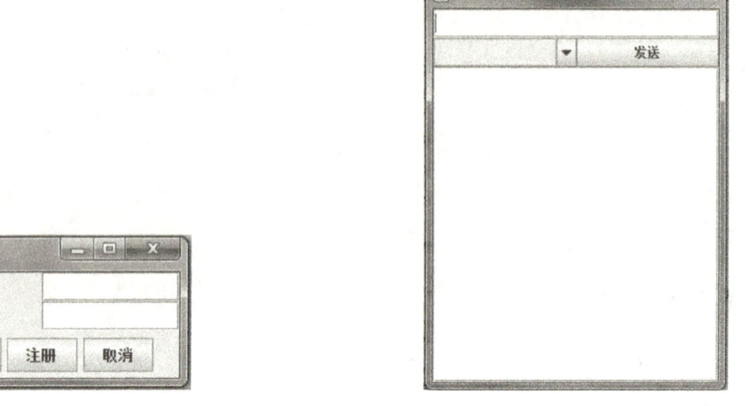

图 2-1　　图 2-2

在聊天界面中，上面的输入框用来输入聊天信息，下拉框里面放着在线用户的名称，“发送”按钮不用解释，下面是聊天内容，如果多了，会有滚动条出现。

再次说明： 很多人从这步开始就努力地实现 QQ 的效果，甚至有头像闪动和注册等功能。

2.1.2 做按钮

我们一步步来，先在窗体上做个按钮，观察并思考如何做出按钮。

你能想到自己看到的不是程序表现出来的按钮吗？我是用画图工具做的，程序里表现出来的按钮是骗人的，我将图片的背景做成灰色，然后用白色画上面的横线和左面的竖线，用黑色画下面的横线和右面的竖线，就出现了这个立体的按钮效果。你也试着用画图工具做一个吧，如果没问题了，想想凹进去的按钮应该怎么做？没错，让这幅图上的白线是黑色的，黑线是白色的，就是凹进去的效果。

现在你可以尝试着用程序做出这个按钮的效果。这个任务你完全可以自己完成，第一步，做一个突出的按钮；第二步，鼠标事件；第三步，实现按钮按下的动作。自己尝试完以后，看我提供的代码，分析我的代码和你的代码的不同，思考为什么会有这样的不同，我这样写并不意味着我的代码更加权威，或许你实现的比我的更好。

```
import java.awt.*;
import java.awt.event.*;
import javax.swing.*;

public class MyButton {
    public static void main(String args[]) {
        JFrame w = new JFrame();
        w.setSize(300, 400);
```

```
        MyPanel mp = new MyPanel();
        w.add(mp);

        w.addMouseListener(mp) ;
        mp.addMouseListener(mp) ;

        w.setVisible(true);
    }
}

class MyPanel extends JPanel implements MouseListener{
    boolean b = true ;
    public void paint(Graphics g) {
        super.paint(g);
        if(b){
            g.setColor(Color.WHITE);
            g.drawLine(30, 30, 80, 30);
            g.drawLine(30, 30, 30, 50);
            g.setColor(Color.BLACK);
            g.drawLine(30, 50, 80, 50);
            g.drawLine(80, 30, 80, 50);
        }else {
            g.setColor(Color.BLACK);
            g.drawLine(30, 30, 80, 30);
            g.drawLine(30, 30, 30, 50);
            g.setColor(Color.WHITE);
            g.drawLine(30, 50, 80, 50);
            g.drawLine(80, 30, 80, 50);

        }
    }

    @Override
    public void mouseClicked(MouseEvent arg0) {
        // TODO Auto-generated method stub

    }

    @Override
    public void mouseEntered(MouseEvent arg0) {
        //TODO Auto-generated method stub

    }

    @Override
    public void mouseExited(MouseEvent arg0) {
        //TODO Auto-generated method stub
```

```
    }

    @Override
    public void mousePressed(MouseEvent arg0) {
        if(arg0.getX()>30&&arg0.getX()<80&&arg0.getY()>30&&arg0.getY()
<50){
            b = false ;
            repaint() ;
        }
    }

    @Override
    public void mouseReleased(MouseEvent arg0) {
        b = true ;
        repaint() ;
    }
}
```

这就是计算机里的按钮，我们用了 70 多行代码得到了一个小小的按钮，如果这样完成我们需要的界面就太可怕了，不用担心，作为伟大的 Java 语言，一种成熟的面向对象语言，这个问题早已经解决了。Java 里面不是有类吗？类就是把一大堆代码都写好，需要用的时候 new 成对象，像按钮这样一定会被用很多次的代码，早就被写成了类放到类库里，等着你去用它。下面的代码使用了类库里的按钮。

```
import javax.swing.*;

public class MyButton {
    public static void main(String args[]) {
        JFrame w = new JFrame();
        w.setSize(300, 400);

        JButton b = new JButton("OK") ;
        w.add(b) ;

        w.setVisible(true);
    }
}
```

试一下，你会发现有问题，按钮太大了，这太意外了。再想想，其实不意外，你又没说按钮有多大，就是 new 出来，然后加到窗体上了，这么说，看来我们要设置一下大小了。思路是这样的，可惜 Java 不是这么想的，Java 有今天是开发语言发展的结果。

2.1.3 Java 的布局思想

要知道计算机里的 CPU 是计算机的核心，CPU 里的运算器，就是能算数的那个东西，是 CPU 的核心，而这个运算器能处理的只有 0 和 1，所以早些年的程序员写的就是 0 和 1。这些程序员会遇到两个问题：一是如果换成你，天天面对的都是满屏的 0 和 1，你将是什么感觉？会吐的；二是世界上有很多种CPU，每种CPU上的指令对应的0和1是不一样的，也就是说，你在一种计算机上写程序，写好的程序放到另一种计算机上没法运行，大家说的是不同的语言。当然早期第二个问题还不严重，大不了我不换计算机就行了，但必须解决第一个问题，于是出现了汇编语言，汇编语言说来简单，就是用人类的单词代替0和1，人写单词，然后找个程序自动将写好的程序翻译成对应的0和1。这样计算机界舒舒服服地过了很多年，一直到计算机产业大到一定的程度，有人开始开发软件出来卖，这时第二个问题就表现出来了，商人当然希望自己开发的程序能够运行在各种各样的计算机上，这样市场才能足够大。

于是C语言脱颖而出，C语言的想法是，用人舒服的方式定义这种语言，然后准备很多翻译软件，我们将这样的软件叫做编译器，每一种计算机准备一个编译器，程序员写好了程序，用不同的编译器翻译一遍，这样就产生了针对不同计算机的可执行版本，这个做法是伟大的，当然C语言还具备很多其他特性，这些帮助C语言成为一个时代的旗舰。

后来为了能够开发更大规模的程序，为了能够团队合作，人们站到了一个哲学的高度来看待编程语言，产生了面向对象的编程思想。Java语言吸收了面向对象的所有优点，还创造性地解决了一个问题——C语言的做法在那个年代已经很好了，但是由于互联网的发展，有很多软件是从网络上得到的，和过去人们要去商店买软件相比，这不是一个数量级的变化，软件太容易获得了，人们不得不准备针对不同计算机版本的各种可执行程序放到网络上，让人能够拿来运行，有人想一个程序能不能运行在各种各样的计算机上，于是有天才想办法解决这个问题，计算机指令系统的不同不可改变，于是Java的设计者最终想出了一个办法——进行二次翻译，先把所写的程序翻译一遍，这遍翻译不针对任何具体的计算机，也就是说，不能在任何计算机上直接运行。可能你要问了，那翻译干嘛呀？其实要做的事情还真是很多，比如语法错误的排除，为了防止别人篡改而进行的安全封装（这里不做具体讨论，有兴趣的话自己研究一下），这次翻译的结果就是发布的版本，别人要运行，计算机上就要有能够运行这个中间码的环境，不同种类的计算机环境是不同的，是适应计算机的，我们管这个环境叫做JRE（Java运行时环境）。JRE是个平台，平台的下面是不同的计算机，Java程序不管计算机是什么，程序面对的就是这个平台，程序就运行在这个平台上，Java程序以为天下的计算机都是一样的，程序被JRE骗了，这个平台我们称作JVM（Java虚拟机），在这个平台上，程序被JRE再解释成0和1，然后运行。

如果你无法理解上一段的讲解，我来举个例子。如果我要做环球旅行，在所有需要的准备中，有一项是语言准备，我得多学几门外语，别的都好办，学外语而且还是几门就太难了，我有个办法——我准备一个本，每页写上一句估计能用上的话，然后请人翻译成各个国家的语言写在每句话后面，到了国外，我要说哪句话，就翻到哪一页给别人看，别人看懂哪个语言的话都行，这是典型的C语言做法，写好C语言，然后翻译到不同的计算机上用。再来看Java的做法，还是要去旅行，大家知道有一种语言叫做世界语，世界语不属于哪个具体的国家，是一群语言学家发明的语言，全世界的会说世界语的人都会在胸前别一个绿色的标牌，我学会世界语，到了一个国家，我会找到别着标牌的人，请他来帮助我，而我将想说的话翻译成世界语，那个世界语爱好者会将我说的世界语翻译成他们国家的语言，这样我只需要学会世界语，就能周游世界了。

当然，在 Java 发展了十几年后的今天，人们的想法也发生了很大的变化，虽然我前面说了那么多 Java 的好，但是现在看来 Java 也有很多问题，当然这些问题就是下一代计算机语言改善的地方。我们来学习一种技术的关注点会有不同，就是这样的不同造成学习效果的不同，有人关心语法和知识点，那么他考试会很顺利，但是到软件企业写代码可能就有困难；有些人关注运用 Java 语言的能力，那么他将成为一个好的 Java 程序员；有些人在学习的过程中思考了 Java 语言的设计者为什么会这样设计，Java 语言的问题是什么，那么他就站到了编程语言学习之上，他很容易就学通了、学透了，在学习新的编程语言时，他会感到异常轻松，因为他早就知道新的语言该有什么，只不过看一下人家的具体定义是什么而已。

说了这么多，至少你应该明白，Java 是一种平台无关的计算机语言，这里的平台指的是计算机平台，也就是说，开发 Java 的人，不用考虑具体的计算机特征，这样就遇到了一个问题——我们知道在 Windows 里运行的程序长得和 Apple 系统中的程序不一样，这本来没什么问题，可是现在我们用 Java 来开发程序，这就意味着程序既可以在 Windows 上运行，也可以完全不用做什么就能在 Apple 上运行，那么这个程序应该长得像 Windows 上的样子还是 Apple 上的样子，或者干脆就像 Java 的样子。Java 设计者的想法是，同一个程序，如果在 Windows 上运行应该长得像 Windows 里的程序一样，跑到 Apple 里就应该像 Apple 里的程序一样，可是一些显而易见的现象给我们出了不小的难题，比如 Windows 和 Apple 的计算机定义的分辨率不一样，坐标原点也不一定都是左上角。

Java 设计者为了能够最大程度地维护 Java 的可移植性，他们甚至放弃了方便的直接定位，而是使用策略的办法去管理界面，我们将这个策略的办法叫做布局。这么做要完成两步定义：第一步，定义策略，就是告诉程序大概的部件分布情况；第二步，将具体的部件放到相应的位置，至于具体某个部件的大小和位置，要看不同的计算机会如何理解布局，不过大原则是有的。第一个布局方案是 BorderLayout，边框布局，我们看代码。

```
import java.awt.*;
import javax.swing.*;

public class MyButton {
    public static void main(String args[]) {
        JFrame w = new JFrame();
        w.setSize(300, 400);

        JButton b1 = new JButton("OK1") ;
        JButton b2 = new JButton("OK2") ;
        JButton b3 = new JButton("OK3") ;
        JButton b4 = new JButton("OK4") ;
        JButton b5 = new JButton("OK5") ;

        //设置布局
        w.setLayout(new BorderLayout()) ;

        w.add(b1 , BorderLayout.NORTH) ;
```

```
        w.add(b2 , BorderLayout.SOUTH) ;
        w.add(b3 , BorderLayout.WEST) ;
        w.add(b4 , BorderLayout.EAST) ;
        w.add(b5 , BorderLayout.CENTER) ;

        w.setVisible(true);
    }
}
```

我们来看加黑的部分，这个 BorderLayout 叫做布局管理器，设置布局时需要告诉你设置成什么布局管理器，我们在参数里竟然看见了一个 new，这里就是 new 对象，new 布局管理器 BorderLayout 的对象，按说是应该写成两行的，先 new 好对象，再做参数，写成一行是为了节约代码，在确保 new 出来的对象就用一次的情况下可以这么做，这样做对象就没有引用了。

BorderLayout 布局是将屏幕分成上、下、左、右和中间五个部分，具体效果你运行一下看，所以 add 的时候，需要第二个参数来指定放在什么位置。好了，别看我介绍了，把代码敲出来，运行一下就什么都知道了。

再仔细地看一下细节，你发现了什么？是不是中间占了最大的区域，四周是在确保能够显示出来的情况下，尽可能地少占空间。你试一下将 JButton b3 = new JButton("OK3") ;改成 JButton b3 = new JButton("OK33333333") ;，然后再运行看看是什么效果。

其实作为 JFrame 的对象窗体，如果我们不设置布局管理器，默认的就是 BorderLayout，而在 add 的时候如果不指定位置，就是中间，这就是为什么前面的代码，我们什么布局的工作都没做，只是加了个按钮，结果按钮就占据了整个窗体，因为中间就是尽可能地大呀！我想你该去掉几个 add 再看看效果。虽然有默认的布局管理器存在，但我还是建议你写设置布局管理器那句话，好歹也多一块钱呢，当然真正的目的是让代码的可读性更好。

在团队协作中，每个人的代码都会被别人看，为了工作能够配合起来，在团队比英雄重要的时代，人们特别看重代码的可读性。

至此，边框布局 BorderLayout 就介绍完了，再来看一个显而易见的布局管理器，表格布局，非常容易理解，就是将窗体打上几行几列的格子，然后往里面放东西。

```
import java.awt.*;
import javax.swing.*;

public class MyButton {
    public static void main(String args[]) {
        JFrame w = new JFrame();
        w.setSize(300, 400);

        JButton b1 = new JButton("OK1") ;
        JButton b2 = new JButton("OK2") ;
        JButton b3 = new JButton("OK3") ;
        JButton b4 = new JButton("OK4") ;
        JButton b5 = new JButton("OK5") ;
```

```
        //设置布局
        w.setLayout(new GridLayout(3 , 2)) ;

        w.add(b1) ;
        w.add(b2) ;
        w.add(b3) ;
        w.add(b4) ;
        w.add(b5) ;

        w.setVisible(true);
    }
}
```

看看效果就知道了，我想你也注意到了，这里的 add 没有指定位置，那么它们都被放到哪了？再去看看运行结果，你发现规律了吧，这些按钮是被按照从左到右、从上到下的顺序排列的。

到现在我们学了两个布局，再学一个最没有技术含量的布局——FlowLayout。

```
import java.awt.*;
import javax.swing.*;

public class MyButton {
    public static void main(String args[]) {
        JFrame w = new JFrame();
        w.setSize(300, 400);

        JButton b1 = new JButton("OK1") ;
        JButton b2 = new JButton("OK2") ;
        JButton b3 = new JButton("OK3") ;
        JButton b4 = new JButton("OK4") ;
        JButton b5 = new JButton("OK5") ;

        w.setLayout(new FlowLayout()) ;

        w.add(b1) ;
        w.add(b2) ;
        w.add(b3) ;
        w.add(b4) ;
        w.add(b5) ;

        w.setVisible(true);
    }
}
```

一旦布局被设置成 FlowLayout，向里面放东西就遵循以下的简单规则：在能够显示的情况下，尽可能小地显示组件，在默认的情况下，第一个放在最上一行的中间；在有多个的情况下，从左到右，整体在中间，第一行放不下，放到第二行，你完全可以自己加几个按钮，减几个按钮试试效果，也可以用鼠标调整窗体看看效果。

2.1.4　登录界面

好了，有用的布局介绍完了，你肯定觉得不可能，就这三个布局不可能布置出漂亮的界面呀。如果这些布局能够组合，你觉得行不行？比如登录界面，我们这样分隔一下（见图 2-3），窗体被分隔成两个部分，单独看上面的输入区域，你看看是什么布局，是典型的表格布局，2 行 2 列；再单独看下面的按钮区域，也能看出来是比较典型的 FlowLayout。如果我们将上面的输入区域作为一个整体，下面的按钮区域也作为一个整体，这两个组件放在窗体上，整个窗体该用什么布局呢？显然是边框布局，在这个边框布局里，输入区域在中间，按钮区域在下边。

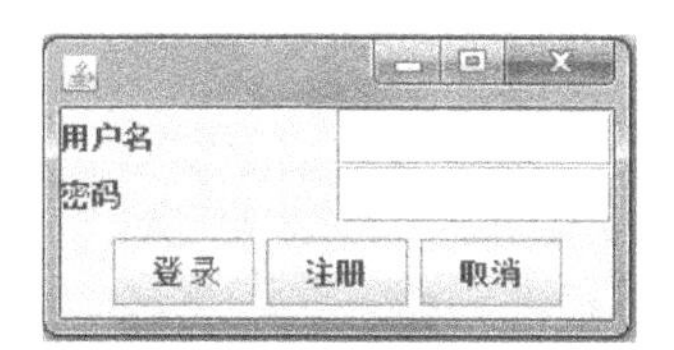

图 2-3

剩下一个问题了，怎么将几个东西组合起来？有一个叫做面板的类来完成这个工作，其实面板类我们用过很多次了，就是绘图中的画布 JPanel。需要说明的是，不但 JPanel 的对象可以放在 JFrame 的对象上，而且 JPanel 对象也可以放在另外的 JPanel 对象上，利用这样一层层的整合，我们可以组合出非常复杂的界面。

根据分析，现在我将代码提供出来，还是那个原则，你先尝试，然后再看我的代码。给出一些提示：用户名和密码的字使用对象 JLabel，new 的时候将字放到参数里；输入框使用 JTextField，而能够将用户输入显示成“*”的密码输入框使用 JPasswordField，我想提示这些就可以了。

```
import java.awt.*;
import javax.swing.*;

public class QQLogin {
    public static void main(String args[]){

        JFrame w = new JFrame() ;

        w.setSize(250 , 125) ;

        //new 组件
        JLabel labUser = new JLabel("用户名") ;
        JLabel labPass = new JLabel("密码") ;

        JTextField txtUser = new JTextField() ;
```

```
        JPasswordField txtPass = new JPasswordField() ;

        JButton btnLogin = new JButton("登录") ;
        JButton btnReg = new JButton("注册") ;
        JButton btnCancel = new JButton("取消") ;

        //布置输入面板
        JPanel panInput = new JPanel() ;
        panInput.setLayout(new GridLayout(2 , 2)) ;

        panInput.add(labUser) ;
        panInput.add(txtUser) ;

        panInput.add(labPass) ;
        panInput.add(txtPass) ;

        //布置按钮面板
        JPanel panButton = new JPanel() ;
        panButton.setLayout(new FlowLayout()) ;

        panButton.add(btnLogin) ;
        panButton.add(btnReg) ;
        panButton.add(btnCancel) ;

        //布置窗体
        w.setLayout(new BorderLayout()) ;

        w.add(panInput , BorderLayout.CENTER) ;
        w.add(panButton , BorderLayout.SOUTH) ;

        w.setVisible(true) ;
    }
}
```

我想你是有能力自己尝试出正确的代码的，只是要注意一下代码顺序和格式，你的代码是否和我的一样结构清晰，注释明了。

其实还是有人在用一个布局，就是绝对定位，你可以将一个东西指定到一个位置，但是由于这样做违背了 Java 的平台无关性，因此并不建议这样做。

2.1.5 主界面

好了，别忘了充分练习，然后尝试完成主界面吧。提示：下拉框使用 JComboBox，下面的大输入框应该是多行的，使用 JTextArea，至于滚动条，如果加不了就先不加了，但是提示我给，使用 JScrollPane 类。

这是我的分析：一共需要两个面板，一个是小面板，另一个就是大面板了（见图 2-4）。我们编程遵循从小到大的顺序，先是组件，然后是最上面的小面板，一层层到下面，最后是窗体。

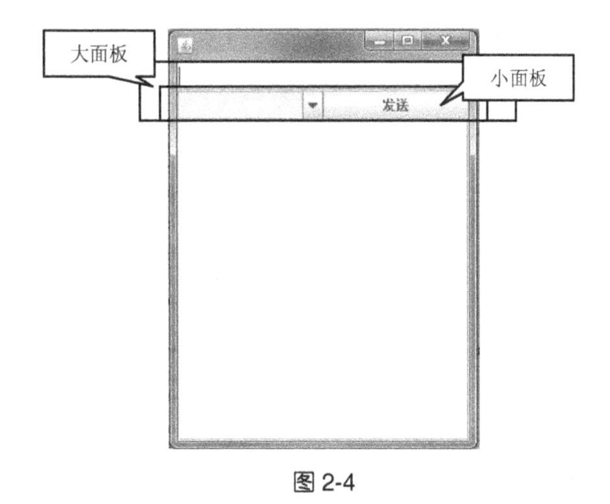

图 2-4

代码如下：

```
import javax.swing.*;
import java.awt.*;

public class QQMain {
    public static void main(String args[]){
        JFrame w = new JFrame() ;

        w.setSize(300 , 400) ;

        //new 组件
        JTextField txtMess = new JTextField() ;

        JComboBox cmbUser = new JComboBox() ;
        JButton btnSend = new JButton("发送") ;

        JTextArea txtContent = new JTextArea() ;
        //设置滚动条
        JScrollPane spContent = new JScrollPane(txtContent) ;

        //布置小面板
        JPanel panSmall = new JPanel() ;
        panSmall.setLayout(new GridLayout(1 , 2)) ;

        panSmall.add(cmbUser) ;
        panSmall.add(btnSend) ;

        //布置大面板
        JPanel panBig = new JPanel() ;
        panBig.setLayout(new GridLayout(2 , 1)) ;

        panBig.add(txtMess) ;
        panBig.add(panSmall) ;
```

```
        //布置窗体
        w.setLayout(new BorderLayout()) ;

        w.add(panBig , BorderLayout.NORTH) ;
        w.add(spContent , BorderLayout.CENTER) ;

        w.setVisible(true) ;
    }
}
```

或许你已经感觉到使用这样的布局来设计界面很不舒服，为了可移植性，我们牺牲了对位置的驾驭，这就是还有很多程序员在使用绝对定位的原因。如果这是个明确运行在某个平台上的项目，对可移植性需求很小，那么绝对定位也是可以接受的，人们逐渐发现可移植性和编程的便利度之间存在着某种平衡，这和需求有关。

你会感觉到，我对界面部分的内容有些敷衍了事，这是因为现在使用 Java 来制作界面的机会越来越少，甚至我完全不介绍界面的设计都不会影响你对 Java 的掌握，以及未来可能的工作。为什么出现这样的现象呢？这要看编程领域的发展，以及 Java 语言的特点，由于 Java 对可移植性的追求，无法避免地遇到了两个问题：一是设计复杂、漂亮的界面相对较难；二是二次的解释执行使得 Java 程序运行速度较慢。我们再来看编程领域的变化。在互联网蓬勃发展之前，我们的程序通常都孤立地运行在单台客户端计算机上，随着互联网的发展，人们发现，不需要那么强大的客户端计算机，客户端计算机或许只需要显示、处理用户输入和进行简单的验证就可以了，这个结论在互联网发展初期并不被人们所接受，随着互联网的普及，在互联网的节点上强大的服务器越来越多，同时需要服务的客户机也越来越多，直到有一天，3G 和智能手机大量出现，人们发现无限度地要求智能终端拥有强大的运算能力，遇到了很多障碍，这才开始越来越接受瘦客户的概念，编程也就被分成了客户端编程和服务器端编程。由于客户和服务器这两端被互联网分隔开来，没有办法紧密协作，我们只能依赖简单的消息传递让两端在一起工作，很快这个局限让人们发现不一定使用同一种技术来开发两端，Java 和.net 甚至能够出现在一个项目中，既然 Java 做界面不强，为什么不换成别的技术，当然一个信仰 Java 的程序员对这样做并不情愿，好在客户端的最佳技术不是.net，而是 HTML，人们一度认为用网页浏览器统一客户端会大幅度地降低软件的部署成本，所以现在流行的模式变成了 HTML+Java，这里的 HTML 不是指 HTML 语言，而是统指 HTML 相关技术，包括 HTML、JavaScript、CSS 这些网页技术，也有人将这样的编程模式叫做 Java Web 或 J2EE。后面我会分析 Java SE 和 Java EE 的不同，你能发现如果使用 HTML+Java，用户界面的实现就被 HTML 接管了，这就是为什么纯粹使用 Java 来做界面不那么被重视的原因。

当然 Java 并不是一开始就甘心将客户端编程让给 HTML 的，所以早期 Java 里面有一个重要的组成部分 Applet，它是一种能够嵌入 HTML 里，运行在网页上的程序，后来在 Flash 大获成功的背景下，Applet 没落了。最近 Java 在界面上有了新的机会，由于 Android 的成功，Java 成为重要的 Android 上程序的开发工具，在这个领域同 iOS 平台上的 Object C 进行竞争，对内 Android 的应用程序有淘汰 Java ME 的趋势。Android 的界面开发是另外一套形式，和我们现在所学的界面不同，但是这本书依然有意义，即便你要学习 Android 的开发，也要首先掌握 Java SE，而 Java EE 将用于服务器端编程，这些都是你需要的。

如果你对界面还有兴趣，那么除了我们的案例里出现的组件，其他的组件你怎么能够知道是什么类呢？找到你的电脑里的 JDK 目录，如果当初没有特别指定，它可能在你的电脑的 C:\Program Files\Java\jdk1.6.0 里，从这里你进入 demo，这个目录中放的是 Java 的例子；然后是 jfc，这里的例子将来你都该看，看看高手的代码是什么样子的，但现在不着急；SwingSet2 里有绚丽的组件演示（见图 2-5），通过双击 SwingSet2.jar 来运行看效果，jar 是和 javaw.exe 关联的，如果默认的关联不是这个，你可能需要选择打开方式，如果不行，还有 SwingSet2.html 可以运行，这个方式就是我之前提到的 Applet 方式。

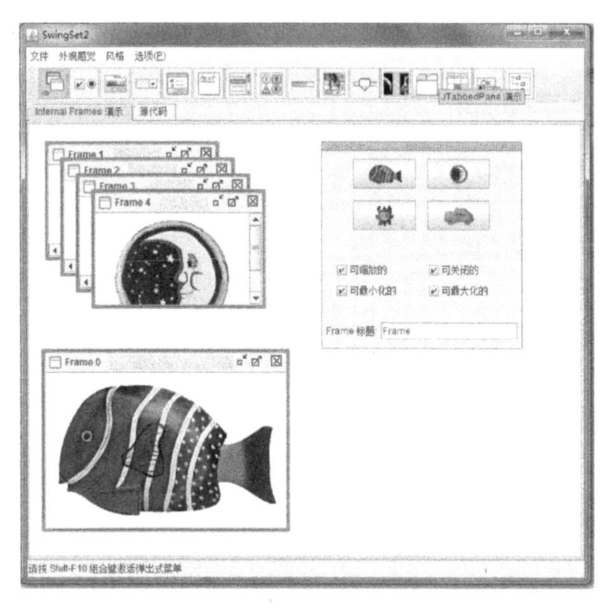

图 2-5

在这里你可以找到 Java 能够实现的所有效果，看好哪个，就可以单击“源代码”选项卡，去里面找你想要的类，不要尝试着看懂所有的代码，这么做不聪明，连蒙带试的感觉你知道是什么吗？找找这样的感觉，蒙的能力表面看起来是贬义的，事实上这是学习能力的一部分。

2.2 响应用户输入

2.2.1 任务描述

用户运行了你的程序，首先看到了登录界面，他会输入用户名和密码，然后单击“登录”按钮，程序要做的是响应这个动作。回忆一下事件处理那个部分的知识，在事件处理程序里，我们要取得用户输入的用户名和密码，然后进行判断。现在先假定用户名是 aaa，密码是 111，如果输入正确，则该显示主窗体，同时让登录窗体消失，这就是这个部分的任务，现在由你自己尝试着实现这些功能。

2.2.2 事件响应

我唯一的提示是，按钮事件接口是 ActionListener。或许你需要很长时间去尝试，千万不要立刻看我下面的代码，努力地自己完成这个任务。

第一步，实现事件接口。

```
import java.awt.*;
import javax.swing.*;
import java.awt.event.*;

public class QQLogin implements ActionListener {
   public static void main(String args[]){

        JFrame w = new JFrame() ;

        w.setSize(250 , 125) ;

        //new 组件
        JLabel labUser = new JLabel("用户名") ;
        JLabel labPass = new JLabel("密码") ;

        JTextField txtUser = new JTextField() ;
        JPasswordField txtPass = new JPasswordField() ;

        JButton btnLogin = new JButton("登录") ;
        JButton btnReg = new JButton("注册") ;
        JButton btnCancel = new JButton("取消") ;

        //布置输入面板
        JPanel panInput = new JPanel() ;
        panInput.setLayout(new GridLayout(2 , 2)) ;

        panInput.add(labUser) ;
        panInput.add(txtUser) ;

        panInput.add(labPass) ;
        panInput.add(txtPass) ;

        //布置按钮面板
        JPanel panButton = new JPanel() ;
        panButton.setLayout(new FlowLayout()) ;

        panButton.add(btnLogin) ;
        panButton.add(btnReg) ;
```

```
        panButton.add(btnCancel) ;

        //布置窗体
        w.setLayout(new BorderLayout()) ;

        w.add(panInput , BorderLayout.CENTER) ;
        w.add(panButton , BorderLayout.SOUTH) ;

        w.setVisible(true) ;
    }

    @Override
    public void actionPerformed(ActionEvent arg0) {

    }
}
```

第二步，注册事件。我想你已经遇到困难了，我们知道注册事件时，参数应该是实现接口的那个类的对象，但是你发现 QQLogin 这个类在整个程序里面没有对象，只好创建一个对象。

```
import java.awt.*;
import javax.swing.*;
import java.awt.event.*;

public class QQLogin implements ActionListener {
    public static void main(String args[]){

        JFrame w = new JFrame() ;
        w.setSize(250 , 125) ;

        //new 组件
        JLabel labUser = new JLabel("用户名") ;
        JLabel labPass = new JLabel("密码") ;

        JTextField txtUser = new JTextField() ;
        JPasswordField txtPass = new JPasswordField() ;

        JButton btnLogin = new JButton("登录") ;
        JButton btnReg = new JButton("注册") ;
        JButton btnCancel = new JButton("取消") ;

        //注册事件监听
        QQLogin e = new QQLogin() ;
        btnLogin.addActionListener(e) ;
        btnReg.addActionListener(e) ;
        btnCancel.addActionListener(e) ;

        //布置输入面板
        JPanel panInput = new JPanel() ;
```

```
        panInput.setLayout(new GridLayout(2 , 2)) ;

        panInput.add(labUser) ;
        panInput.add(txtUser) ;

        panInput.add(labPass) ;
        panInput.add(txtPass) ;

        //布置按钮面板
        JPanel panButton = new JPanel() ;
        panButton.setLayout(new FlowLayout()) ;

        panButton.add(btnLogin) ;
        panButton.add(btnReg) ;
        panButton.add(btnCancel) ;

        //布置窗体
        w.setLayout(new BorderLayout()) ;

        w.add(panInput , BorderLayout.CENTER) ;
        w.add(panButton , BorderLayout.SOUTH) ;

        w.setVisible(true) ;
    }

    @Override
    public void actionPerformed(ActionEvent arg0) {
        System.out.println("事件响应") ;
    }
}
```

上面的代码在单击按钮后，就能够在控制台上打印出“事件响应”这行字，这说明事件机制起了作用，问题是我们在三个按钮上注册了事件，到底用户单击了哪个按钮，这个你应该能够自己尝试出来，东西一定在 arg0 里面，一定是通过这个对象的一个方法得到的，最后一次一定是 get 方法，打印出来看看。

好了，你得到的是不是这样的代码。

```
public void actionPerformed(ActionEvent arg0) {
    if(arg0.getActionCommand()=="登录"){
        System.out.println("用户点了登录") ;
    }
    if(arg0.getActionCommand()=="注册"){
        System.out.println("用户点了注册") ;
    }
    if(arg0.getActionCommand()=="取消"){
        System.out.println("用户点了取消") ;
    }
}
```

2.2.3　关于字符串内容的比较

如果你的代码和我的相同，则说明你已经能够将按钮区分开了。虽然结果没问题，但是上面的那段代码有点问题，看下面的程序。

```
public class MyTest {
    public static void main(String[] args) {
        String s = new String("abc") ;
    }
}
```

你说 String s = **new** String("abc") ;这句话进行了几次内存分配？我们知道的至少有 new 在堆里面分配了内存，s 在栈里面分配了内存，事实上这句话进行了三次内存分配，因为参数"abc"是个对象，既然是对象，那就在堆里，可是这个对象没 new 呀，能是对象吗？你完全可以试试，在程序里打上"abc"，然后点个点，看看有成员方法吗？百分百的对象，不但"abc"是对象，而且""都是对象，只是这样的对象和 new 的对象不太一样，这样的叫做常量对象，被放在堆里一个特定的地方，我们管那个地方叫"常量堆"，常量对象在分配的时候有个特点，就是系统会先到常量堆里看看有没有你想要的对象，如果有，就不建立新的常量对象，而是直接使用已经存在的那一个。

这样说来，看下面的代码，分配了几次内存。

```
public class MyTest {
    public static void main(String[] args) {
        String s1 = new String("abc") ;
        String s2 = new String("abc") ;
    }
}
```

我们来数，第一次是"abc"在常量堆里分配了一个常量对象，第二次是 new String，第三次是 s1，第四次是"abc"没分配，使用了之前的那个，所以第四次是 new String，第五次是 s2，一共进行了 5 次内存操作。

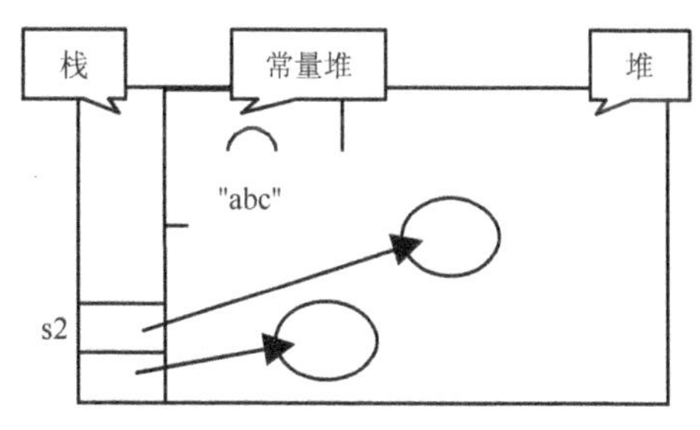

图 2-6

如图 2-6 所示，我们最终得到了一个"abc"的常量对象，两个"abc"的对象，两个引用分别指向各自的对象。什么是指向？其实就是引用里存放着对象的位置信息，如果这样看来，你觉得 s1 和 s2 是否相等？

```
public class MyTest {
    public static void main(String[] args) {
        String s1 = new String("abc") ;
        String s2 = new String("abc") ;
        System.out.println(s1==s2) ;
    }
}
```

结果是 false，不相等，这个可以理解，因为 s1 的值和 s2 的值是不同的。我们可以验证常量堆不会分配重复对象这个说法，在 Java 里 String s1 = "abc" ;，那么我们看下面程序。

```
public class MyTest {
    public static void main(String[] args) {
        String s1 = "abc" ;
        String s2 = "abc" ;
        System.out.println(s1==s2) ;
    }
}
```

怎么样？相等了吧。问题是在 String s1 = **new** String("abc") ;中，如果不是我这样分析过来，人们通常会认为 s1 就是"abc"，这是人的思维习惯。问 s1==s2？通常人们会认为是相等的，错误在于 s1 与 s2 比的是位置，而不是内容，可是我们通常要比较的是内容，那就用 s1.equals(s2)，equals 用来比较两个对象的内容是否一样，==用来比较是否是一个对象。

可惜 Java 并没有将这件事情做得足够好，按理说任何对象都可以这样比较，因为任何对象都有 equals 这个方法。为什么任何对象都有 equals 方法？这是因为 Java 里的所有类都从一个叫做 Object 的类继承而来，就是我们常说的 Java 语言的单根结构，所有的类都有一个共同的根类 Object。如果你写了 class MyTest { }，这个类没有继承任何类，那么它就会自动继承 Object，现在你写下 Object o = new Object() ;，然后在下面用 o 点点看看里面有什么？是不是有 equals，这里的 equals 就意味着它的所有子类都有 equals。

问题是 Object 里的这个 equals 方法几乎什么都没做，结果完全等同于==，设计者似乎仅仅要给其他类的编写者一个提示，希望在写新类的时候，能够重写这个方法来定义两个对象是否相等的规则。这是因为对象如此复杂，两个对象是否相同的规则有可能不是一目了然的，比如说两个人是否相同，你很难选择从哪个方面来比较，有性别、年龄、国籍、学历、专业等很多可能的比较方案，现在如果写的是人类，你完全可以自己定义 equals，把你想的规则设定进去。String 就这样重写了 equals，让你能够比较内容。

顺便说一下，我们发现在 Object 的成员方法里还有一个重要的方法 hashCode，这个方法是干什么的呢？很明显 hashCode 是由两个单词构成的，hash 是计算机领域里非常著名的算法，简单理解，就是不管什么东西放到 hash 算法里算，都会得到一个数，这个数叫做 hash code。既然是算法，它就能得到唯一固定的结果，其实真没多神秘，计算机里不过是一大堆 0 和 1，就是看这些 0 和 1 算个数出来，只不过 hash 算法的设计者能确保不同内容的东西不会得到同一个数。我们看看"abc".hashCode()的结果是什么，你自己打印试试，是 96354 吧，这个数就是"abc"在计算机内存里 0 和 1 排列的结果，不管多少对象，只要是"abc"就该是这个结果。

基于上面的讨论，我们区分按钮的代码判断的应该是字符串是否相同，所以应该用 equals 而不是==，事实上在对象比较中==的使用几率比 equals 小多了。

```
public void actionPerformed(ActionEvent arg0) {
    if(arg0.getActionCommand().equals("登录")){
        System.out.println("用户点了登录") ;
    }
    if(arg0.getActionCommand().equals("注册")){
```

```
            System.out.println("用户点了注册") ;
        }
        if(arg0.getActionCommand().equals("取消")){
            System.out.println("用户点了取消") ;
        }
    }
```

2.2.4　取得用户名和密码

我们按照思路继续向前推进，当我能够判断出用户单击了“登录”按钮后，程序就要得到用户名和密码，然后进行判断。我们知道用户将用户名输入到 txtUser 对象里了，密码输入到 txtPass 里了，要想用程序得到，就调用相应对象里的 get 方法，但是在登录的 if 中如果输入 String user = txtUser.getText() ;，你就会发现点点不出东西，即便是硬写上去 txtUser，也会被画上红色波浪线。这是因为程序不认识这个对象，可是明明前面声明了，是作用域的问题，我们是在 main 方法里声明的，那么只有 main 方法里能够使用 txtUser，而我现在试图在 actionPerformed 里使用，当然不行了。怎么办？之前我们遇到过这个问题，解决办法是将 txtUser 和 txtPass 放到 main 的外面，使其成为类成员。

```
public class QQLogin implements ActionListener {
    JTextField txtUser = new JTextField() ;
    JPasswordField txtPass = new JPasswordField() ;

    public static void main(String args[]){

        JFrame w = new JFrame() ;

        w.setSize(250 , 125) ;

        //new 组件
        JLabel labUser = new JLabel("用户名") ;
        JLabel labPass = new JLabel("密码") ;

        JButton btnLogin = new JButton("登录") ;
        JButton btnReg = new JButton("注册") ;
        JButton btnCancel = new JButton("取消") ;
```

调整完后，你就会发现 txtUser 点点没问题了，但是如果现在运行，就会有错误提示，将 txtUser 放到面板的地方，显示一个错误，说是不能使用非静态的成员。

我们看看，现在 main 方法是静态的，而 txtUser 不是静态的。什么是静态的？还记得两个特征吗？第一个是当类声明的时候，静态的就存在了；第二个是无论这个类产生了多少个对象，静态的都只有一份。这说明什么？说明静态的东西的出现要早过这个类的任何对象，而且将来生成对象的时候，静态的东西不受影响。main 方法存在的时候，txtUser 并不存在，一个存在的东西想去使用不存在的东西，当然有问题了。

看来这是逼迫我们将 txtUser 和 txtPass 也声明成静态的，事实上这么做确实能够解决问题，但是感觉上很不舒服。

再来思考一下静态的，还记得我曾经用小鬼来描述面向对象吗？当时说因为小鬼基本一样，所以我们将小鬼声明成类，用类描述好小鬼的行为和变量，需要小鬼的时候，就 new 一个对象出来，如果有 10 个小鬼，我们就会 new 10 个相同的副本。这个过程包含了一个面向对象的特征——封装，小鬼的描述被封装在类里，这样在程序操作小鬼对象的时候，不同的小鬼对象是彼此独立、不受影响的，但是假如生命值被声明成静态的，封装就被部分破坏了，小鬼之间的生命值就互相影响了。我们要尽可能地维护 Java 的面向对象特征，所以应该尽可能地少用静态的，静态的常常在一些万不得已的地方使用。

2.2.5 用面向对象的思想重写

看来我们的程序需要整个调整一下。我们知道 main 是静态的不可避免，在 main 里写了大量的代码就一定会遇到关于静态的问题，所以解决这个问题首先就要将大量的代码搬到 main 外面。

虽然几次都说我们打着面向对象的旗号干着过程化编程的勾当，实际上到现在还在这样做，main 里的代码压根就是过程化的编程，在 main 里 new 一个窗体，然后一点点改。我已经开始第二次这样想了，应该把窗体拿来改造，改造成我想要的样子后再 new 对象，改造的办法和此前的做法一样，用继承 **class** QQLogin **extends** JFrame{}。

有一个说法是"继承什么就是什么"，人继承自动物，那么人首先是动物；QQLogin 继承自 JFrame，那么 QQLogin 就是 JFrame，所以在 main 里 new 窗体的地方 new QQLogin 完全没有问题。

```
import java.awt.*;
import javax.swing.*;
public class QQLogin extends JFrame {
    public static void main(String args[]){
        QQLogin w = new QQLogin() ;
        w.setVisible(true) ;
    }
}
```

为什么要做这样的改造？你看我们将原本对 JFrame 的操作变成了对 QQLogin 的操作，JFrame 你不能去改，但是 QQLogin 是你的代码，你能改。

然后就是怎么改了，还记得构造方法吗？人们通常用构造方法进行初始化，恰好那里就是改造的好地方。

```
import java.awt.*;
import javax.swing.*;
public class QQLogin extends JFrame {
    QQLogin() {
        w.setSize(250 , 125) ;
    }
```

```
    public static void main(String args[]){
        QQLogin w = new QQLogin() ;
        w.setVisible(true) ;
    }
}
```

上面的代码有错误，w 在构造方法里没法用，一方面，作用域不允许；另一方面，构造方法是在 new QQLogin()的时候被调用的，这就意味着构造方法运行的时候，w 变量还没声明，程序不应该知道 w 是什么，可是我确实要用 w，只好引入一个单词 this，我们先用 this 代替未来可能出现的 w，this 就像是一个占位符，等到将来 w 声明了，this 就被替换成 w。当然经典的教科书里可不是这么描述 this 的，我虽然一直避免和那些行为主义的教育为伍，但是 this 的定义我还是提供给你，以免将来和圈里的人没法交流——this 是指向当前对象的引用，不知道你能不能自己看懂，首先明确的是，this 是个引用，来看看 w 是什么，也是引用吧，w 指向这个窗体对象，this 也是，对于当前对象的说法，你可以想象，如果程序里有两个 QQLogin 的对象，一个是 w1，另一个是 w2，那么 this 在 w1 里就是 w1，在 w2 里就是 w2，所以 this 一直指向当前对象。其实我们在前面很多地方也用到了 this，比如重画的 repaint，完整的写法应该是 this.repaint() ;，你会发现在没有异议的很多情况下，this 被省略了。正确的代码如下：

```
Import java.awt.*;
import javax.swing.*;
public class QQLogin extends JFrame {
    QQLogin() {
        this.setSize(250 , 125) ;
    }
    public static void main(String args[]){
        QQLogin w = new QQLogin() ;
        w.setVisible(true) ;
    }
}
```

延伸阅读

Java 语言里的构造方法是创建对象的重要途径，Java 类必须包含一个或一个以上的构造器。我们发现在写过的很多程序中没有构造方法，在这种情况下，系统会为这个类提供一个无参数的构造方法，这个构造方法是空的，没有任何语句。一旦为这个类提供了构造方法，那么系统就不再提供默认的构造方法了。

由于构造方法也是一个方法，所以构造方法是可以重载的，也就是说，一个类中可以有多个构造方法，它们的区别是参数不同。这样带来了一个问题，如果你提供的是一个有参数的构造方法，那么系统默认提供的没有参数的构造方法也不存在了，说到这儿还没有什么问题，问题是在继承的过程中，父类的构造方法会被自动调用，如果我们没有特别指定构造方法，那么默认调用的是父类的没有参数的构造方法。所以建议如果要提供构造方法，最好能够提供一个无参数的构造方法。

2.2.6 上溯和下溯的讨论

这个部分的讨论按理说和我们的项目进展无关，但是提到 this，我不得不回顾此前遗留的一个内容——super。可以很清晰地看到，QQLogin 是 JFrame 的子类，在一般情况下，我们用 QQLogin 来声明引用，并让这个引用指向 QQLogin 的对象。引用可以被理解成电视遥控器，按 w 上的方法，就会引发它对应的对象的动作，更简单的是将引用看成对象的名字。

我们来思考一个可能，是否可以写成 JFrame w = new QQLogin();?w 是引用，我们注意到，w 的类型不是 QQLogin，而是 QQLogin 的父类 JFrame，也就是说，我们用父类的引用指向子类的对象。从生活中想想，是否可以说“有个动物叫小白，小白是个兔子”？在逻辑上这没问题，在程序里也没问题，那么用父类的引用指向子类的对象，你觉得 w 的表现是父类的样子还是子类的样子呢？小白像个动物，还是像个兔子？别等我答案，写好程序看看结果。

这件事情对于面向对象来说实在是太重要了，在很多游戏里用户可以扮演不同类型的英雄，也就是说，会有几个英雄的类给用户选择，虽然这些人物有很多不同，但是通常都是左手砍人、右手放魔法、双击就跑、单击就走之类的基本定义，所以写程序的人就会先写一个英雄类作为父类，然后从英雄类继承出来野蛮人、亚马逊、法师之类的子类。一般来说，英雄类是接口，定义了上面说的基本操作，这样写主程序逻辑时，就可以根据用户的选择，将某个子类挂到引用上：英雄 h = new 野蛮人() ;，其余的操作就跟野蛮人无关了。在这个阶段，你不一定能完全理解我所说的，况且我只是举了例子，并没有彻底讨论，我会在适当的位置再讨论这个话题。我希望你先认识这样的一个词，叫做“多态”，这也是面向对象的一个重要特征，英雄会有多种不同的表现形态。

但是父类的引用指向子类的对象也会存在一个问题，我们来看，既然 QQLogin 的对象可以赋值给 JFrame 的引用，理由是 JFrame 是 QQLogin 的父类，那我就想了，不是说 Object 是天下所有类的父类吗？干脆我就 Object w = new QQLogin() ;好了，写到代码里看看，你会发现出错了，但是请注意，错误不在这句话上，错误出现在下一句 w.setVisible(**true**) ;上，这是因为系统不知道 w 有 setVisible 方法，但我们知道 QQLogin 明明有这个方法，问题是作为 Object 的 w 没有这个方法，就好像一个功能强大的电视遥控器丢了，你配了一个通用的遥控器，结果这个遥控器上有些功能没有，那么即便电视有功能也没法用，那些特有的功能被隐藏了，从 Object 的角度看窗体对象，看不到显示的功能，这个功能被隐藏了。我们将这个现象叫做对象的上溯造型。

可是有时我们还真得用 Object 的引用指向一个具体的对象，那是不是就意味着很多功能没法用了？要知道子类的功能只不过是被隐藏了，我们可以把它恢复回来。

```
public static void main(String args[]){
        Object w = new QQLogin() ;
```

```
        ((QQLogin)w).setVisible(true) ;
}
```

上面的操作叫做下溯造型，我们会重新获得被隐藏的方法。

好了，现在来说 super，还记得什么地方用到了 super 吗？

```
class MyPanel extends JPanel implements Runnable{
    public void paint(Graphics g){
        super.paint(g) ;
    }
}
```

我们回顾一下，paint 方法在 JPanel 里面也有，但是我们不满意，于是在继承出来的子类里又写了一遍，那么原来父类里的那个 paint 呢？被覆盖了，我们管这种做法叫做重写。经过重写，父类里的这个方法就不起作用了，可是父类的方法还做了我们需要的事情呀，怎么办？好，用 super 来指向父类对象，所以在这个例子里 super 是指向 JPanel 对象的引用。super 和 this 一样都是引用，区别是 this 指向当前类的对象，而 super 指向当前类的父类的对象。这个结论隐藏了一个事实，就是我们 new MyPanel 的时候，系统会自动 new JPanel，内存里会同步产生父类对象。

还有一个让人匪夷所思的问题，看下面的代码。

```
public class MyTest {
    public static void main(String[] args) {
        A a = new B() ;
        System.out.println(a.i) ;
    }
}
//父类A
class A {
    int i = 10 ;
}
//子类B
class B extends A {
    int i = 100 ;
}
```

我们有一个父类 A，里面变量 i 的值是 10，子类 B 继承了 A，同名变量是 100，用 A 声明引用，指向子类 B 的对象。问 i 的值是多少？如果使用的不是变量，而是方法，我们知道是使用了子类的方法，但是这段程序的结果是父类的值 10，确实让人难以理解。

简单地说，语言的语法规则是人定义的，有时只要定义明确就可以了。为什么会用父类的成员变量值，用子类的方法？更多的是从编译的角度来考虑问题，动态绑定变量会更困难，而且虽然这样做会让人不舒服，但是我们有办法不让自己陷入这样的疑惑里，就是尽量使用成员方法，而不直接使用成员变量，事实上真正的 Java 程序员确实是这样做的。

我还是试图举个例子让你能够接受这个结果。我们可以理解成员方法就像是对象能做的事情，而成员变量可以想象成对象的肉体，比如我跟我妈妈说：“我想要吃肉。”这个肉是典型的父类，你根本不可能找到一种既不是牛肉，也不是鸡肉，还不是羊肉，就叫肉的东西。现在我妈妈给我的肉赋值了一个鸡肉的对象，在杀之前，如果我调用叫的方法，可以想象我能够听到的是鸡叫，但是作为肉来吃，虽然我吃到的确实是鸡肉的味道，可是我不关心，只要是肉就行了，所以父类的变量忽略了子类的定义。

2.3 IO 流

我们面对着一个有一定规模的程序，请不要懈怠，如果一个部分不真正掌握，那些被留下的尾巴就会积少成多，终将有一天会困扰你的学习，所以确保自己进行了 20 遍的练习，确保自己充分理解了之前的内容，再向下继续。

2.3.1 任务描述

在界面的基础上，我们定义下一步要完成的任务。用户在输入框里输入聊天信息，然后单击“发送”按钮，聊天信息应该到下面的内容框里，同时这条信息应该被存入一个聊天记录的文件中，下次用户启动该程序时会将聊天记录显示出来。

这个任务需要使用一种叫做 IO 流的技术。事实上我们是从现在才开始学习 Java 核心技术的，而且现在学习的内容又是后面很多内容的基础，不知道你是否准备好了？

我们的程序将运行在内存和 CPU 所构成的资源里，内存和 CPU 永远都是运行的程序的家。回想一下，语句就是对 CPU 的操作，而变量和 new 是对内存的操作，CPU 的重要意义无须多说，而内存的重要性是，我们的程序根本就没办法真正离开内存。

可是有很多东西需要程序来操作（见图 2-7），它们不在内存里，比如键盘、硬盘、打印机、网络等，那么该如何操作这些东西呢？

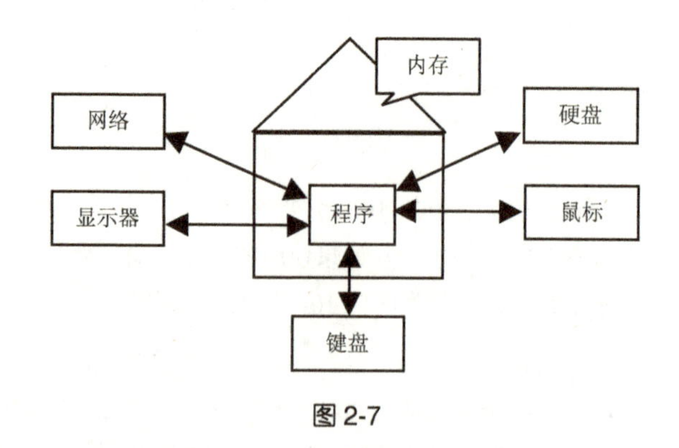

图 2-7

程序躲在内存里，需要一种模式来和内存外的东西打交道，我们管这样的操作叫 IO 流，I 是 input（输入），O 是 Output（输出），这就有了相对什么的入和出，要建立一个概念，我们就是程序，将我们的反应表现赋予给程序，而程序在内存里，这样看来内存里和内存外就构成了入和出的方向，到内存里就是入，到内存外就是出。

操作内存里的东西非常便利，要么声明变量，要么用 new，而对于内存以外的东西就没这么容易了，我们需要三步操作，也就是说，IO 流一定需要三步操作。当然，有人后来将很多内存外的操作加工了一下，将一些必须要写的代码整合到一起，这样看起来有可能一句话就完成任务，但是要清楚骨子里还是三步操作。

第一步，定位。我们要知道操作的东西在什么地方，比如对硬盘，我们要知道在哪个盘上，哪个目录里的哪个文件；再比如对网络，我们要知道哪个网络地址的哪个端口。

第二步，建立管道（见图 2-8）。如果假设要操作的东西是一个水桶，或者管它叫数据源，现在需要用一个水管连接水桶和内存，这个水管是有方向的，I 就是向内存里流水的水管，O 就是向内存外流水的水管。

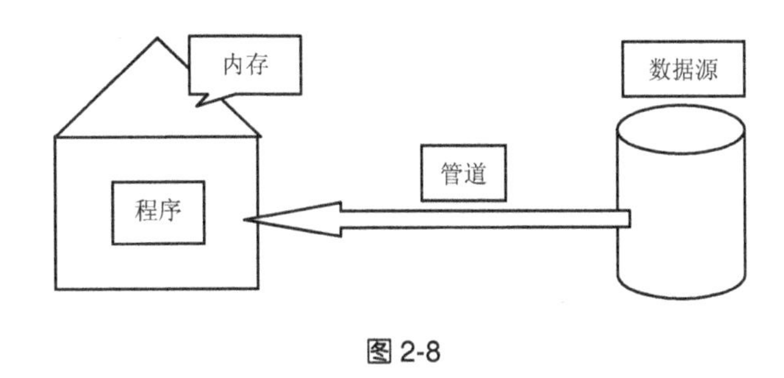

图 2-8

第三步，操作管道。我们的程序还躲在内存里，去操作刚刚建立好的那个管道。

需要注意：所有离开内存的操作都是有风险的。在前面介绍线程延时的时候提到，在 Java 里只要发现程序运行时可能会有问题，我们就要用 try catch 语句来保护风险代码，捕获异常，离开内存的操作一定是要捕获异常的，文件可能不在，硬盘可能坏了，网络可能不通，甚至数据库服务器可能没启动。

2.3.2　读一个字符

下面我们来尝试读硬盘里的一个文件，这是最基本的 IO 流工作。我们在 C:盘里建立一个目录 C:\work，在这个目录里创建一个文件 test.txt，然后打开这个文件，输入一个小写的 a，最后存盘。现在的任务是用程序读到这个 a。

创建文件的时候，可能你会直接选择创建文本文件，这样操作系统会给这个文件自动添加扩展名.txt，这个扩展名的文件会和能够打开它的程序关联，这意味着如果双击这个文件，关联的程序就会被启动，并且打开这个文件。.txt 文件默认的打开程序是计算机自带的记事本，但也不总是这样，有些程序会修改这个默认关联，随着工作的深入，你或许不会总依赖这些常见的扩展名，甚至会定义自己的扩展名。为了能够更加灵活地控制文件，建议你做一个设置，以便将文件的扩展名显示出来，这样就能够清晰地知道，你打开的文件全名是什么，并且能够改变这个扩展名。在资源管理器里找到“文件夹选项”，在“查看”标签里，找到“隐藏已知文件类型的扩展名”项，将前面的对勾去掉（见图 2-9），然后确定，你就能看到文件夹里的 test 文件变成了 test.txt。

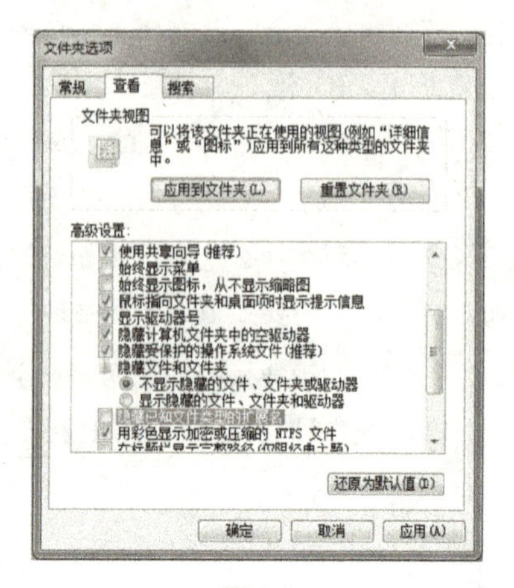

图 2-9

下面是读这个文件的代码。

```
import java.io.*;

public class MyReadFile {
    public static void main(String args[]){
        try{
            //第一步，定位数据源
            File f = new File("c:/work/test.txt") ;

            //第二步，建立管道
            FileInputStream fis = new FileInputStream(f) ;

            //第三步，操作管道
        }catch(Exception e){}
    }
}
```

首先我们看到的是导入了 java.io.*，我想这个不难理解，要使用 IO 流，就导入 IO 的类库。

然后你会发现，在 main 方法里 try catch 语句套住所有的代码，这是 Java 程序员偷懒的做法，既然一定要 try catch，干脆将所有的代码都放到 try catch 里面好了，这样编译器就不会烦人地告诉我需要 try catch 了。因为事实上很多程序不需要处理异常，只要满足语法要求，但是这样久而久之 Java 程序员会忽略 try catch 的作用。随后我就会讨论 try catch 的使用，在后面的案例里，我也会逐步深入地讨论 try catch 的用处。

再来看 File f = **new** File("c:/work/test.txt") ;这条语句，我们用 File 类的对象来定位文件，特别的是，说明文件路径的字符串里，所有的斜线都是反着的，这是因为在字符串中这个“\”斜线具有特殊的作用。比如，我们要定义一个字符串"我爱"java""，就是要求 java 带双引号，这样写就有问题了，因为计算机会误以为“我爱”是一个字符串，后面的东西是一片混乱，为了告诉计算机，我只是输入了一个字符"，我们在双引号前面加上斜线，这是计算机里面的一个约定，所以刚才这句话将被写成"我爱\"java\""，我们管“\”叫做转义符，转变了一些字符原本的含义，常见的转义还有\n，换行标志。因为这个原因，我们通常不在字符串中使用“\”，防止文件名是n.txt，计算机就不知道是换行还是 n 了，如果非要用这个方向的“\”，你可以写成"c:\\work\\test.txt"，第一个还是转义符，第二个是你要表达的“\”。

下一条语句就是我们的第二步，建立管道，用的类是 FileInputStream（文件输入流），用于读文件，那么写文件的类应该能够猜到。

第三步我空下来了，既然要操作管道，就该用管道的对象，这里管道的对象引用叫做 fis，我们试着在第三步写上 fis，然后点个点看 fis 里面的方法都有什么。图 2-10 中列出的都是 fis 里面的方法，相对来说，fis 的方法很少了，面对这个情况，我们要找到读文件的方法，比如可以找老师、查文档、上网搜索、看书，还有就是猜出来是哪个方法。

图 2-10

我们来分析一下。最高效率的方法是找老师，但是这个方法的问题是，你不是总能找到老师的，很多同学一旦依赖了这个方法，就不知道如何使用其他方法了，到了工作单位，在没有人有耐心给解决问题的情况下，就束手无策了。再看查文档方法，好的软件工程师都会熟练地使用文档，很多老师也会推荐学生去查文档，这个要学，唯一的问题是，文档往往过于全面，在大量信息里找到自己想要的并不容易，并且会消耗大量的时间。看书的效率或许比查文档还要差，为了知道要用哪个方法，有可能要翻看半本书，令人沮丧的是，书中通常是相对简单、常见的问题，如果你越来越成为高手，你会发现书能提供的帮助就越来越少。网络也有类似的问题，你现在学习 Java 所遇到的问题都是普遍问题，成千上万的人能够回答你的问题，当你开始了程序员生涯后，工作要求你钻到更加细分的编程领域中，全面的知识不能一直提升你的价值，在某一领域更深入是好的程序员必然的选择，或许经过几年，你将成为全国仅有的 10 个知道某项技术的人，这个时候无论在现实中还是在网络上，你都没法搜索到答案，或者问别人。这时有一个途径能帮助你，就是猜答案，总有一天你能理解，猜答案的能力才是你真正的学习能力。

猜答案不是瞎猫撞死耗子，需要你建立感觉，需要你从现在就开始锻炼这样的感觉，当然也需要你不断建立起来的背景知识，所以当问题出现后，建议先猜答案，不行再使用其他途径，最后都没有办法了，才问老师。

猜哪个方法是自己想要的或许需要两步，第一步，在所有列出的方法中圈定可能有用的；第二步，验证哪个方法是自己需要的。你再看看所有列出来的方法，发挥想象力，结合自己所知道的英文知识来猜我先来说如何验证，还记得 System.out.println() ;这条语句吧！它能将任何东西打印到控制台上，我们在学习事件的环节已经使用过这条语句，把可疑的方法放进去，然后运行程序，看看控制台上打印了什么。我想你能猜出 fis.read()用于读内容。

```
import java.io.*;

public class MyReadFile {
    public static void main(String args[]){
        try{
            //第一步，定位数据源
            File f = new File("c:/work/test.txt") ;

            //第二步，建立管道
            FileInputStream fis = new FileInputStream(f) ;

            //第三步，操作管道
            System.out.println(fis.read()) ;
        }catch(Exception e){}
    }
}
```

运行结果是什么？你看到的是 97，那么 97 是什么？还记得打字母游戏中，我们对 ASCII 码的研究吗？97 就是 a 的 ASCII 码，你知道怎么还原成字母 a 吗？

```
import java.io.*;

public class MyReadFile {
    public static void main(String args[]){
        try{
            //第一步，定位数据源
            File f = new File("c:/work/test.txt") ;

            //第二步，建立管道
            FileInputStream fis = new FileInputStream(f) ;

            //第三步，操作管道
            System.out.println((char)fis.read()) ;
        }catch(Exception e){}
    }
}
```

2.3.3　读整个文件

下面我们修改文件 test.txt，让文件里面的内容是 abcdefghijklmn，或者放进去自己想要的内容。我们的任务是将这些内容都读出来打印到屏幕上，到现在你不会想不到循环，问题是循环有两种：一种是知道循环多少次的循环，一种是不知道循环多少次的循环。我们该用哪种好？这就要看我们是能知道文件长度，或者文件到哪里结束，如果知道文件的长度，用 for 循环合适；如果知道文件是否结束，就用 while。别向下看了，将所有的方法中返回值为 int 的和返回值为 boolean 的找出来，我们大体可以剔除 read 方法（因为我们知道它的用处），剔除 hashCode，equals 也不要了，剩下的返回值为 int 的方法只有 available，返回值为 boolean 的方法也就剩 markSupported 了，现在打印一下 available 看看结果是什么。如果你的 test.txt 文件中的内容和我的一致，你就会看到数字 14 被打印出来，那么现在数数一共有多少个字母，没错，也是 14 个，也就是说，我们知道长度是多少，就用 for 循环好了。

随着学习的深入，我们剔除方法的能力会越来越强，这样需要尝试的方法就越来越少了，当然有些方法并不是这么显而易见的，但是你逐渐就会学到其他尝试的手段了。现在你试着将整个文件的内容打印出来吧。

你说结果不对？你的代码是这个样子的吗？

```
import java.io.*;

public class MyReadFile {
    public static void main(String args[]){
        try{
            File f = new File("c:/work/test.txt") ;

            FileInputStream fis = new FileInputStream(f) ;

            for (int i = 0; i < fis.available(); i++) {
                System.out.print((char)fis.read()) ;
            }
        }catch(Exception e){}
    }
}
```

注意：这次我用的是 System.out.print()，没有加 ln，这样更遵从文件里原本的内容，我们没有换行打印。

好像我的结果也不对，内容没打全，我们将 test.txt 的内容换成 0123456789，再运行一遍程序试试，别忘了将新的 test.txt 文件存盘，也不对，打印了 01234，这两次运行你发现有什么共同特点吗？对！少了一半内容。

我们来分析一下问题出在哪里。首先说 fis.read()不会有问题，如果它有问题，应该什么内容都打印不出来，for 循环的 int i = 0 和 i++也不会有问题，焦点再次集中到了 fis.available()上，这是和过去不同的方法，可是刚才我们明明正确打印出来长度了，除非 fis.available()的值会变化，我们来验证 fis.available()的值是否会发生变化。

```
import java.io.*;

public class MyReadFile {
    public static void main(String args[]){
        try{
            File f = new File("c:/work/test.txt") ;

            FileInputStream fis = new FileInputStream(f) ;

            for (int i = 0; i < fis.available(); i++) {
    System.out.println(fis.available()+"==>"+(char)fis.read()) ;
            }
        }catch(Exception e){}
    }
}
```

这是个常用做法，这样控制台上的显示将清楚地表达出 fis.available()的结果和读取结果之间的关系，按理说 fis.available()的值不应该发生变化。运行一下，问题找到了，fis.available()的值在不断减少，就好像 for 循环里有一个人，他的名字叫做 i，他一步步地走向一堵墙，可是现在这堵墙同时在一步步地走向他，快想想该怎么办？如何解决这个问题？

有两种解决办法，既然墙在向人走，干脆人不走了，我将 i++去掉。

```
for (int i = 0; i < fis.available(); ) {
    System.out.print((char)fis.read()) ;
}
```

运行一下，没有问题。还有一种办法，虽然 fis.available()在变化，但毕竟最开始它的值是正确的，何不将开始的值记录下来，以后就用这个开始的值，至于它以后如何变化，我们就不管了。

```
int length = fis.available() ;
for (int i = 0; i < length ; i ++ ) {
    System.out.print((char)fis.read()) ;
}
```

你发现这两种办法都能够解决问题。

现在将开发工具的所有代码全选上，复制并粘贴到 test.txt 中，这样这个文本文件中就有了一些内容。运行程序，你会发现整个程序都被打印出来。

```
import java.io.*;

public class MyReadFile {
    public static void main(String args[]){
        try{
            File f = new File("c:/work/test.txt") ;
```

```
            FileInputStream fis = new FileInputStream(f) ;

            int length = fis.available() ;
            for (int i = 0; i < length ; i ++ ) {
               System.out.print((char)fis.read()) ;
            }
        }catch(Exception e){}
    }
}
```

问题是有两种解决方案，到底哪个更好呢？我猜你会认为第二个更好，因为第二个方案里的 for 循环更完整，其实真正的理由是 fis.available()的运行速度要慢于 i++的运行速度。虽然第二个方案多浪费了一点内存，我们多声明了一个变量 length，但是节约了 CPU。

还有一个问题，为什么 fis.available()会每次运行都减少呢？看来它返回的不是文件的长度，而是剩下未被处理的内容长度。我们一直在讲 IO 流，这个流如何理解？流走了就没有了，read 一个字符，就有一个字符流走了，你发现我们并没有一个什么东西指定当前要读取的字符是什么，我们就是不断地读，一直读下去，文件就读完了，所以 read 是不能随便使用的，因为文件里的内容只能被读一次。

请练习 20 遍后，再继续向下进行。

2.3.4　复制文件

现在的任务是将 test.txt 文件复制成另一个文件 test1.txt，看来我们需要两个数据源：一个指向 test.txt，一个指向 test1.txt；我们还需要两个管道：一个是读，绑定在 test.txt 的数据源上；另一个是写，绑定在 test1.txt 上。读文件你会了，写文件的办法我想你能猜出来吧。你先尝试着自己来实现吧。

```
import java.io.*;

public class MyReadFile {
   public static void main(String args[]){
      try{
         File inFile = new File("c:/work/test.txt") ;
         File outFile = new File("c:/work/test1.txt") ;

         FileInputStream fis = new FileInputStream(inFile) ;
         FileOutputStream fos = new FileOutputStream(outFile) ;

         int length = fis.available() ;
         for (int i = 0; i < length ; i ++ ) {
            fos.write(fis.read()) ;
         }
      }catch(Exception e){}
   }
}
```

运行完后赶快去文件夹里看看有没有新的文件 test1.txt，看看里面有没有想要的内容。

2.3.5 复制大文件

请注意 fos.write(fis.read())，我并没有将 read 后的结果转成 char，因为虽然读到的是 ASCII 码，但写入的时候 write 要的也恰好是 ASCII 码。这么说来整个文件复制的操作和是否是文本文件好像没有关系，我们完全可以将一个可执行文件用此方法复制到另一个文件中。

下面的任务是将电脑里 JDK 中的 src.zip 文件复制到 work 目录中，src.zip 文件是 JDK 提供的类库的源代码，有时间可以看看，是高手的代码。源文件是 C:/Java/jdk1.6.0/src.zip，复制到 C:/work/src.zip。你先来自己完成这个任务，不要偷懒，整个程序重新写。

我想你能写出来这个程序，唯一的问题是在运行的时候似乎太慢了。看 src.zip 的详细信息能够发现，这个文件有 20,788,191 个字节，也就是说，程序要循环 20,788,191 次，这是个很大的数，有没有办法减少循环，当然这就意味着每次要多读一些内容，我们需要成块地读，成块地写。

fis 点点，我们再来看一下 read 方法，你会发现有三个 read 方法，如果你在这个方面留意过就会有此疑问——在 Java 的类里面会有很多同名的方法，System.out 里面的方法算是非常多的了，其实这些方法虽然名字相同，但是它们是不同的方法，为什么要这样来设计？还回到面向对象的基本讨论中，现在我有个类叫做“老婆”，那么我会写“老婆 小丽 = new 老婆()”，那么下面我可能就要用“小丽”点点调用里面的方法了，我写“小丽.洗衣服()”或者“小丽.洗汽车()”，这是两个不同的方法，但是我这样写并不符合 Java 的语法，“洗”是方法，是动作，而“衣服”、“汽车”是需要“洗”的东西，是参数，所以应该改写成“小丽.洗(衣服)”和“小丽.洗(汽车)”。看到问题了吗？都用了洗的方法，这就存在小丽将衣服扔到洗衣机里洗，也把汽车扔到洗衣机里洗的情况，因为这是两种完全不同的方法，所以我们要区分开。“小丽.用洗衣服的方式洗(衣服)”、“小丽.用洗汽车的方式洗(汽车)”，如果这么说话小丽就崩溃了，她有能力根据参数的类型来决定用不同的洗的方式，所以用“小丽.洗(衣服)”和“小丽.洗(汽车)”没问题，她能区分出来。现在 Java 也有了这个区分的能力，我们管这样的不同方法，方法名字相同，只是参数不同的做法叫做“方法重载”。

上面的讨论只是让你能理解什么是方法重载，但是方法重载的真正目的是什么？假设你是一个项目经理，我想你首先应该会 Java，这意味着你认识 Java SE 附带的 7000 个类，当然大多数人并不完全认识，不过让你认识很大一部分，也不容易，但是真正的问题是，即便认识了全部 7000 个类还不行，假如你手下有 10 名员工，每个人每天写 2 个类，一个月你就要再学习 400 个类的使用，这才是真正的困难，所以说项目经理才是团队协作的瓶颈，有没有办法简化项目经理的学习工作量呢？面向对象的大多数设计都是为了这个目的，如果一个类里有 50 个方法，项目经理会只看 public 的方法，这样少了 20 个；必须要用的初始化方法写成了构造方法，这个必须用的方法不用学，又少了 1 个；现在用方法重载，将功能相似参数不同的方法合并成一个名字，就会又少了 20 个方法。事实上构造方法也可以重载，你可以准备不同参数的构造方法，这个我在后面会讨论。接口也会大幅度简化学习难度，我也会在适当的时机讨论这个话题。

好了，现在我们明白 fis 提供了三个不同的 read 方法，我们已经使用了一个，就是没有参数的 read，它会返回读到的一个值。来看另外两个，其中一个里面有一个 byte[]数组参数，另一个里面除了有 byte[]数组参数，还有两个 int 值。

我们先来看 byte，这个数据类型几乎是 Java 语言里最小的单位了，事实上有比它还小的基本单位，就是一位的 0、1，我们称之为 bit，而 byte 是 8 位，按说 boolean 值应该是一位的，因为它就两种状态，一位足以，int 会比 byte 占的位数多。但是这些定义都是 C 语言年代的话题，那个年代程序员十分清楚自己使用了几位内存，谁让那个年代的内存贵了，Java 对于数据类型的做法简直不考虑内存的价格，随便用。事实上在 Java 内部，在 JVM 里面 byte 会被自动转换成 int，变成 32 位的，连 boolean 都会变成 int，猛的一看太可怕了，一个 boolean 就要浪费多少内存，这完全是基于效率来考虑的。就像集装箱船一样，如果打开一个集装箱看，很有可能是空间的浪费，会有不少地方是空的，但是整体看货物的管理效率提高了不少。使用一位的 bit、8 位的 byte、32 位的 int 等这些不同长度的数据类型会大幅度提高寻址的难度，降低效率。C 语言年代没有这个问题，因为你的程序几乎就是你来管理，不需要 JVM 这样的虚拟机来做什么，当然，在那个年代要么你就是高手，将内存管理得井井有条，要么还不如让 JVM 来管，你会陷入一片混乱。虽然我承认 Java 程序没有办法做到 C 那么高效率。

或许你晕了，毕竟你不是 C 语言年代走来的学习者，不理这些讨论也没问题，或者等 Java 学到一定程度再研究这个话题也可以，只不过我们基于传统，会用 boolean 来定义真假，用 char 定义字符，用 int 定义整数，而用 byte 来纯粹地申请内存，如果要一块内存的话，就用 byte[]这样的数组。

了解了 byte[]，我们就使用这个数组来成块地读取文件内容。

```
import java.io.*;

public class MyReadFile {
   public static void main(String args[]){
      try{
         File inFile = new File("C:/Java/jdk1.6.0/src.zip") ;
         File outFile = new File("c:/work/src.zip") ;

         FileInputStream fis = new FileInputStream(inFile) ;
         FileOutputStream fos = new FileOutputStream(outFile) ;

         byte[] tmp = new byte[8192] ;
         int length = fis.available()/8192+1 ;
         for (int i = 0; i < length ; i ++ ) {
            fis.read(tmp) ;
            fos.write(tmp) ;
         }
      }catch(Exception e){}
   }
}
```

我们先定义了一个足够大的 byte 数组，建议使用 2 的 *n* 次方，这样计算机的处理效率相对会高一些。

由于我们每次都会读 8192 个 byte，这样循环次数就少 8192 倍。为什么要加一？因为两个整数相除只能得到一个整数，而这个数是舍尾操作得来的，也就是说，10 除以 3 会得 3，10 除以 4 只能得到 2，如果用了循环，长度除以 8192，恰好除开的可能性也太小了，只有 1/8192 的几率，加上舍尾操作，不加一的话循环完毕，会有一个尾巴没有复制过去。

下面的 read 和 write 要写开了，因为这个重载的 read 方法的返回值不是读到的内容，而是本次读了多少个有效的字节，内容在 tmp 中，所以要一读、一写分开操作。

运行会发现复制这样一个接近 20MB 的文件在一瞬间就完成了，文件能够正常打开。其实还是有一个问题，你查看一下源文件的详细信息，再看一下复制出来的文件的详细信息，就会发现复制出来的文件要略微大于源文件。这是个讨厌的结果，如果复制都会加大文件，硬盘就会被无端地浪费。你想想为什么会出现这样的情况，还是最后一次复制如果不多循环一次，就有一些内容没有复制，但是如果多循环一次，最后一次的内容不够 8192，而写入的时候还会写入 8192 个 byte。解决这个问题，就要动用最后一个被重载的 write 了，这个 write 的第一个参数还是 byte 数组形成的临时缓冲区，第二个参数是从数组的哪里开始向文件写，第三个参数是写多少。在这个任务里，第二个参数当然是从数组的开始位置写，长度要在读的时候获得有效的内容长度，好在 read 相应的返回值就是这个长度。

还是要提醒你，先自己尝试着完成这个任务，然后再看我的代码。

```
import java.io.*;

public class MyReadFile {
    public static void main(String args[]){
        try{
            File inFile = new File("C:/Java/jdk1.6.0/src.zip") ;
            File outFile = new File("c:/work/src.zip") ;

            FileInputStream fis = new FileInputStream(inFile) ;
            FileOutputStream fos = new FileOutputStream(outFile) ;

            byte[] tmp = new byte[8192] ;
            //处理大部分内容
            int length = fis.available()/8192 ;
            for (int i = 0; i < length ; i ++ ) {
                fis.read(tmp) ;
                fos.write(tmp) ;
            }
            //处理最后剩下的内容
            int size = fis.read(tmp) ;
            fos.write(tmp, 0, size) ;
        }catch(Exception e){}
    }
}
```

2.3.6 文件的加密/解密

最基本的加密只要求我们能够将原本的内容隐蔽就行，这个任务的实现非常简单，就是文件复制，在每个字节复制的时候，我们将读到的内容加上 100，写入目标文件，这样再打开 test1.txt 看看什么效果。

```
import java.io.*;

public class MyEncryp {

    public static void main(String[] args) {
        try {
            File inFile = new File("c:/work/test.txt") ;
            File outFile = new File("c:/work/test1.txt") ;

            FileInputStream fis = new FileInputStream(inFile) ;
            FileOutputStream fos = new FileOutputStream(outFile) ;

            int length = fis.available() ;
            for (int i = 0; i < length; i++) {
                fos.write(fis.read()+100) ;
            }
        } catch (Exception e) {}
    }
}
```

一堆乱码吧，那么怎么解密，你该能够自己做出了吧。读文件的代码，File 对象绑定到 test1.txt 这个加密后的文件上。

```
import java.io.*;

public class MyDecrypt {
    public static void main(String args[]){
        try{
            File f = new File("c:/work/test1.txt") ;

            FileInputStream fis = new FileInputStream(f) ;

            int length = fis.available() ;
            for (int i = 0; i < length; i++) {
                System.out.print((char)(fis.read()-100)) ;
            }
        }catch(Exception e){}
    }
}
```

问题是这种加密方式也太简单了，100 这个数万一被人猜到，对方又有基本的编程能力，就完全能够写个程序解开这个密，想想有没有更难破解的加密方式，至少我们别加一个固定的值，一个变化的值相对难猜些。好吧，加密的时候加上 i，解密的时候减去 i，实现出来看看，千万不要用原来的代码改，重写所有的代码。

这应该没什么问题，还有问题？你的结果难道是这个样子。

```
import java.io.*;

public class MyReadFile {
    public static void main(String args[]){
        try{
            File f = new File("c:/work/test.txt") ;

            F??eI????S????? ??? = ??? F???I???? s ?????(?) ;

            ??? ?????? ] ???N?????????H I @ [
            ???@H???@?@] @P [@?@\@??????@ [@?@K K@ I @?－＊))))
s ?????N???N?????H H???? I ???N????H I I @ [－＊))) ?－＊)) ??????H
e ????????@? I ??－＊) ?－＊?
```

看上去真是有问题，你发现没有，前半部分是没有问题的，只有后半部分出现了问题。还记得我们在复制大文件的时候，用的是 byte 数组，这是因为我们是以 byte 为基本的处理单位的，byte 这个数据类型被定义成装 0～255 之间的数字，假如有一个 byte 变量，它的值是 255，我们加 1 的结果是 0（见图 2-11）。

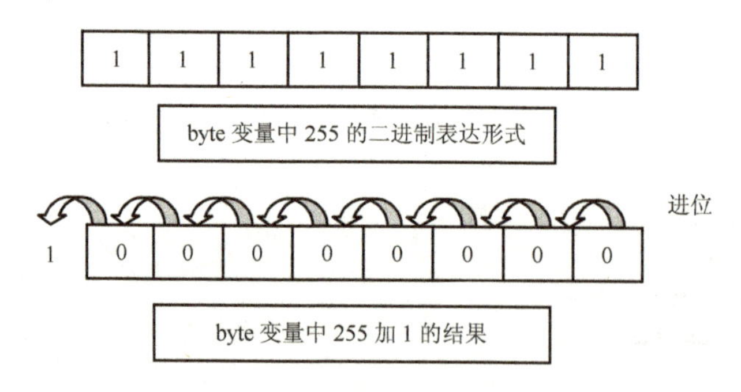

图 2-11

进位后，最前面的那个 1 没有装它的空间，只能丢弃，内存里剩下的都是 0，所以 255+1 的结果是 0，我们把这个现象叫做溢出。

我想你该明白程序出了什么问题。i 的值开始很小，所以加上字符的 ASCII 码，不会超过 255，随着 i 的值变大，终于写入的值大于 255 了，有数据溢出了，而减的时候，由于是 int 操作，我们得到的是负数，再转成 char，得到的就是一堆乱码。

现在还想用 i 值的变化，我能不能这样：先让加密的数从 0 开始每次加 1，一直加到 100，然后这个加密的数还原成 0 再每次加 1。你尝试着自己来完成这个加密/解密吧。

不知道你是不是想复杂了，其实很简单。

```
import java.io.*;

public class MyEncryp {

    public static void main(String[] args) {
        try {
            File inFile = new File("c:/work/test.txt") ;
            File outFile = new File("c:/work/test1.txt") ;

            FileInputStream fis = new FileInputStream(inFile) ;
            FileOutputStream fos = new FileOutputStream(outFile) ;

            int length = fis.available() ;
            for (int i = 0; i < length; i++) {
                fos.write(fis.read()+i%100) ;
            }
        } catch (Exception e) {}
    }
}
```

只改了一个小地方，i%100，取 i 除于 100 的余数，这样 5 除于 100 的余数是 5，而 105 除于 100 的余数也是 5。解密我想没问题吧。

可是这样做是不是看上去安全性也不高，加密的过程规律性太强了，我们能不能加上随机数，这就不容易被猜到了，只是解密怎么办？除非随机数被记录下来。好，我们现在定义下一步的任务，这次需要三个程序，其中一个程序生成 128 个 0～128 之间的随机数，把这些随机数存放到一个文件里，我们将这个文件称为密钥文件，另外两个程序分别是加密和解密。你来完成。

```
/*************************
 * 生成密钥文件
 *************************/
import java.io.*;

public class MyKey {

    public static void main(String[] args) {
        try {
            File f = new File("c:/work/key.key") ;

            FileOutputStream fos = new FileOutputStream(f) ;

            for (int i = 0; i < 128; i++) {
                fos.write((int)(Math.random()*128)) ;
            }
        } catch (Exception e) {}
    }
}
```

注意到我定义的文件扩展名不是.txt，这样生成的文件确实不是文本文件，只是一组数而已。

```
/****************************
 * 加密
 ****************************/
import java.io.*;

public class MyEncryp {

    public static void main(String[] args) {
        try {
            //读密钥文件
            int key[] = new int[128] ;
            File keyFile = new File("c:/work/key.key") ;

            FileInputStream keyFis = new FileInputStream(keyFile) ;

            for (int i = 0; i < 128; i++) {
                key[i] = keyFis.read() ;
            }

            //加密
            File inFile = new File("c:/work/test.txt") ;
            File outFile = new File("c:/work/test1.txt") ;

            FileInputStream fis = new FileInputStream(inFile) ;
            FileOutputStream fos = new FileOutputStream(outFile) ;

            int length = fis.available() ;
            for (int i = 0; i < length; i++) {
                fos.write(fis.read()+key[i%128]) ;
            }
        } catch (Exception e) {}
    }
}
```

我将密钥文件里的值一次性读到 int 数组 key 中，以后就在 key 中取那些随机数，通常程序员都是这样做的，因为毕竟离开内存的操作速度比较慢，不如内存里的数组使用那么方便。

然后通过取余数的方式来确定数组的下标，这样可以确保数组操作不会越界。解密程序我也提供了。

```
/****************************
 * 解密
 ****************************/
import java.io.*;

public class MyDecrypt {
    public static void main(String args[]){
        try{
            //读密钥文件
            int key[] = new int[128] ;
```

```
            File keyFile = new File("c:/work/key.key") ;

            FileInputStream keyFis = new FileInputStream(keyFile) ;

            for (int i = 0; i < 128; i++) {
               key[i] = keyFis.read() ;
                  }

            //解密
            File f = new File("c:/work/test1.txt") ;

            FileInputStream fis = new FileInputStream(f) ;

            int length = fis.available() ;
            for (int i = 0; i < length; i++) {
               System.out.print((char)(fis.read()-key[i%128])) ;
            }
         }catch(Exception e){}
      }
   }
```

上面的代码记得练习 20 遍。

2.3.7 异常的干扰

在大多数情况下，敲这个部分的代码不会那么顺利，或许你会遇到程序没有语法错误，能够正常运行，但是什么结果都没有的问题，这最烦人了，这样的问题根本无从下手，这时就要怀疑程序出异常了，可是怎么验证是异常呢？如果是异常怎么知道问题出在哪儿呢？

我们先制造一个异常：在 C:/work 里没有文件 test2.txt，然后写程序来读这个文件。我们知道这会有问题，按说如果出现问题，程序就会跑到 catch 后面的大括弧中，这个时候我们要使用 System.out.println()来打印，如果打印动作发生就说明异常出现了，那么该打印什么呢？你看到 catch 后面的小括弧里面有一个类似参数的变量 e 吗？我们先打印这个 e 看看有什么出现。

```
import java.io.*;

public class MyReadFile {
   public static void main(String args[]){
      try{
         File f = new File("C:/work/test2.txt") ;

         FileInputStream fis = new FileInputStream(f) ;

         System.out.println(fis.read()) ;
      }catch(Exception e){
         System.out.println(e) ;
      }
   }
}
```

结果是："java.io.FileNotFoundException: C:\work\test2.txt (系统找不到指定的文件)"。事实上 e 这个对象自身带着打印的方法 e.printStackTrace() ;，如果换成这种方式来打印，则会得到更多的信息：

```
java.io.FileNotFoundException: C:\work\test2.txt (系统找不到指定的文件)
    at java.io.FileInputStream.open(Native Method)
    at java.io.FileInputStream.<init>(Unknown Source)
at MyReadFile.main(MyReadFile.java:8)
```

我们来分析一下这个异常信息"系统找不到指定的文件"。我们事先是知道的，向前看，好像显示的是 Java 中的一个类 java.io.FileNotFoundException，在 Java 中异常也是对象，这里显示的是捕获到的这个异常对象具体对应的那个类，问题是我们并没有捕获这个叫做 FileNotFoundException 的对象，我们捕获的是 Exception，多亏了面向对象的继承机制，Exception 是所有异常类的父类，父类的引用能够接受子类的对象，所有的异常对象都能够被 Exception 捕获到。

在大多数情况下，我们就拿着 Exception 糊弄过去，但是真正要处理异常的话，可能需要针对不同的异常来处理，这里的处理并不是打印那么简单，事实上，程序交付给用户时，代码中不应该出现 System.out.println()这条语句，现在这个年代，用户是不会去看控制台的。

我们可以特别指定捕获的具体异常。

```
import java.io.*;

public class MyReadFile {
    public static void main(String args[]){
        try{
            File f = new File("C:/work/test2.txt") ;

            FileInputStream fis = new FileInputStream(f) ;

            System.out.println(fis.read()) ;
        }catch(FileNotFoundException e){
            e.printStackTrace() ;
        }
    }
}
```

上面的代码中，catch 里捕获的是 FileNotFoundException，但是程序里出现了红色波浪线，在 fis.read()那里有问题，将鼠标放到那里，提示中说有一个 IOException 没有被处理，这就好像你处理了 FileNotFoundException，可能发生这个异常的语句被你保护起来，但是可能发生其他类型异常的语句并没有得到 try catch 的保护。我们可以这样写。

```
import java.io.*;

public class MyReadFile {
    public static void main(String args[]){
```

```
        try{
            File f = new File("C:/work/test2.txt") ;

            FileInputStream fis = new FileInputStream(f) ;

            System.out.println(fis.read()) ;
        }
        catch(FileNotFoundException e){
            e.printStackTrace() ;
        }
        catch(IOException e){
            e.printStackTrace() ;
        }
        catch(Exception e){
            e.printStackTrace() ;
        }
    }
}
```

你发现，在一个 try 后面是可以跟随很多 catch 的，不同类型的 Exception 会将相应的异常引导到相应的大括弧中，虽然在这里都是打印，但是在现实的项目中，你可以针对不同的异常做出相应的处理。

最后一个 catch 用的是 Exception，我们知道它是所有异常类的父类，它能够通吃程序出现的任何异常，把它放到最后，这意味着如果出现的异常在前面的 catch 中没有列举出来，也一定会被最后的 Exception 捕获到，事实上 Exception 也只能放在最后一个 catch 中，在道理上，如果它在前面，后面的定义就没有意义了，实际上编译器也不会让我们这样做。

最后再次强调，如果你写的程序莫名其妙什么都不做，就先打印异常看看，也许程序运行到一半就跳到 catch 的大括弧中了，后面的语句根本就没执行。但是在交给用户前，你要将打印异常的语句都去掉，合理地处理异常。

2.3.8 字符流

“字符流”这个名字一定是对应前面一直在说的字节流，通过前面写过的那些程序，你应该能够理解，字节流已经很强大了，能够读写计算机上的任何类型文件，包括文本文件和非文本文件。我们来理解一下，Java 的设计者很不容易，最初版本一定会用尽心血，尽可能地设计完美，否则第一个版本就不会被接受，但是在以后的日子里，还是要进行版本升级，他们的任务是在已经很完美的基础上再改进。如果是你，你会改进什么？前面我们已经看到，新的版本界面被升级了，用 swing 替代了 awt，在 IO 流部分，字符流加入进来了。

字符流就是专门处理字符的流。什么是字符？狭义地讲，就是 ASCII 码，现在你完全可以理解成只要记事本能够处理的文件，字符流就能够处理。我们知道文本文件在整个计算机里所占的比例并不是太高，但是被程序员处理的频率却很高，所以 Java 专门提供了字符流，为了能够更加方便地处理文本文件。如果是你，你希望字符流的类里增加什么方法，我想自然读到的东西不应该再强转成 char，作为文本文件，你是不是希望能够一次读一行文字，这样就能直接存到 String 里，而不用一个字一个字地读了。

我们还来读 test.txt 文件，定位文件和字节流一样，都用 File，输入流的类变成了 FileReader，你能猜出输出流是什么吧。

```
import java.io.*;

public class MyReadFile {
    public static void main(String args[]){
        try{
            File f = new File("C:/work/test.txt") ;

            FileReader fr = new FileReader(f) ;

        }catch(Exception e){
            e.printStackTrace() ;
        }
    }
}
```

写好这些代码，你可以在粗体的那一行后面，看看 fr 里面有没有你想要的方法，你会失望地发现只有 read 方法，只不过在三个被重载的 read 方法中，过去的 byte 数组变成了 char 数组。我还希望能够一次读一行，这个要求对于计算机来说并不容易，计算机本来就是一点点处理事情的，除非你将读到的内容暂时先存放着，等攒到一定程度再提供处理。Java 类库的设计者也是这样想的，于是便出现了带有缓冲区的流 BufferedReader，BufferedReader 将字符攒了起来，在遇到换行的时候，直接提供一行的 String 给你。

```
import java.io.*;

public class MyReadFile {
    public static void main(String args[]){
        try{
            File f = new File("C:/work/test.txt") ;

            FileReader fr = new FileReader(f) ;
            BufferedReader br = new BufferedReader(fr) ;

        }catch(Exception e){
            e.printStackTrace() ;
        }
    }
}
```

现在你再看看 br 里面有没有你想要的方法，我想你能找到 readLine，试一下，看看能不能打印出来文件中的一行，如果没问题，你自己研究一下如何循环打印整个文件的内容，还记得，如果能够知道有多少行就用 for，那么方法一定会提供 int 值给你；如果能够知道到哪里结束，就用 while，那么方法会提供 boolean 值给你。

```
import java.io.*;

public class MyReadFile {
    public static void main(String args[]){
        try{
            File f = new File("C:/work/test.txt") ;

            FileReader fr = new FileReader(f) ;
            BufferedReader br = new BufferedReader(fr) ;

            while(br.ready()){
                System.out.println(br.readLine()) ;
            }
        }catch(Exception e){
            e.printStackTrace() ;
        }
    }
}
```

我想我不用多解释什么，下面试着将 test.txt 复制成 test1.txt。需要提示的是，FileReader 对应的输出流是 FileWriter，这个你应该不会猜错，也会猜 BufferedReader 对应的是 BufferedWriter，没错，BufferedWriter 是带缓冲区的字符输出流，但是我们通常用另一个类 PrintWriter 来代替 BufferedWriter，这是因为 BufferedWriter 更专注于对缓冲区的管理能力，而 PrintWriter 在此基础上针对输出格式进行了处理。我们知道 Java 是跨平台的，这样就面临着一个问题，在不同的平台上，虽然字符的定义通常都会遵守国际标准，但是有些控制字符，比如回车、换行之类的可能会有差别，如果使用 PrintWriter，它会适应不同的系统平台。

```
import java.io.*;

public class MyReadFile {
    public static void main(String args[]){
        try{
            File inFile = new File("C:/work/test.txt") ;
            File outFile = new File("c:/work/test1.txt") ;

            FileReader fr = new FileReader(inFile) ;
            BufferedReader br = new BufferedReader(fr) ;

            FileWriter fw = new FileWriter(outFile) ;
            PrintWriter pw = new PrintWriter(fw) ;

            while(br.ready()){
                pw.println(br.readLine()) ;
            }
```

```
        }catch(Exception e){
            e.printStackTrace() ;
        }
    }
}
```

在尝试 PrintWriter 的方法时，你发现了什么？是不是 pw 点点出现的备选方法列表很眼熟？没错，System.out 里面的方法和它类似，其实 System.out 本身就是带有缓冲区的字符流，这里我们也使用 pringln 来打印一行。

现在运行程序，到文件夹里看看是不是有文件 test1.txt，别着急高兴，你用记事本打开这个文件看看，里面什么都没有。

解释一下原因，问题在 PrintWriter 里，过去的操作没有缓冲区，向文件写一个字符，这个字符就被写到文件中了，而现在有了缓冲区，向文件写的字符并没有被直接写到文件里，而是被放到 PrintWriter 的缓冲区里，如果缓冲区没满，随着程序的结束，垃圾回收机制就会将程序中所有出现的对象，包括缓冲区都给清除掉，你写的那些内容也就没有最终到达文件。这样做的好处是，程序不需要频繁地进行真正的 IO 操作，要知道 IO 操作对于程序来说是非常低效率的，我们将内容攒到一起再操作会大幅度地提高效率。

所以在程序结束前，你得调用一个 flush 方法，以便将缓冲区的内容刷新到文件中，也有人直接调用 close 方法，close 会调用 flush 方法，同时 close 会关闭这个流。

```
import java.io.*;

public class MyReadFile {
    public static void main(String args[]){
        try{
            File inFile = new File("C:/work/test.txt") ;
            File outFile = new File("c:/work/test1.txt") ;

            FileReader fr = new FileReader(inFile) ;
            BufferedReader br = new BufferedReader(fr) ;

            FileWriter fw = new FileWriter(outFile) ;
            PrintWriter pw = new PrintWriter(fw) ;

            while(br.ready()){
                pw.println(br.readLine()) ;
            }

            pw.close() ;
        }catch(Exception e){}
    }
}
```

你要是有兴趣可以做个试验，向 test1.txt 中写入大量的内容，非常多的内容，而不 close 或 flush，你会发现到了一个程度，这个文件里也会有内容，这是因为缓冲区是有限的，一旦缓冲区装满了，程序也会自动将缓冲区里的内容刷新到文件中。

2.3.9　实现聊天记录

我们要将这部分文件操作的代码加到项目中，实现记录和调取聊天记录。找出 QQMain 的代码，我们还没将 QQMain 的代码改造成继承 JFrame 的方式，改造后将任务分成三步来完成：第一步，响应“发送”按钮事件，将 txtMess 里面用户输入的内容转移到 txtContent 中；第二步，将输入的内容存入聊天记录文件中；第三步，在用户登录进入 QQMain 的时候读取聊天记录，显示在 txtContent 中。

你是能够自己独自完成的，在充分尝试后，再来看我的代码。

我们先改造之前的 QQMain，将界面代码写到构造方法中。现在我们不需要在 QQMain 中提供 main 方法，QQMain 不会独自运行，用户一定要通过 QQLogin 的登录才能看到 QQMain 的界面。下面是 QQMain 的代码，限于篇幅，我直接将按钮事件加入这段代码中。

```
import javax.swing.*;
import java.awt.*;
import java.awt.event.ActionEvent;
import java.awt.event.ActionListener;

public class QQMain extends JFrame implements ActionListener{
    JTextField txtMess = new JTextField() ;
    JComboBox cmbUser = new JComboBox() ;
    JTextArea txtContent = new JTextArea() ;
    QQMain(){
        this.setSize(300 , 400) ;

        //new 组件
        JButton btnSend = new JButton("发送") ;

        JScrollPane spContent = new JScrollPane(txtContent) ;

        //注册事件监听
        btnSend.addActionListener(this) ;

        //布置小面板
        JPanel panSmall = new JPanel() ;
        panSmall.setLayout(new GridLayout(1 , 2)) ;

        panSmall.add(cmbUser) ;
        panSmall.add(btnSend) ;

        //布置大面板
        JPanel panBig = new JPanel() ;
        panBig.setLayout(new GridLayout(2 , 1)) ;

        panBig.add(txtMess) ;
```

```
        panBig.add(panSmall) ;

        //布置窗体
        this.setLayout(new BorderLayout()) ;

        this.add(panBig , BorderLayout.NORTH) ;
        this.add(spContent , BorderLayout.CENTER) ;

    }

    @Override
    public void actionPerformed(ActionEvent arg0) {

    }
}
```

下面是 QQLogin 中“登录”按钮事件处理部分代码。我们暂且假定，用户输入用户名：aaa，密码：111，是合法用户，未来为了适应多用户的登录，这个信息应该存放在数据库中。另外，在显示 QQMain 的同时 QQLogin 应该在屏幕上消失。

```
public void actionPerformed(ActionEvent arg0) {
    if(arg0.getActionCommand().equals("登录")){
        String user = txtUser.getText() ;
        String pass = txtPass.getText() ;
        if(user.equals("aaa")&&pass.equals("111")){
            QQMain w = new QQMain() ;
            w.setVisible(true) ;
            this.setVisible(false) ;
        }
    }
    if(arg0.getActionCommand().equals("注册")){
        System.out.println("用户点了注册") ;
    }
    if(arg0.getActionCommand().equals("取消")){
        System.out.println("用户点了取消") ;
    }
}
```

现在测试一下，运行 QQLogin，输入用户名：aaa，密码：111，然后登录，QQMain 窗体出现，QQLogin 消失，如果可以，我们继续。

第一步，将 txtMess 里面的内容放到 txtContent 中。下面是事件处理程序里的代码，由于访问权限的限制，事先需要将 txtMess 和 txtContent 放到构造方法的外面，使其成为类的成员。

```
public void actionPerformed(ActionEvent arg0) {
    //txtMess -------> txtContent
    txtContent.append(txtMess.getText()+"\n") ;

    //清除 txtMess 中的内容
    txtMess.setText("") ;
}
```

注意：我在向 txtContent 里追加内容的时候，后面加上"\n"，这样每次输入都会产生新的一行，同时清空 txtMess，以便用户再次输入新的内容，这样比较符合用户的习惯。

第二步，将输入的内容存入聊天记录文件中。

```
public void actionPerformed(ActionEvent arg0) {
    //txtMess -------> txtContent
    txtContent.append(txtMess.getText()+"\n") ;

    //将 txtMess 的内容存入聊天记录文件
    try{
        File f = new File("c:/work/聊天记录.qq") ;

        FileWriter fw = new FileWriter(f) ;
        PrintWriter pw = new PrintWriter(fw) ;

        pw.println(txtMess.getText()) ;

        pw.close() ;
    }catch(Exception e){}

    //清除 txtMess 中的内容
    txtMess.setText("") ;
}
```

记得在整个程序的前面导入 java.io.*，还有要 close，否则写不到文件中。

第三步，启动程序的时候，将聊天记录显示在 txtContent 中。这步的难点是代码要写到什么地方，启动就读聊天记录，代码是要放到启动就能运行的地方，要显示到 txtContent 中，这意味着 txtContent 这个对象必须存在，这样代码就一定要写到 QQMain 中，在 QQMain 中一开始就运行的只有构造方法了，所以我将代码写在构造方法的最后。

```
//布置窗体
this.setLayout(new BorderLayout()) ;

this.add(panBig , BorderLayout.NORTH) ;
this.add(spContent , BorderLayout.CENTER) ;

//读聊天记录
try{
    File f = new File("c:/work/聊天记录.qq") ;

    FileReader fr = new FileReader(f) ;
    BufferedReader br = new BufferedReader(fr) ;

    while(br.ready()){
        txtContent.append(br.readLine()+"\n") ;
    }
}catch(Exception e){}
```

这个部分的代码没什么难度，都是前面小案例中使用过的，将整个程序运行起来看看，好像一切正常，等等，是不是有问题？输入多行信息，而读聊天记录的时候，似乎只有一行，我们先到“聊天记录.qq”中检查一下，可能需要先打开记事本，用记事本打开这个文件，因为扩展名的缘故，这个文件可能没有和记事本关联。你是否发现用这种方式看，文件中也只有最后输入的那一行，前面的内容都不在了，这说明问题出在写文件，而不是读文件上，因为这个文件就不正确了。

之前我们都忽略了这个问题，一直我都在使用覆盖模式，每次打开文件向里面写东西时，都会先清除之前的内容，除非在 new FileWriter 的时候说明成追加模式，在 new FileWriter 的时候加入第二个参数 true。

```
//将 txtMess 的内容存入聊天记录文件
try{
    File f = new File("c:/work/聊天记录.qq") ;

    FileWriter fw = new FileWriter(f , true) ;
    PrintWriter pw = new PrintWriter(fw) ;

    pw.println(txtMess.getText()) ;

    pw.close() ;
}catch(Exception e){}
```

至此，我们又完成了一个阶段，你必须停下来进行充分的练习，跟着这本书学到现在，你发现我提供的代码并不追求完美，界面可以更漂亮，QQLogin 出现的时候可以居中，读聊天记录的功能可以用一个按钮启动，这些都是你探索的空间，我尽力提供最简单的代码，以便简化大多数人的学习难度，但是你追求更完美的实现是必要的。

2.4 建立网络通信

我们先梳理一下这个部分要实现的功能，首先需要一台服务器，用户名和密码验证需要发到服务器去进行，不管验证结果如何，都需要将结果反馈回客户端，客户端显示主界面，用户在 txtMess 中输入信息，单击“发送”按钮，信息将发往服务器。目前先将任务说明到这里，实现以后再讨论下一部分的需求。

2.4.1 什么是网络

我不管别的地方对网络的定义是什么，我下面的描述也不是经典的七层、五层网络协议的描述，要了解这方面的详细信息需要查看其他书籍，我讨论这个话题只是为了让程序员能够更理解网络是什么。我对网络的定义是：网络就是用绳将两台以上的计算机连起来，它们能够传送消息。

这样我们有了第一个要解决的问题，这些连在一起的计算机首先要认同样的绳，不管是铜缆还是光纤，而且它们上面的信号特征也要一样，比如要是铜缆通信的电压得一样，要不高电压的计算机就把低电压的给烧了。我们管这一层的约定叫做物理层协议。协议能理解吗？我写汉语，你能看懂汉语，汉语就是我们之间的协议，大家都认同的规则。

下一个问题是多台计算机连在一起，如果同时有两台计算机在发消息，线路上的信号就会叠加，当然在广域网中有很多技术允许叠加，因为它们有办法在接收的时候将不同的信号分离开，而大多数局域网技术不允许信号叠加，因为这样才能确保速度。在不允许信号叠加的网络中，我们要确保在同一时刻只有一台计算机发消息怎么做？一种方案是指定当前那台计算机发消息，我们用一个特殊的编码来表示这样的权利，拥有这个编码的计算机可以发送信息，发送完毕，该计算机会将这个编码交到下一台计算机上，这个特殊的编码就会一台台地向下传，一直传到最后一台，编码会传给第一台计算机，这个表示权利的编码太像古时候的令牌了，令牌也同样是权利的象征，我们将这样的网络控制技术叫做令牌环。令牌环有固有的弱点，万一哪台计算机死机了，这个令牌就没办法传下去，网络通信就会中断，如果网络环的某一点断掉，网络也会中断，网络太容易被中断了，所以令牌环渐渐地被另一项控制技术所替代，不过现在跨城市的长途干线还有些在用令牌环。

另一种方案是采用以太网，它的基本原理是，如果网络上有 10 台计算机，每台计算机在信息传送前，先看看线路上有没有信号，如果有就等待，没有就发送，问题是如果这时同时有 3 台计算机都要发送，大家都是等到现在的，信号还是会叠加，所以又有了第二个规则——在发送信息的那一刻，立刻将发送的东西接收回来，和原本的信息比对一下，如果相同，就说明没有发生冲突，否则说明发生冲突，如果发生冲突，则本机随机等待，可以想象另外两台计算机也会随机等待，这样大家发送信息的点就会错开。以太网的好处是没有可能造成整个网络瘫痪的关键点，但是也有坏处，在一个网络中，如果计算机的数量太多，就会发生一直有很多计算机试图发送信息，冲突后随机等待的期间，又有其他很多计算机尝试发送，这样在多数时间里，大家都在等待，感觉网络中断了，所以以太网内计算机的数量不能过多。

当然人们也找到了一些改进办法，如果两台计算机在通信，能不能把它们隔离开，让其他计算机可以再次建立通信。如何隔离？使用一种叫做交换机的设备来建立虚拟链路。“交换机”和“虚拟链路”这两个专业词汇太容易让人晕了，我记得在小的时候，如果打长途电话要到电话局，那时的电话上没有拨号，是手摇的，手摇的目的是为了发电，有了电拿起来听筒，就会有一个声音问我要打到哪里，事实上电话固定连接在电话局的话务站，假设我要接的是广东东莞的一个号码，我将这个信息告诉话务员，然后我就可以放下电话，话务员会将我的电话在她那端的接头插入广东的线路上，广东的话务员会询问这个电话接到广东的什么地方，然后将接头插入东莞的线路上，经过这样一级一级的接力，我的电话和广东东莞的某个电话建立了一条直通的线路，你能想象，这个线路并不是固定的，电话打完这些接头就会被撤掉。现在为什么打长途电话这么快？一方面，省级的通道变宽了，从过去有限的线路发展到能够支持大量线路的光缆；另一方面，过去话务员的位置被一种叫做程控交换机的设备代替了，交换机所做的工作其实和话务员一样，只不过用电子的方式更快，这个由交换机搭建的临时线路叫做虚拟链路。我们在组建网络购买设备的时候，常常遇到买集线器还是交换机的问题，集线器就是没有这样交换能力的设备，而交换机现在你知道能做什么了吧，事实上只有几台计算机的网络集线器和交换机的区别不是那么大，因为冲突相对较少，由于生产的发展，交换机比集线器也贵不了多少钱，当然还有更进一步的交换机，我们这里不讨论。

现在我们讨论如何将信息发给指定的计算机。在一个网络中传输的数据事实上是广播的，你发送的信息，网络中的每台计算机都能接收到，而你的信息上面有对方的地址，这个地址叫做 MAC 地址，被写在每一块网卡中，接收计算机的 MAC 地址如果和信息上面的目标地址一致，这条信息就会被接收到，其他的计算机会忽略这条信息。

互联网的寻址机制比这个复杂多了，要知道互联网是一个分布在全球的网络，互联网实质上是由很多网络连接而成的，要传输信息的两台计算机很有可能不在一个网络中，实现这样的传输需要使用两个手段：一是 IP 地址，一种支持跨网络访问的地址机制；二是网关，网关是将两个网络连接在一起的设备。

我们先来看 IP 地址的机制。IP 地址通常应该是申请的，这样你拥有的 IP 地址就是全世界唯一的了，但是由于 IP 地址是一个范围有限的数字，所以我们还是能够接触到伪装的 IP 地址。比如有一个 IP 地址 159.226.43.26（这曾经是互联网发展早期中国最著名的曙光 BBS 的 IP 地址），我们来看这组数字，它由用点分隔开的 4 段构成，每一段是一个 8 位的二进制数，这样这组数字的范围就是 0.0.0.0 到 255.255.255.255，这就是整个 IP 地址的范围，这组数字范围对于当前互联网的发展来说是有限的，所以形成了 IP 地址紧张的问题，人们又发展了一套 IPv6 的方案来支持更大的数字范围，这样现有的 IP 地址方案就被称为 IPv4。

159.226.43.26 这组数字包含两个信息：一个叫做网络号，一个叫做主机号。比如，如图 2-12 所示的网络示意图，网络号是 159.226，而主机号是 43.26，在这个网络中所有的 IP 地址前两位都是 159.226。

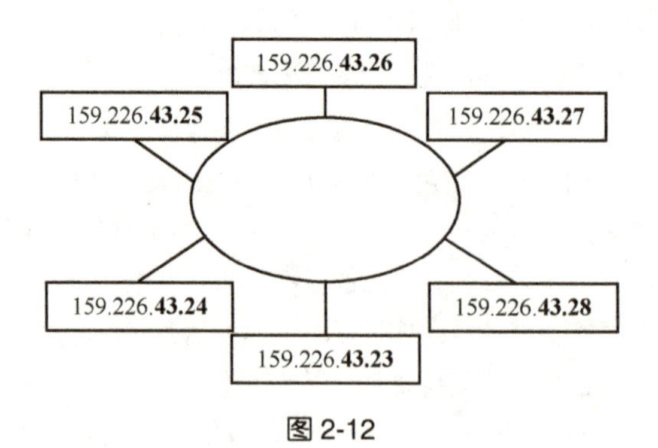

图 2-12

这时出现了一个问题，即便这个网络中只有 6 台计算机，也要占用大量的 IP 地址资源，因为别的网络没法再使用 159.226 这个网络号了，在 IP 地址紧张的背景下，这个浪费是一个无法忍受的问题。如果我们将这个小网络的网络号定义为 159.226.43，这样看起来更合理一些。人们引入了子网掩码来提供灵活的设置，如果子网掩码是 255.255.0.0，那么 159.226.43.26 这个 IP 地址的网络号就是 159.226；如果子网掩码是 255.255.255.0，那么网络号就是 159.226.43，你能意识到，在一个网络里子网掩码也需要是一致的。子网掩码的工作原理非常简单，你发现子网掩码的前面都是二进制数字 1，后面都是 0，任何二进制数字和 1 相乘都是原本的数字，而和 0 相乘都是 0，当然在二进制的运算中不叫相乘，叫做与，按照这个原理，子网掩码也不需要一定由 255 和 0 构成，只要确保某一位之前都是 1，之后都是 0 就可以了。所以在更小的网络中甚至可以看到 255.255.255.224 这样的子网掩码，1 对应的位置就是一个 IP 地址的网络号，当然你要确保在一个网络中，子网掩码中 1 对应的位置是相同的。

为什么要区分网络号和主机号呢？我们假设一台计算机的 IP 地址是 159.226.43.26，要将信息发送到另一台计算机，IP 地址是 166.111.1.11（这个地址曾经是著名的水木清华 BBS 的地址），两个地址中间要跨越一个网络，假设所有的子网掩码都是 255.255.0.0。

注意到图 2-13 中两个框里有两个 IP 地址了吧，这是网关，就是一台有两块网卡的计算机上装有网关的软件，其中一块网卡接在 159.226 的网络中，符合这个网络的网络号；另一块网卡接在 226.196 的网络中，符合 226.196 的网络号。

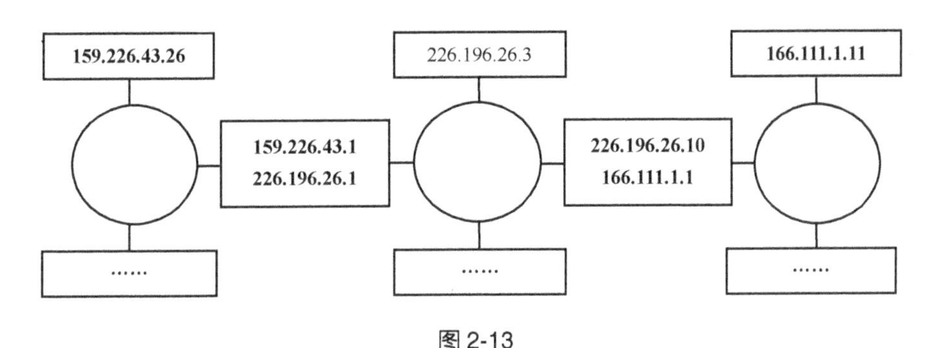

图 2-13

现在我们跟随着信息从 159.226.43.26 出发到达 166.111.1.11，信息的前面会有目的地的地址，计算机先找出出发地址的网络号是 159.226，而目的地址的网络号是 166.111，很明显两个网络号是不同的，那么按照规则信息被发送到了网关，在网关的计算机里，出发地的地址被修改成 226.196.26.1，然后看 226.196 这个网络号和目的地的 166.111 网络号是否一致，不一致信息就继续发送给 226.196.26.10 这个网关，接着信息的出发地的地址又被修改成 166.111.1.1，再看出发地的 166.111 这个网络号和目的地的 166.111 网络号是否相同，这次相同了，信息在这个网络中寻找主机 1.11。这就是 TCP/IP 跨网络的路由规则，当然这里的讨论还是示意性的，实际情况要比这复杂多了，我只是希望通过这个讨论能够让你理解 TCP/IP 的简单规则。

对于程序来说，我们找到计算机还不行，还要找到对应的程序。我们知道现在的计算机会同时运行很多程序，这样就有可能有几个程序都在使用网络，一个信息发送过来了，到底应该由哪个程序来处理，如果不区分的话，就会发生混乱，为此人们提出了网络端口的概念。每个程序都分配一个端口，发来的信息会携带着端口信息，符合这个端口的程序会来响应，这样就能避免混乱了。端口是个数字，有一些著名的端口，比如 80 是 HTTP 协议的端口，是浏览器访问的默认端口；21 是 FTP 传送文件的协议端口；25 用来发送邮件。这些知识随着你对编程的深入会逐渐了解到，我建议你在现在这个阶段写的程序先不要用 1024 以内的端口；而在 1024 以上的端口中，尽可能避开 8080（网络服务器实验端口）、1433（SQLServer 数据库端口）、1521（Oracle 数据库端口）和 3306（MySQL 默认端口）端口。

2.4.2 在网络上传消息

如果要描述网络的全部知识，或许不是一两本书能够做到的，虽然我尽可能地简化这个部分的讨论，但是你是不是觉得还是十分的痛苦，好在程序员不需要操心全部的事情，因为 Java 使用了一个类将这些东西都包装好了，你只需要将这个类 new 成对象，所有的协议就都准备好，等待你传送消息了。

这个类的名字叫做 Socket，纯粹的英文意思是“袜子”，专业翻译成“套接字”，这个名字的使用有点怪异。问题是 Socket 类的使用和其他类有个区别——对象要一次 new 两个。不知道你是否曾经用冰激凌的盒子做过土电话，在盒子底下穿个洞，用一根绳子将两个盒子连起来，两个人躲在墙的两边，事先约定好一个人先听，一个人呼叫，这两个冰激凌盒子就相当于这里提到的 Socket 对象，它们一定要成对出现，这样它们之间是有关系的，而且开始的时候一定是一个 Socket 在听，另一个在呼叫，我们将先听的程序叫做服务器，呼叫的叫做客户端，服务器并不意味着这是一台很强大的计算机，只不过是它先等待接收。

我想你能理解，进行网络编程的时候同时需要两个程序，这两个程序运行在网络上的两台计算机中，当然我们可以在一台计算机上模拟，使用联网的两台计算机也没问题。

其中一个程序叫做 MyServer，它用来听，用来等待客户端程序来寻找。

```
import java.net.*;

public class MyServer {

    public static void main(String[] args) {
        try{
            ServerSocket ss = new ServerSocket(8000) ;

            System.out.println("监听前......") ;
            Socket s = ss.accept() ;
            System.out.println("监听后......") ;
        }catch(Exception e){}
    }
}
```

看一下代码，导入 java.net.*应该可以理解，程序要用 try catch 语句保护也好理解，网络一定是不可靠的运行环境。然后我们看到了 ServerSocket，这不是大名鼎鼎的 Socket，这个类只不过告诉程序要监听哪个端口，你完全可以认为这就是一个定义，我们这里定义了 8000 端口，也就是说，如果客户端的程序来寻找 8000 端口，那么这个程序就会合理合法地响应，如果 8000 端口已经被其他程序占用，你又定义了对这个端口的使用，那么程序就会落入异常处理的

catch 中。

后面有 ss.accept()方法的调用，返回值是 Socket，在服务器端我们用这种办法来得到 Socket 对象，并不使用 new 生成对象，而是用一个监听的方法来得到。注意：我在这条语句前和语句后做了两个控制台的打印输出，运行一下就会发现，只有语句前的打印运行了，之后的那条打印语句并没有运行，程序也没有结束，这说明程序停在 ss.accept()上了，我们可以理解成，这个方法的调用让程序停留在 8000 端口上，一直到客户端程序来寻找它，程序才会继续执行，有了客户端程序的寻找，服务器端也就会得到一个 Socket，这时得到的 Socket 和客户端的 Socket 是相互关联的一对儿。

再来看客户端代码。

```
import java.net.*;

public class MyClient {
    public static void main(String[] args) {
        try{
            Socket s = new Socket("127.0.0.1" , 8000) ;
        }catch(Exception e){}
    }
}
```

客户端代码中的 Socket 对象是 new 出来的，我们发现在 new 这个对象的时候提供了两个参数，其中第一个参数是一个字符串，说明要寻找的服务器网络地址是什么，127.0.0.1 是每台计算机都拥有的回传地址，指向本机，也可以用 localhost 代替 127.0.0.1，如果是用两台计算机做这个实验，那么这里的地址就要换成另外一台计算机所拥有的 IP 地址；第二个参数是端口号。

现在我们来测试一下，一定要先运行前面的服务器代码，确保有人在 8000 端口等待着，然后再运行客户端程序。你会发现服务器端“监听后......”被打印出来，这说明服务器程序向后运行了，这样服务器程序中有了一个 Socket 对象，客户端程序中也有了一个 Socket 对象，这两个对象相互关联。

有了两个相互关联的 Socket，我们就可以来回发送消息了，发送消息要用上一个部分讨论的 IO 流，Socket 是个非常强大的类，它自带了 IO 流。下面是服务器端代码。

```
import java.net.*;

public class MyServer {

    public static void main(String[] args) {
        try{
            ServerSocket ss = new ServerSocket(8000) ;

            System.out.println("监听前......") ;
            Socket s = ss.accept() ;

            System.out.println(s.getInputStream().read()) ;
```

```
        }catch(Exception e){}
    }
}
```

我们用 s 来得到输入流，然后用这个输入流读。到这里，客户端代码你应该琢磨着就能写出来了。

```
import java.net.*;

public class MyClient {
    public static void main(String[] args) {
        try{
            Socket s = new Socket("localhost" , 8000) ;

            s.getOutputStream().write(100) ;
        }catch(Exception e){}
    }
}
```

运行一下就会发现服务器端的控制台上打印出来 100，你发现我们使用的是字节流，所以只能发送数字，而且不能发送大于 255 的数字，这样的能力也太简陋了，我们希望能够在网络上发送至少一句话，或者一个字符串，想想在 IO 流里如何能够处理一个字符串，只有高级流 BufferedReader 和 PrintWriter，问题是这两个高级流对应的是字符流 Reader 和 Writer。注意：这里我写的不是 FileReader 和 FileWriter，因为这两个是针对文件操作的。你试一下，在 Socket 对象中无法得到字符流，所以我们要引入两个新的类 InputStreamReader 和 OutputStreamWriter 将字节流转换成字符流，这些类都是 IO 包里的类，所以需要导入 java.io.*。

服务器端代码如下：

```
import java.net.*;
import java.io.*;

public class MyServer {

    public static void main(String[] args) {
        try{
            ServerSocket ss = new ServerSocket(8000) ;

            System.out.println("监听前......") ;
            Socket s = ss.accept() ;

            InputStream is = s.getInputStream() ;
            InputStreamReader isr = new InputStreamReader(is) ;
            BufferedReader br = new BufferedReader(isr) ;

            System.out.println(br.readLine()) ;

        }catch(Exception e){}
    }
}
```

我们得到了字节流，然后转换成字符流，最后得到能够读一行数据的高级流。下面的客户端代码你最好先自己试着写一下，然后再看我的。

```
import java.net.*;
import java.io.*;

public class MyClient {
    public static void main(String[] args) {
        try{
            Socket s = new Socket("localhost" , 8000) ;

            OutputStream os = s.getOutputStream() ;
            OutputStreamWriter osw = new OutputStreamWriter(os) ;
            PrintWriter pw = new PrintWriter(osw) ;

            pw.println("王洋") ;
        }catch(Exception e){}
    }
}
```

现在先运行服务器端程序，再运行客户端程序，你发现并没有如愿地在服务器端得到“王洋”，原因是 PrintWriter 这个带有缓冲区的写操作，需要刷新或关闭。但是这样做太麻烦，我们在网络上常常需要进行一问一答的实时对话，所以我们在 new PrintWriter 的时候加入第二个参数 true，将其设定成自动刷新模式，这样 println 的时候，程序会在遇到换行的时候，自动将此前的内容刷新出去。如果使用自动刷新模式，建议使用 pringln 而不是 print，因为 println 会满足刷新条件。

```
import java.net.*;
import java.io.*;

public class MyClient {
    public static void main(String[] args) {
        try{
            Socket s = new Socket("localhost" , 8000) ;

            OutputStream os = s.getOutputStream() ;
            OutputStreamWriter osw = new OutputStreamWriter(os) ;
            PrintWriter pw = new PrintWriter(osw,true) ;

            pw.println("王洋") ;
        }catch(Exception e){}
    }
}
```

再次提醒：在后面的程序里千万不要忘记加 true，改为自动刷新模式，很多莫名其妙、运行没有效果的错误都是因为忘记这个造成的，要知道如果不加 true，编译不会有错，运行也不会有异常。

现在你能在这两段程序的基础上，让服务器端接受“王洋”，返回客户端“欢迎王洋”，并在客户端打印出来。

这涉及在 Eclipse 中如何看到两个控制台的问题。在控制台的窗口中，找到一个小屏幕，点它就能切换控制台（见图 2-14）。

图 2-14

你自己写完代码再看下面的代码，其实很简单，只需要将服务器端和客户端代码对调一下就可以了。需要注意的是，read 不仅意味着信息被读到，也意味着信息从流中已经消失了。

服务器端代码如下：

```
import java.net.*;
import java.io.*;

public class MyServer {

    public static void main(String[] args) {
        try{
            ServerSocket ss = new ServerSocket(8000) ;

            System.out.println("监听前......") ;
            Socket s = ss.accept() ;

            InputStream is = s.getInputStream() ;
            InputStreamReader isr = new InputStreamReader(is) ;
            BufferedReader br = new BufferedReader(isr) ;

            String name = br.readLine()  ;
            System.out.println(name) ;

            OutputStream os = s.getOutputStream() ;
            OutputStreamWriter osw = new OutputStreamWriter(os) ;
            PrintWriter pw = new PrintWriter(osw , true) ;

            pw.println("欢迎"+name) ;
        }catch(Exception e){}
    }
}
```

注意粗体部分的处理。

下面是客户端代码。

```
import java.net.*;
import java.io.*;

public class MyClient {
```

```
    public static void main(String[] args) {
        try{
            Socket s = new Socket("localhost" , 8000) ;

            OutputStream os = s.getOutputStream() ;
            OutputStreamWriter osw = new OutputStreamWriter(os) ;
            PrintWriter pw = new PrintWriter(osw,true) ;

            pw.println("王洋") ;

            InputStream is = s.getInputStream() ;
            InputStreamReader isr = new InputStreamReader(is) ;
            BufferedReader br = new BufferedReader(isr) ;

            String mess = br.readLine() ;
            System.out.println(mess) ;
        }catch(Exception e){}
    }
}
```

这段代码你需要练习 20 遍，然后再继续我们的项目。

2.4.3 到服务器验证用户名和密码

我们的聊天工具项目在前面已经实现了界面和聊天记录的处理，其中从登录界面到主界面是在“登录”按钮的事件中得到用户名和密码的，经过验证后显示主界面。这么做并不合理，用户名和密码的验证应该在服务器完成，这样我们要完成以下几步工作。

（1）将用户名和密码发送到服务器。

（2）服务器进行验证。

（3）将验证结果返回客户端。

（4）客户端根据返回结果决定显示主界面。

下面我们先来实现第一步。首先建立服务器 QQServer，然后在 QQLogin 中将用户名和密码发送到服务器。这里需要讨论的一个问题是，用户名和密码是一次发送到服务器，还是分两次发送？要知道相对于运行在内存里的程序，网络操作是个非常慢并且消耗资源的操作，所以我们尽可能地减少网络操作次数，最好能够一次将用户名和密码同时发送到服务器。这样又出现了问题，如果用户名是 aaa，密码是 111，服务器接收了有可能会认为用户名是 aa，密码是 a111。为了不出现这样的问题，我们需要在用户名和密码之间加入分隔符。进一步的问题是，如果分隔符是%，那么刚才的用户名和密码就组合成为 aaa%111，可是如果用户起的用户名里有%怎么办，所以往往分隔符不是常见的 ASCII 码字符，而是比较复杂的，从教学的角度考虑，我们在这本书中使用%作为分隔符，虽然有瑕疵，但是避免了我们将注意力集中在此细节中。

先不要看我提供的代码，努力争取自己来实现，然后再比照我的代码。下面提供的是服务器和 QQLogin 中“登录”按钮事件的代码。考虑到之后的代码在逻辑上会很复杂，我重新启用程序编写顺序的编号，这些编号不管界面代码。学到现在，我们知道有些顺序并不那么严格，而且每个人都会有自己的编码习惯，为了忽略这些因素，我尽可能地遵循程序运行的顺序来编号。

```
6 import java.net.*;
7 import java.io.*;

1 public class QQServer {
3     public static void main(String[] args) {
4         try{
8             //服务器在 8000 端口监听
9             ServerSocket ss = new ServerSocket(8000) ;

10            System.out.println("服务器正在 8000 端口监听......") ;
11            Socket s = ss.accept() ;

18            //接收用户名和密码
19            InputStream is = s.getInputStream() ;
20            InputStreamReader isr = new InputStreamReader(is) ;
21            BufferedReader br = new BufferedReader(isr) ;

22            String uandp = br.readLine() ;

27            //检验点
28            System.out.println(uandp) ;
5         }catch(Exception e){}
3     }
2 }
```

你发现我所提供的顺序编号不是连续的，当服务器程序停在 accept 等待时，客户端开始运行，所以有些编号在客户端，请按照编号顺序来写程序，这样可能需要在两个程序之间切换。下面是 QQLogin 中的“登录”按钮事件代码，你需要自行在程序的最上面添加导入 java.net.*和 java.io.*的语句。

```
        if (arg0.getActionCommand().equals("登录")) {
12          try {
14              //发送用户名和密码到服务器端
15              String user = txtUser.getText();
16              String pass = txtPass.getText();
17              Socket s = new Socket("127.0.0.1" , 8000) ;

23              OutputStream os = s.getOutputStream() ;
24              OutputStreamWriter osw=new OutputStreamWriter(os);
25              PrintWriter pw = new PrintWriter(osw , true) ;

26              pw.println(user+"%"+pass) ;

13          } catch (Exception e) {}
        }
```

服务器会在两个地方停下来，其中一个是端口监听，程序停在 11 行；另一个是 readLine，接受输入，停在 22 行。我提供了第一个检验点，用来证明这之上的代码是有效的，在客户端输出时别忘了 25 行加上 true，使用自动刷新模式。

我们继续，下一步是服务器端的验证。按理说应到数据库中验证，但是我们并没有学习如何使用数据库，所以这步暂时跳过去，使用简单的 if 来判断，等下一个部分学习了数据库的知识后我们再补上。

在判断之前，有一个问题，现在用户名和密码是用%分隔的，所以需要将用户名和密码拆分出来，这得怎么做？在面向对象的世界里，要完成什么操作，我们通常会想到对象的方法，用户名和密码被放在 uandp 中，那么我们先看 uandp 有没有能力做这样的拆分。我带你去尝试，uandp 有没有这样的能力，就是看有没有相应的方法，假设你的英文不是很好，那么怎么知道什么方法是可以尝试的，你想 uandp 是什么，是一个字符串吧，好，我们现在要拆分这个字符串，这样就会得到至少两个字符串，作为方法的返回值，只能是一个值，那么什么值能够装两个以上的字符串？你先想想，然后试试。

没错，只有字符串数组能够用一个名字提供两个字符串，那你找找哪个方法能够提供字符串数组，这个相当容易找到，是 split，split 方法需要一个字符串参数，我想能够猜出来，参数就是告诉 split 方法，我们将用什么字符串作为分隔符来拆分。我想你能够将程序向前推进吧。

```
29    //拆分用户名和密码
30    String u = uandp.split("%")[0] ;
31    String p = uandp.split("%")[1] ;

32    if(u.equals("aaa")&&p.equals("111")){
35        //发送正确信息到客户端
33    }else {
36        //发送错误信息到客户端
34    }
```

请你自行加入检验点来验证拆分是正确的。下一步是发送确认信息到客户端，这样客户端就能够根据发送回来的信息决定是否显示主窗体了。我们需要先写客户端代码，因为接收总是要先准备好，下面的代码追加在刚才显示的那些客户端代码后面。

```
37    //接受服务器发送回来的确认信息
38    InputStream is = s.getInputStream() ;
39    InputStreamReader isr = new InputStreamReader(is) ;
40    BufferedReader br = new BufferedReader(isr) ;

41    String yorn = br.readLine() ;

47    //显示主窗体
48    if (yorn.equals("ok")) {
51        QQMain w = new QQMain();
52        w.setVisible(true);
53        this.setVisible(false);
```

```
50    }else {
54        JOptionPane.showMessageDialog(this, "对不起，用户名或密码错误") ;
49    }
```

服务器端发送信息的代码如下：

```
42    OutputStream os = s.getOutputStream() ;
43    OutputStreamWriter osw = new OutputStreamWriter(os) ;
44    PrintWriter pw = new PrintWriter(osw , true) ;

32    if(u.equals("aaa")&&p.equals("111")){
35        //发送正确信息到客户端
45        pw.println("ok") ;
33    }else {
36        //发送错误信息到客户端
46        pw.println("err") ;
34    }
```

似乎一切顺利，运行服务器端代码，然后运行客户端代码，如果输入的用户名是 aaa，密码是 111，那么我们将看到主界面被显示出来；如果输入不正确，则会有一个消息框弹出来。我们遇到了一个问题，再运行一遍这段代码，在用户名处输入 aaa，而在密码处什么都不输入，然后单击“登录”按钮，你会发现不但主界面没有显示，连消息框都没有出现，程序在这一步完全没有反应。没有反应意味着什么？没有反应意味着程序落入了异常，打印异常看看。

在实验的时候要注意，我们的代码还不能支持多次登录，每登录一次，就要将服务器端代码再运行一次。

原因是在服务器端拆分的时候，由于没有密码，所以拆分出来的数值是只有下标为 0 的内容，没有下标为 1 的内容。如何解决这个问题？一个方案是在客户端判断，要求用户必须输入用户名和密码；另一个方案是在拆分的时候判断数组中有几个项目，具体的操作我就不用代码演示了。你自己试着去做，你觉得哪个方案更好呢？答案是两个方案都要采用，在真正的项目中，有可能客户端代码和服务器端代码是由不同的两个人完成的，当出现这个问题时，服务器端的程序员说：“我以为客户端程序员已经进行了验证，会提交正确信息给我。”而客户端的程序员也会说：“我觉得这个验证的工作就应该由服务器端完成。”这样一个多人合作的项目就会遇到协调不一致的问题，一个好的程序员要提交让人放心的代码，就是考虑周全的代码，客户端和服务器端都考虑并拦截了这个错误，整个程序才可能是健壮的。

我不管客户端判断，刚才提到服务器端处理这个问题的方案是判断拆分出来的数量，其实有更好的办法解决这个问题。

```
//拆分用户名和密码
String u = "" ;
String p = "" ;
try{
    u = uandp.split("%")[0] ;
    p = uandp.split("%")[1] ;
}catch(Exception ee){}
```

来看这段代码的写法，我们先定义了 u 和 p，并且让它们的初值都是空字符串。下面在一个 try catch 语句中拆分赋值，你发现一旦发生了问题，代码会落到 catch 中，而 catch 语句什么都没做，这样 p 的初值还是空字符串，而这个结果正是我想要的。我巧妙地运用了 try catch 语句，这时 try catch 语句起到了 if 的作用，所以 try catch 语句并不是完全为了满足无聊的语法而设置的，在很多地方它会起到意想不到的作用。比如，我们要验证一个字符串的内容是不是纯数字，巧妙的办法是将这个字符串转换成数字，然后再将数字转换成字符串，这样什么都没有改变，如果这个操作被放在 try catch 中，转换失败就会出现异常，程序就会落到 catch 语句中，这样也就说明这个字符串不是纯数字了。

为了使后面的代码尽可能的简洁，我依然使用没有进行验证的代码。

2.4.4　将聊天信息发送到服务器端

之前在主界面中如果输入信息，然后单击“发送”按钮，信息就会发到聊天信息中，还会存入聊天记录文件中，我们现在要将信息发送到服务器端，这样我们就需要在服务器端先进行接收，想一下接收代码应该放到什么地方。

我想至少用户验证成功了才会去接收客户端发送过来的信息，所以接收代码应该放到服务器端向客户端发送了 ok 之后。

```
//发送正确信息到客户端
pw.println("ok") ;

String message = br.readLine() ;
System.out.println(message) ;
```

这样我们只能够接收一条信息，如果希望接收很多信息的话，服务器端接收代码需要放到循环中。

```
//发送正确信息到客户端
pw.println("ok");

//不断地接收客户端发送过来的信息
while (true) {
    String message = br.readLine();
    System.out.println(message);
}
```

我们再来看客户端，发送信息的代码一定在 QQMain 的“发送”按钮事件中，我们就将代码安排在存入聊天记录文件的代码之后。我们需要建立输入流，这样就需要 Socket 对象，这就遇到了问题——客户端的 Socket 对象创建在 QQLogin 中，在 QQMain 中没法用。一个思路是在 QQMain 中创建一个新的 Socket 对象，这不行，因为这个 Socket 对象不是随便 new 的，只有和服务器端的 Socket 配上一对才能用。重新配对太难了，只好想办法得到 QQLogin 中 Socket 对象的引用，这不容易，要知道 QQMain 的对象是在 QQLogin 中创建的，所以在 QQLogin 中找 QQMain 里面的东西容易，反过来不容易，既然这样，我们就在 QQMain 中开放一个引用变量，然后在 QQLogin 中给这个变量赋值。

QQMain 的示意代码如下：

```
import java.net.*;
public class QQMain {
    public Socket s ;
}
```

QQLogin 的示意代码如下：

```
import java.net.*;
import java.io.*;

public class QQLogin extends JFrame implements ActionListener {
    public void actionPerformed(ActionEvent arg0) {
        if (arg0.getActionCommand().equals("登录")) {
            try {
                Socket s = new Socket("127.0.0.1" , 8000) ;

                    QQMain w = new QQMain();
                    w.s = s ;
                    w.setVisible(true);
                    this.setVisible(false);
            } catch (Exception e) {}
        }
}
```

上面的代码是示意代码，不是我们项目中的真实代码，需要你理解后添加到自己的程序中。问题是，通常面向对象的程序员不会这样传递值，有两个理由不这样做。

第一个理由，对于对象来说，变量如同对象的物质，是对象的身体，而方法是对象的能力，能够做的事情。举个例子。我们买了一台电视机，打开电视机显示的是中央一台，如果想看中央二台怎么办，说明书上写着："关上电视机，拔掉电源，打开电视机后盖，然后用电烙铁将一个地方断开，再关上后盖，插上电源，打开电视机"，如果让你这么干，你肯定崩溃了，但是对于电视机的设计者来说，他们觉得没什么，因为他们总是要这样做，这个操作对应到程序里就是改变成员变量。电视机的设计者实际上是怎么做的呢？他们会在电视机的外面提供一个旋转开关，甚至会提供遥控器，你不需要改变电视机本身，通过设计者提供给你的方法操作电视机就好了，虽然道理是一样的，但是方法还是能够简化你的使用，突然意识到在类里面为什么叫做方法，而不是函数了。所以要尽可能使用方法，而不是直接改变成员变量更符合面向对象的思想。

第二个理由，跟着我来写下面的程序，有一个类 A。

```
class A {
    int i = 10 ;
    public void show(){
        System.out.println(i) ;
    }
}
```

有一个类 B，它是 A 的子类。

```
class B extends A {
    int i = 100 ;
    public void show(){
        System.out.println(i) ;
    }
}
```

现在我们用 A 的引用指向 B 的对象，这是可以的，然后调用 show，看看得到的数字是什么。

```
public class MyTest {
    public static void main(String[] args) {
        A a = new B() ;
        a.show() ;
    }
}
```

结果是可以预料的，不管引用是什么，表现将是子类的样子。比如，我需要一个动物，结果得到了一只公鸡，那么我让这只动物叫，就会得到公鸡的叫声。

```
public class MyTest {
    public static void main(String[] args) {
        A a = new B() ;
        System.out.println(a.i) ;
    }
}
```

如果直接访问成员变量，看看能够得到什么数字，天哪！我们打印出来 10。要说理解，也好理解，我需要一个动物，结果得到了一只公鸡，我并不关心公鸡的样子，它是动物就好了，但是这个解释太牵强了，我们发现如果方法被重写了，同时成员变量也重复定义了，父类的引用指向子类的对象，调用的方法将是子类的，而成员变量的值将是父类的。这是 Java 的编译机制造成的，方法是在运行的时候取值，所以方法是动态绑定的，而成员变量的初值是编译的时候就绑定的。不管理由是什么，这样不一致的结果确实让人郁闷，为了避免这类问题，Java 程序员通常会使用方法，而不是直接使用成员变量。

依照上面的解释，我们重写传递 Socket 对象引用的代码。

QQMain 中的代码如下：

```
import java.net.*;
public class QQMain {
    private Socket s ;
    public void setSocket(Socket value){
        s = value ;
    }
}
```

QQLogin 中的代码如下：

```
import java.net.*;
import java.io.*;

public class QQLogin extends JFrame implements ActionListener {
   public void actionPerformed(ActionEvent arg0) {
      if (arg0.getActionCommand().equals("登录")) {
         try{
            Socket s = new Socket("127.0.0.1" , 8000) ;

               QQMain w = new QQMain();
               w.setSocket(s) ;
               w.setVisible(true);
               this.setVisible(false);
         } catch (Exception e) {}
      }
   }
```

现在我们解决了 Socket 传递的问题，剩下的代码就是在 QQMain 中发送信息到服务器端，这个相当简单。

```
//发送信息到服务器端
try{
   OutputStream os = s.getOutputStream() ;
   OutputStreamWriter osw = new OutputStreamWriter(os) ;
   PrintWriter pw = new PrintWriter(osw , true) ;

   pw.println(txtMess.getText()) ;
}catch(Exception e){}
```

现在测试一下到目前为止所写的所有程序，启动服务器，启动 QQLogin，输入用户名和密码，启动主界面，在信息栏里输入一句话，然后单击“发送”按钮，服务器端能够接收到信息，并且打印到控制台上。下面是我提供的 QQMain、QQLogin 和 QQServer 的代码，不包括界面代码。

```
/*
 * QQServer，服务器端代码
 */

import java.net.*;
import java.io.*;

public class QQServer {
   public static void main(String[] args) {
      try {
         //服务器端在 8000 端口监听
         ServerSocket ss = new ServerSocket(8000);

         System.out.println("服务器正在 8000 端口监听......");
```

```
            Socket s = ss.accept();

            //接收用户名和密码
            InputStream is = s.getInputStream();
            InputStreamReader isr = new InputStreamReader(is);
            BufferedReader br = new BufferedReader(isr);

            String uandp = br.readLine();

            //检验点
            System.out.println(uandp);

            //拆分用户名和密码
            String u = uandp.split("%")[0];
            String p = uandp.split("%")[1];

            OutputStream os = s.getOutputStream();
            OutputStreamWriter osw = new OutputStreamWriter(os);
            PrintWriter pw = new PrintWriter(osw, true);
            if (u.equals("aaa") && p.equals("111")) {
                //发送正确信息到客户端
                pw.println("ok");

                //不断地接收客户端发送过来的信息
                while (true) {
                    String message = br.readLine();
                    System.out.println(message);
                }
            } else {
                //发送错误信息到客户端
                pw.println("err");
            }
        } catch (Exception e) {
            e.printStackTrace();
        }
    }
}

/*
 * QQLogin，登录界面和逻辑
 */
import java.awt.*;
import javax.swing.*;
import java.awt.event.*;
import java.net.*;
import java.io.*;

public class QQLogin extends JFrame implements ActionListener {
```

```
    JTextField txtUser = new JTextField();
    JPasswordField txtPass = new JPasswordField();

/*
*  QQLogin(), 界面代码省略
*/

    public static void main(String args[]) {
        QQLogin w = new QQLogin();
        w.setVisible(true);
    }

    public void actionPerformed(ActionEvent arg0) {
        if (arg0.getActionCommand().equals("登录")) {
            try {
                //发送用户名和密码到服务器端
                String user = txtUser.getText();
                String pass = txtPass.getText();
                Socket s = new Socket("127.0.0.1" , 8000) ;

                OutputStream os = s.getOutputStream() ;
                OutputStreamWriter osw = new OutputStreamWriter (os) ;
                PrintWriter pw = new PrintWriter(osw , true) ;

                pw.println(user+"%"+pass) ;

                //接收服务器端发送回来的确认信息
                InputStream is = s.getInputStream() ;
                InputStreamReader isr = new InputStreamReader (is) ;
                BufferedReader br = new BufferedReader(isr) ;

                String yorn = br.readLine() ;

                //显示主窗体
                if (yorn.equals("ok")) {
                    QQMain w = new QQMain();
                    w.setSocket(s) ;
                    w.setVisible(true);
                    this.setVisible(false);
                }else {
                    JOptionPane.showMessageDialog(this, "验证失败") ;
                }
            } catch (Exception e) {}
        }
        if (arg0.getActionCommand().equals("注册")) {
            System.out.println("用户点了注册");
        }
        if (arg0.getActionCommand().equals("取消")) {
```

```
            System.out.println("用户点了取消");
        }
    }
}


/*
 * QQMain，主界面
 */
import javax.swing.*;
import java.awt.*;
import java.awt.event.*;
import java.net.*;
import java.io.*;

public class QQMain extends JFrame implements ActionListener{
    private Socket s ;
    public void setSocket(Socket value){
        s = value ;
    }
    JTextField txtMess = new JTextField() ;
    JComboBox cmbUser = new JComboBox() ;
    JTextArea txtContent = new JTextArea() ;

/*
* QQMain()，界面代码省略
*/

    public void actionPerformed(ActionEvent arg0) {
        //txtMess -------> txtContent
        txtContent.append(txtMess.getText()+"\n") ;

        //将txtMess的内容存入聊天记录文件
        try{
            File f = new File("c:/work/聊天记录.qq") ;

            FileWriter fw = new FileWriter(f) ;
            PrintWriter pw = new PrintWriter(fw) ;

            pw.println(txtMess.getText()) ;

            pw.close() ;
        }catch(Exception e){}

        //发送信息到服务器端
        try{
            OutputStream os = s.getOutputStream() ;
            OutputStreamWriter osw = new OutputStreamWriter(os) ;
```

```
            PrintWriter pw = new PrintWriter(osw , true) ;

            pw.println(txtMess.getText()) ;
        }catch(Exception e){}

        //清除 txtMess 中的内容
        txtMess.setText("") ;
    }
}
```

在写这些代码的时候注意语句的先后顺序，思考计算机运行的顺序。

现在是学习 Java 的一个瓶颈期，代码看上去不难，但数量大了很多，20 遍的要求感觉越来越难以实现，你可能心理上开始懈怠了，要知道在这个项目中，我写的 80%篇幅的难度只有20%，积累到一个节点，短短几页，难度就是其余的 80%。如果你希望能够完成整个项目，就要将学过的内容彻底掌握，掌握到身体里，不用过脑子就能写出来，这样你才能清晰地面对未来的困难。坚持下来，将这些代码练习 20 遍。

2.5 数据库访问

现在要解决之前的代码遗留问题，用户名和密码的验证不能是这样的，有很多用户名和密码都需要能够验证通过，这就需要数据库技术，事实上没有数据库也能实现相应的功能，我们试一下。

在 work 目录里建立一个文本文件 user.txt，在这个文件中写入：

```
aaa%111
bbb%222
ccc%333
```

现在这个文件中就有三个用户了，要写程序来验证输入的用户名和密码。

```
import java.io.*;

public class MyUser {
    public static void main(String[] args) {
        String u = "bbb" ;
        String p = "222" ;
        try{
            File f = new File("c:/work/user.txt") ;

            FileReader fr = new FileReader(f) ;
            BufferedReader br = new BufferedReader(fr) ;

            boolean b = false ;
            while(br.ready()){
                String uandp = br.readLine() ;
                String user = uandp.split("%")[0] ;
```

```
            String pass = uandp.split("%")[1] ;
            if(u.equals(user)&&p.equals(pass)){
                b = true ;
                break ;
            }
        }

        if(b){
            System.out.println("验证通过") ;
        }else {
            System.out.println("验证失败") ;
        }
    }catch(Exception e){}
  }
}
```

这段代码现在对于你来说应该是相当简单的，u 和 p 里面存放的是用户输入的用户名和密码，程序打开存放用户名和密码的文件，一行行地读，然后比对，如果有匹配的就修改 b 为 true，否则循环结束，b 的值依然是初值 false，最后看 b 的值，这样我们也能实现多个用户的验证。

想想如果用户注册怎么办，如果想修改某个用户的密码怎么办，如果想删除一个用户怎么办，这些你都可以用 Java 代码实现出来。

后来人们发现大量数据的增、删、改、查是程序常用的操作，如果每次都编写这样的代码并不聪明，聪明一点的办法就是将数据的增、删、改、查做成 4 个方法，这样以后调用相应的方法就行了。有更聪明的人将这 4 个常用的方法做成了一个产品，拿到市场上卖钱，这个产品就叫做数据库。

当然你能理解，就这 4 个方法没法卖钱，至少要做得专业些、强大些。如果有一大堆数据，比如是企业的财务数据或库存数据，现在要将这些数据存到计算机里，你会关心什么？我想首先关心的是安全性，这里的安全性包括两个方面的关注：一是不能任何人都能够看见或者修改；二是这些数据不能丢失。其次关心的是性能，现在只有三条数据，如果有很多数据，我的那个循环就难受了，可能会消耗大量的时间来验证。最重要的是关心使用是否方便。

我们分别介绍这三个关注点，先来看安全性。几乎所有的数据库都具有身份验证的功能，只是数据库的访问权限远不是能不能访问数据那么简单，不同的数据库可以设置的权限种类有很大的差别。而数据丢失的问题，可以通过离线的静态备份和动态的在线备份两种办法来解决。静态备份是指定期地将数据库中已有的数据复制出来，问题是发生了数据丢失的故障，我们能够恢复的只是截至到上次备份，从最后一次备份到当前的数据就没法恢复了；而在线备份是实时的，问题是这样的备份本身也不安全，而且比较消耗计算机资源。备份数据通常不是好办法，因为数据的丢失不一定是灾难造成的，有时是人为的错误操作，这样可能在当前数据丢失的同时，备份数据也可能丢失了，所以很多数据库备份的是日志，也就是记录所有的用户在数据库上操作留下的动作，这样一旦数据丢失了，就可以还原这些动作来恢复数据。

再说性能。我前面提供的代码是一行行数据来查找的，更快的办法是将数据排序，然后使用二分查找法，在排好序的一串数字中，先找中间的数，然后看这个数比要找的数大还是小，以此来决定向上找还是向下找，这样找的平均效率明显高于一个个地向后找，能够这样做的前提条件是，必须是排好序的数据。但是这样也出现了一个问题，我们的用户文件有用户名和密码两个项目，在很多数据库中项目更多，如果已经对一个项目进行了排序，在对另一个项目进行排序时，之前的排序就无效了，也就意味着原本的数据库表只能排序一次，除非其他的项目排序是放在另一个表中，这样的表叫做索引表。在不同的数据库中这两个索引的称呼不同，比如在 SQL Server 中，在原表中排序叫做聚集索引，那么另外创建一个表来提高排序效率，就叫做非聚集索引；在 Oracle 中，在原表中排序不认为创建了索引，Oracle 管这样的表叫做索引组织表，而其他的都叫索引，Oracle 的索引类型更多，这也给 Oracle 的程序员改善性能提供了更加灵活的手段。

提到性能，还有一个要考虑的角度，在多用户情况下的性能问题。数据库常常被应用在多用户情况下，因为在企业中有集中存放和管理数据，防止数据冗余的需要，这样典型的结构就是一台数据库服务器存放着全部数据，而有很多计算机能够访问到这些数据。在多用户情况下，数据的管理会出现一些不是恶意的风险，比如，我希望能够加薪 10%，为此我去劝说我的部门经理，我担心部门经理不同意，于是我又找到总经理，没想到部门经理和总经理都同意了我的请求，答应给我加薪 10%，假如我原来的薪水是 1 万元，那么我的薪水最后是多少？这个问题在多用户环境下不好回答，加薪的流程是，程序取出我原本的薪水，然后加上 10%，将加薪以后的结果再存入数据库。如果部门经理的程序取出原本的薪水后正在增加 10%的过程中，总经理的程序恰好也在取我薪水的数据，这样部门经理存入数据库的结果是 11000 元，而总经理存入数据库的结果也是 11000 元，我两次加薪的结果是加了 10%。换一种可能，如果部门经理和总经理的处理能够分开执行的话，那么我最后的薪水就是 12100 元了。写程序最害怕的不是错误，而是这种无法预料结果的事情。你可能会说，计算机运行这么快，不会那么容易出现这么巧的事情，问题是如果数据库中存放的是银行数据，那么即便是出错一次都是大问题。

数据库针对这个问题提出了一个解决办法，就是给数据加锁，如果一个数据正在处理，那么就将这个数据加上锁，别人无法访问，只能等待着前面一个人处理完毕，后面的人才能继续处理。这就又带来了一个问题，后面的人可能不会想到是因为访问冲突而加了锁，他会认为数据库服务器太慢了。所以说在多用户访问的环境下，锁的范围和类型也将影响性能问题。

最后来看这个数据库是否使用方便。如果数据库提供了 4 个 Java 的方法，对数据进行增、删、改、查操作，就不是很方便，假如用户用的不是 Java，而是别的计算机语言，是不是就没法用了，按照这个思路，只能给天下的所有计算机语言提供一组函数或方法，那么有没有办法，让增、删、改、查操作不依赖于具体的计算机语言。这是个好思路，现在的数据库提供了一组被称作标准的结构化查询语言（SQL）来跟数据库打交道，这些语言被定义成字符串，因为所有的计算机语言都认可字符串，人们用这些字符串告诉数据库要干什么，而实现你的要求就是数据库的事情了。这样就要求这些字符串功能强大，富有变化，同时具有明确的语法规则，和我们正在学的 Java 不同，Java 是告诉计算机一步步要做什么，而 SQL 语言是请求性的，SQL 语言只需要告诉计算机我要干什么就行。

市场上出现了很多数据库产品，虽然这些数据库都是为了简化程序员工作而开发的，但是产品太多也是问题，因为具体使用哪个数据库产品是老板决定的，这样你就不得不学会所有的数据库产品。为了避免这个问题，现在 SQL 语言是一个国际标准，也就是说，各种数据库都支持标准的 SQL 语言，当然现实情况并不总是这样。

SQL 语言过于基本，为了能够让自家的产品超越其他数据库产品，没多久，大家都不约而同地在标准的 SQL 语言上进行了扩展，好在现在形势还不那么复杂，扩展出来两个阵营，其中一个是 T-SQL，另一个是 PL/SQL，也就是说，你学会了标准的 SQL 语句，就基本上能够使用任何类型的数据库了，进一步，如果能够掌握 T-SQL 和 PL/SQL，那么就能够全面地使用市场上的数据库产品了。

事实上学习数据库会产生两个不同的技术方向，其中一个是数据库管理员，另一个是数据库程序员。数据库管理员更关心安全、备份和性能之类的配置，这不是我们这本书的方向，我希望你能够成为数据库程序员，这是 Java 程序员所需要的，所以我们后面讨论的重点是 SQL 语言。

还有一个不得不讨论的话题，就是价格，有些数据库非常强大，但是太贵了，便宜的自然更受欢迎。最便宜的数据库产品要卖多少钱？MySQL 不要钱，所以即使 MySQL 相对较弱，也是十分受欢迎的数据库产品。由于 Java 本身是免费的，所以人们觉得 Java 和 MySQL 是天生的搭档。后面的数据库学习，我就以 MySQL 为数据库环境。在实际的企业应用中，企业会选择适合自身的产品，不完全看价格。

2.5.1 接触 MySQL

到网上下载一个 MySQL 产品，你先试试自己完成安装，如果实在不行，再跟着后面的附录 A 做。

假设在安装过程中都选择了默认设置，安装好以后，将会有一个服务被启动起来。先来思考一下：为什么会有服务被启动？你能理解，未来的大量数据会被存放在文件中，因为文件是计算机里面的一个基本管理单位，当然数据或许不是被存放在一个文件中，有时我们希望能够有多个文件来存放不同类型的数据。另外，前面提到了数据备份的需求，所以文件从种类上划分，也可以被分为数据文件和备份文件。

数据在文件中，我们要读写这些数据该怎么做？你应该能够想到 IO 流，但是我证明了用 IO 流是非常麻烦的，好在有人用 IO 流写好了一些程序，你将要求提供给这些程序，这些程序就会帮助你来读写了。这些程序又被称作 DBMS（数据库管理系统），这意味着 DBMS 要始终处于运行状态，考虑到数据库服务器的特点，这些程序被写成计算机里的服务。服务是一种躲在后台运行的程序，服务随时等待着接收用户的 SQL 指令，进行处理，作为数据库服务器这很正常，但是现在你的计算机上装着数据库，你并不是一直在用数据库，而这些服务又太占资源了，你完全可以停掉这些服务，只是如果这样数据库就不工作了。

现在在菜单里找到 MySQL 的客户端，运行这个客户端程序，能够得到一个 DOS 界面的黑窗体。也可以直接在 DOS 窗体中启动 mysql 客户端，得到 DOS 窗体的方法是在“开始”菜单的

“运行”对话框中输入 cmd，启动 MySQL 的程序就叫 mysql，这个程序在 MySQL 安装目录下的 bin 目录中，你试着在 Program Files 目录中找找看。在 DOS 窗体中用 cd 命令进入 bin 目录，然后运行“mysql -uroot –p”命令，这样你就可以用 root 身份进入 mysql 客户端了。

在这个黑窗体中，第一行直接跟你要密码，只有合法身份的人才能够进入到数据库中，进而读写里面的数据。现在这个程序默认的用户名是 root，这是个超级用户，能够做数据库里面的任何事情，如果在安装的时候没有提供密码，那么密码是空的，只需回车就能进去，否则要输入正确的密码。

正确进入后，每行系统都提供 mysql>这样的开头，然后等待输入，在所有可能的输入中，划分出两种类型的语言，其中一种是标准的 SQL 语句，另一种 mysql 工具本身的命令。mysql 工具的命令直接被 mysql 工具接收并处理，而 SQL 语句是要交给 DBMS 来处理的，所以 SQL 语句的后面要加上分号（;），mysql 工具见到分号，就知道要将这个命令送给 DBMS。

我们要学的第一个命令是 exit，用于从 mysql 程序中退出，这个命令是 mysql 客户端工具的，不用分号。

在默认情况下，root 是没有密码的，除非在安装的时候设置了密码。root 没有密码可不是一个好的做法，因为 root 的权利太大了。我们来学习如何修改密码，还是回到 DOS 目录中，你或许需要用 exit 命令退出，然后运行“mysqladmin -uroot -p1234 password 123456”命令，这样就将原本的密码 1234 修改成 123456，在原本没有密码的情况下，使用“mysqladmin -uroot password 123456”命令。这里我提供的命令你需要跟着我一起做，并且反复地练习一直到完全掌握。

我们不能一直用 root 这个用户，超级用户自然是要在最后关头才拿出来用的，那么如何创建一个新的用户呢？需要注意的是，到目前我所介绍的都不是标准的 SQL 语句，表面看起来不需要分号结尾，实际上意味着不同的数据库实现这些功能的语句是不同的，在有些数据库中创建用户语句就是“create user”。

MySQL 的思路不是这样的，我们创建用户的目的是什么？是希望新的用户在这个数据库中有一定的权利，权利在数据库中也就对应着 insert（增）、delete（删）、update（改）和 select（查）操作，在 MySQL 中创建新用户的同时，我们需要授予这个用户相应的权限，授权语句是 grant。

下一个要明确的问题是我们将哪些数据授权给这个用户，这就要讨论在数据库中数据管理的形式。数据自然是数据库管理的基本单位，但是数据不能杂乱无章地堆放在数据库中，想象一下宜家家居的仓库，如果所有的家具都堆在仓库中，将来取某个特定的家具将是一件非常困难的事情，我们需要某种结构合理地摆放这些家具。很多专家争论了很长时间，出现了网状结构、树形结构和表结构三种主流的数据存放方案，在权衡存放效率和操作数据方便性后，表结构逐渐占了上风，虽然表结构不如树形结构更贴近于现实的社会规则，但是表结构相对容易管理数据，所以说表结构胜在良好的平衡性上，我们讨论的这些数据库都是基于表来管理数据的，这就是说，在数据库中数据被放置在一个个表里面。

表的列定义了数据类型，构成了表的结构，而行管理着一条条数据（见表 2-1）；列相对固定，行会不断地增加或减少，那么 SQL 语言也因此被分成两大部分：数据操作语言和数据定义语言，数据操作语言操作的是具体的数据，而数据定义语言负责管理表这个级别的数据库对象。在数据库中不仅仅有表这样的东西，这个级别还有很多东西，统称为数据库对象。

表 2-1

学　号	姓　名	生　日	性　别	成　绩
001	张三	1990 年 7 月 12 日	男	92
002	李四	1991 年 8 月 5 日	男	85

在项目开发的过程中会有很多表，为了管理方便，人们将一些相关的表组织起来形成库（见图 2-15），有的时候人们说的数据库不是计算机里的 MySQL，而是 MySQL 所管理的一些库。

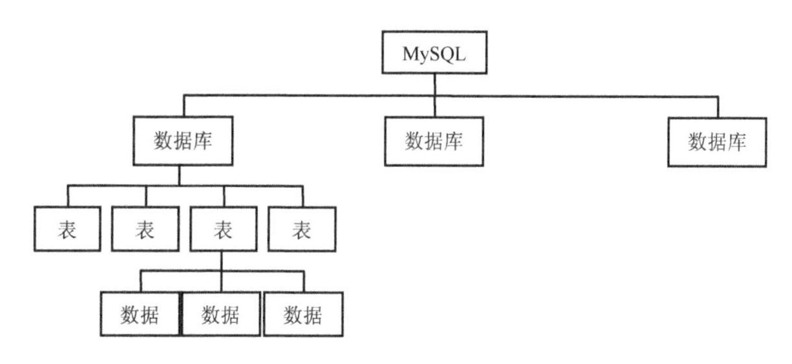

图 2-15

回到创建用户的话题上，我们已经讨论了授权和授予哪些权限，现在讨论将哪些数据授权给新用户。刚刚了解到数据被组织在表中，而表被组织在数据库中，那么我们就要描述将什么数据库的什么表授权给新用户，这里*是一个通配符，代表其中的一切，*.*表示将所有数据库中的所有表授权出去，而 wy.*表示将数据库 wy 中的所有表授权出去。

下一步就是授权给谁，我们不是一直在说授权给新用户吗？是的，所以这个谁就是新用户的名字。

创建用户是安全管理的一个重要工作，这里负责的安全是开放一些权利给某个用户，但是不仅仅要讨论谁有什么样的权利，还要讨论这个用户在哪个地方有这样的权利，比如有的人在五角大楼里能够看到机密的情报，离开这个大楼就不可以了，所以除了指定用户名，还要指定登录计算机的地址，在这里通配符是%。

最后我们要给新用户提供密码。

下面我们创建一个用户 user1，此用户拥有全部的权利，能够在任何地方登录，密码是

1234。

```
grant select,delete,update,insert on*.*to user1@'%' identified by '1234';
```

你分析一下这句话，然后输入到 MySQL 中进行测试，别忘了最后的分号，因为 grant 是 SQL 语句。创建好这个用户后，你需要退出 MySQL 客户端，然后用这个用户登录，看看行不行。

现在我们要创建一个用户 user2，此用户只能从本机登录，不能通过网络访问，拥有查询 test 上所有表的权利，密码是 1234。

```
grant select on test.* to user2@'localhost' identified by '1234' ;
```

有一件事要说，在数据库中命令不区分大小写，这和 Java 的规则不同，这也是为了让数据库有足够的适应性吧，但是在字符串中区分大小写。

2.5.2 创建和删除数据库

现在我们已经知道数据、表和数据库的关系了，要学习如何创建这些东西，就得先从数据库开始，因为有了数据库才有表，有了表才能放数据。前面讲了，从表开始的东西在 MySQL 中都叫数据库对象，创建数据库对象使用的语句是 create，不同于 Java，SQL 语言更多的是语句上的变换，这让熟悉 Java 的程序员很头疼，加上数据库技术没法画王八，所以没有 Java 那么有成就感。你需要比过去更加坚持才能熟练掌握，这也造成数据库程序员的数量远少于 Java 程序员，你可以想象数据库程序员吃香还是 Java 程序员吃香，继续努力吧。

已经了解到创建数据库需要使用 create 语句，create 后面跟随的是创建数据库还是表，因此有了 create database 和 create table 的不同，当然还有其他数据库对象，再向后是名字。比如我们要创建数据库 QQ，就在 MySQL 客户端写：create database QQ ;，你试一下，别忘了后面有分号，如果忘了，就会发现下面有一个“->”符号在等着你，这时你输入分号，再回车也行。

问题是，我怎么知道创建了一个数据库？输入“show databases ;”语句就能列出所有的数据库，你会发现 QQ 在里面。

现在如果我创建了一个表，表会在 QQ 里吗？不在，现在创建的表会在当前的数据库中。那么我怎么能让当前的数据库是 QQ 呢？输入“use QQ”语句，此语句在 MySQL 中不需要分号，但是你用了分号也没问题，MySQL 认为 use 是自己的命令。

我怎么知道当前的数据库是什么？这个不能用命令，而是用函数，有个函数叫做 database()，可是在数据库中函数不能直接运行在命令里面，除非我们将这个函数包装到命令里。显示的命令是 select，这个命令是我们最常用的，也是后面讨论的重点，组合起来这样写：select database() ;，你就能知道当前数据库是什么了。

最后看我们看如何删除这个数据库，删除数据库对象用 drop 命令，删除数据库 QQ：drop database QQ ;。

2.5.3 创建、修改和删除表

我们几乎迫不及待地要创建表了，同样作为数据库对象，我们仍然使用 create 语句来创建，比如创建一个名为 student 的表，输入：create table student。到现在创建表和创建数据库没有多大区别，别忘了，先将当前数据库设置好，我们将表创建到刚刚得到的数据库 QQ 中。

不过，表可比数据库复杂多了，因为表有复杂的结构，看表 2-1，一共有 5 列，这 5 列要在创建表的时候分别描述出来，这还不算完，你还要告诉 MySQL 每一列的数据类型是什么。数据库这个名字说明，它是专业的管理数据的工具，它不可能不定义数据类型，定义数据类型有助于 MySQL 确定用多大空间来存放未来的数据，越精确就越能节约存储空间，也能带来性能上的好处。就如同给你一个房子做仓库，为了管理得井井有条，你可能会在房子里搭上架子，这个过程就是创建表的过程，如果你事先知道要存放的东西的尺寸，搭架子的时候你可能就会仔细思量一下，让每个格子在满足存放东西的前提下都尽可能地小，这样这个仓库就能存放更多的东西。

因为专业，所以数据库中的数据类型也非常多，但是不要紧，不管有多少数据类型，它们一定逃不过三大类：数字、字符串和日期，下面我们分别来看每一大类。

数字会被分成整数和小数，整数最重要的代表是 int，而小数的代表是 float 和 double，小数在内存中的存储机制相对复杂，所以会出现两个小数的代表，float 不是那么精确，但是比较节约存储空间；而 double 是精确的，但是浪费空间。其他的数据类型就是在这三者的基础上演变而来的，整数上有 tinyInt、smallInt、mediumInt、int、bigInt，它们表示能够容纳的数字范围，你会记这些吗？别傻了，在工作中需要精确定义数据类型的时候上网查一下吧。数据库中数据类型的强大体现在，在如此多的类型基础上，还提供了让你精确控制位数的手段，比如 int(10)，指的是 10 位的整数；float(5,2)，表示一共有 5 位，其中有 2 位是小数。记得不要用 float 来存钱，虽然不会有太大的损失。

字符串也被分成两个部分：char 和 varchar，理解它们的不同就行了——如果有一个 char(5) 和 varchar(5)来存放字符串'ab'，那么从 char(5)里取出来的就是 3 个空格加上 ab，而从 varchar(5) 里取出来的就是'ab'，所以 varchar 被使用的次数要多多了，人们都希望存入什么就取出来什么。不知道你注意到了没有，我在描述字符串的时候是使用单引号来界定的，在 Java 中是双引号，在数据库中是单引号，这是为了 Java 和数据库配合而约定的规则，事实上 MySQL 支持双引号，但是考虑大多数数据库都使用单引号，所以建议你即使用的是 MySQL，也养成在数据库中使用单引号界定字符串的习惯。MySQL 中还有 text 和 blob 衍生类型，这两种数据类型是为了存储很大的内容准备的，假如你需要存储大块的文章或照片，研究一下这两种数据类型吧。

最后是日期类型，日期类型的基础是 datetime，能够存放年/月/日 时:分:秒，后来人们发现有些时候并不关心时分秒，于是就衍生出来 date 类型，只存放年月日。需要注意的是，我们一般不在数据库中存放年龄，而是存放生日，因为当数据量很大的时候，比如有很多学生，存放年龄会在新年那一天带来麻烦，系统需要在这一天将所有年龄都统一加一，如果存放的是生日，就不存在这个问题了。

现在我们将表 2-2 创建在 QQ 数据库中。

表 2-2

学号	姓名	生日	性别	成绩
001	张三	1990 年 7 月 12 日	男	92
002	李四	1991 年 8 月 5 日	男	85

```
(create table student(id varchar(5), name vharchar(10), brithday date,
sex char(1), goal int) ;
```

再看一遍创建表的规则：create table 表名，后面跟着一个小括弧，小括弧里罗列每一列的名字和数据类型。

事实上数据库对数据的管理还要更强大，不仅仅是定义数据类型那么简单，对上面的表做进一步要求，“学号”这个列是为了防止学生重名，所以“学号”必须有值，或者说不能为空，“姓名”也不能为空，“性别”只能是男或女，成绩的范围是 0 到 100，这些是进一步的约束条件，在数据库中可以设定这些约束。

```
create table student(id varchar(5) not null , name varchar(10) not
null , brithday date , sex char(2) check(sex in('男','女')) , goal int
check(goal>=0 and goal<=100)) ;
```

需要知道的是，可以写 check 约束，但是在 MySQL 目前版本中没有作用，在其他数据库产品中 check 约束是有效的。性别的数据长度不要设定为 2，这是因为一个汉字相当于两个英文字母。

我们进一步来看，发现“id”这一列不仅不能为空，而且还不能有重复值，我们可以在约束那里写上 unique，unique 表明该列不能有重复值，但是可以是 null。需要解释的是，null 是什么内容都没有，不是空字符串也不是 0，null 的一个特性是 null 不等于 null，两个不存在的东西没法比较。

问题是“id”这一列确实不能是 null，id 不能没有值，那么不能为空，也不能有重复值的约束是主键，即主要的关键的列，这很符合 id 的特征，我们设置 id 这个列就是为了区分不同的学生，也就是说，在学生这个表中，其他的列是和 id 列关联的。

为了能够修改创建表 student 的语句，我需要先删除这个表，这里所谓的删除是将一个表对象消灭掉，而不是将表中的数据清除掉，删除表相对简单：drop table student;。

下面我们进一步修改创建表 student 的语句。

```
create table student(id varchar(5) primary key , name varchar(10) not
null , brithday date , sex char(2) check(sex in('男','女')) , goal int
check(goal>=0 and goal<=100)) ;
```

除此之外，创建表还有些其他选项，这里不一一陈述了。最后是修改表，修改表可能有很多不同的动作，列举如下：

（1）添加一个列。

（2）删除一个列。

（3）修改一个列的数据类型

（4）修改一个列的约束。

（5）修改一个列的名字。

我们首先来看修改表结构的语句，前面写的是“alter table student”，然后再说所进行的修改。在学习修改前，我们先来学习一个语句“describe student”，用这个语句来显示现有的表结构。下面来分项举例说明修改表结构。

（1）添加一个列：alter table student **add** teacher varchar(10) ;。

（2）删除一个列：alter table student **drop** teachet ;。

请练习好上面两个语句后再继续。添加一个列 teacher，然后练习下面的语句。

（3）修改一个列的数据类型：alter table student **modify** teacher varchar(20) ;。

（4）修改一个列的约束：alter table student **modify** teacher varchar(20) not null ;。

（5）修改一个列的名字：alter table student **change** teacher t1 varchar(20) ;。

2.5.4　关于数据库设计

数据库设计是一个高级的话题，或许你进入软件企业工作 3、4 年以后才有可能参与数据库设计，但是我认为现在学习这方面的知识十分必要，你会因此更加理解关系型数据库的思想。

如果你负责一个项目，那么你需要了解用户的需求，然后根据需求规划和设计软件，需求整理出来后，你需要进行设计以便描述详细的流程，程序员将根据设计好的流程来编写代码。另一个重要的工作就是设计程序所需要的数据库，为了避免数据冗余，假设项目小组中有 10 个人，那么 10 个人将访问一个数据库，这样就不能让每个人设计自己的数据库，而是由项目经理负责这件事情。

数据库原本就存在于用户的系统中，即便企业连一台计算机都没有，但是企业只要运转着，就一定有很多单据、账本等记录数据的东西，这就是未来计算机系统中数据库的雏形，计算机在很大程度上是模拟着企业里的信息流，在没有计算机系统前，这些信息流早已存在，计算机会让信息流流动得更快、更好、更准确，处理得更加深入。

收集了企业原本的所有类型的数据后，我们就要设计数据库了，但是可能会面临一些困难，比如企业的数据不是一个表能够容纳的，这些收集来的数据很有可能没法直接放到数据库中，还有很多数据需要补充，等等。

如何能够设计出非常好的数据库？有些专家经过多年的研究，提出了设计范式，规范的样式，只需要按照范式的要求进行数据库设计，就能得到设计良好的数据库。我们先来看设计优秀的数据库要达到的目标。我们就有两个目标，一是为了消除数据冗余，二是为了编程便利。

第一范式，我们很有可能得到一个这样的表，如表 2-3 所示。

表 2-3

项目 日期		语文			数学			英语		
		平日	期中	期末	平日	期中	期末	平日	期中	期末
一季度	一月									
	二月									
	三月									
二季度	四月									
	五月									
	六月									
三季度	七月									
	八月									
	九月									
四季度	十月									
	十一月									
	十二月									

表 2-3 是不能存入数据库中的，因为数据库中的表必须是纯粹的二维表，而这个表的项目里套着项目，这样不行，必须将这个表转变成纯粹的二维表，做法就是将没通到底的线通到底，可能有些内容会删除，有些内容会合并，如果变成了纯粹的二维表，那么第一范式就实现了，是不是很简单！

第二范式，我们有一个学生信息表，如表 2-4 所示。

表 2-4

学号	姓名	生日	性别	班主任姓名	班主任性别	班主任生日
001	张三	1990 年 7 月 12 日	男	张无忌	男	1974 年 7 月 12 日
002	李四	1991 年 8 月 5 日	男	张无忌	男	1974 年 7 月 12 日
003	王五	1990 年 12 月 8 日	男	张无忌	男	1974 年 7 月 12 日

看一下表 2-4，发现有什么问题吗？三个学生有同一个班主任，因此班主任的信息被重复了三次，这是明显的数据冗余。我们发现“学号”依然是这个表的主键，有了学号我们就能够确认学生的姓名、生日、性别和班主任姓名，而班主任性别和生日虽然也和主键“学号”关联，但是并不是紧密关联的，可以说是通过班主任姓名关联的，所以我们说这个表存在着非主键依赖关系，也就是说，有些列并不直接依赖于主键，这样这个表就不符合第二范式，只有消除掉非主键依赖关系才符合第二范式。我们将这个表拆成两个表以符合第二范式。

如表 2-5 所示为学生表，如表 2-6 所示为老师表。

表 2-5

学号	姓名	生日	性别	班主任编号
001	张三	1990 年 7 月 12 日	男	T01
002	李四	1991 年 8 月 5 日	男	T01
003	王五	1990 年 12 月 8 日	男	T01

表 2-6

班主任编号	姓名	性别	生日
T01	张无忌	男	1974 年 7 月 12 日

拆表的结果是，学生表的主键是“学号”，学生表中所有的项目都依赖于主键，包括班主任编号；而老师表的主键是“班主任编号”，在老师表中所有的项目都依赖于主键。你发现两个表中都有“班主任编号”这个列，它们之间是有关系的，学生表中的班主任编号一定在老师表里要有，我们知道老师表里的班主任编号是主键，那么学生表里的班主任编号就是外键，设定外键会确保学生表里的班主任一定存在于老师表中。下面是我提供的两条建表语句。

```
create table teacher(tid varchar(10) primary key , name varchar(10)
not null , sex char(2) , birthday date) ;
create table student (id varchar(10)  primary key , name varchar(10)
not null , birthday date , sex char(2) , tid varchar(10) references
teacher.tid) ;
```

因为外键的存在，外键将不同的表关联到一起，所以我们将 MySQL 称作关系型数据库，关系型数据库是目前主流数据库的理论基础。

第三范式，先来看如表 2-7 所示的教师表。

表 2-7

编号	姓名	性别	课时标准	课时数	月收入

你知道老师是通过讲课来赚钱的，不同级别的老师每个课时的标准不同，不同的老师每个月上课的数量也不同，这最终决定了老师的收入，问题是在表 2-7 中老师的月收入可以通过前面两项，即课时标准和课时数运算得来，有可能这个运算比想象的复杂，但是终归有个运算方式，我们就说在此表中存在着函数依赖关系。这是个非常讨厌的数据冗余，一旦后面三项的结果不一致，程序就可能非常麻烦。

我们复习一下，第一范式就是得到纯二维表，第二范式是消除非主键依赖关系，第三范式是消除函数依赖关系。

事实上还有三个范式，但是通常人们做到三范式就可以了。做范式的主要手段就是拆表，但是拆表也会有副作用，就是原本在一起的数据，现在放到了两个表中，那么我们在编写语句访问的时候就会更麻烦，所以要在数据冗余和编码容易之间寻找到平衡点，到了第三范式，基本上就是平衡点了。

2.5.5 学习添加、删除和修改数据

添加、删除和修改数据的操作被称为数据操作语言（DML），用来操作表中的数据。有很多地方要使用到数据查询语言的知识，但是我必须先教给你如何添加数据，否则怎么查询呢？

添加数据使用 insert 语句，比如，我们向 teacher 表中添加数据：

```
(insert into teacher values('T01' , '张无忌' , '男','1974-7-12') ;
```

这是最简单的数据添加方式，假设我们不想添加性别和生日，那么要写：

```
(insert into teacher values('T01','张无忌',null , null) ;
```

看到在没有数据的项目上要写上 null，我想你运行这条语句会出错，因为 T01 已经存在了，tid 是主键，不能有重复值，用 delete 删除：delete from teacher ;，这条语句能够删除 teacher 表中所有的数据。另外，要想知道添加数据是否成功，可以使用“select * from teacher”来查询，这条语句将在后面专门讨论。

这个表的项目很少，写 null 还不算麻烦，如果项目多的话就很头疼，这样就有了另外一种写法：

```
(insert into teacher (tid , name) values('T01','张无忌') ;
```

在这种写法中明确列出了要插入数据的列是什么，很快人们就发现这么做的好处。在第一种插入数据的写法中，我们按照默认的数据顺序对应地输入，这限制了数据库管理的灵活性，如果程序中都是这样写的，那么表的项目顺序可千万不要变化位置，否则就会出现连串的错误，因此建议，甚至是要求，以后插入数据时即便所有的信息都要输入，也应使用第二种写法：insert into teacher(tid ,name , sex , birthday) values('T01','张无忌','男','1974-7-12') ;，这样即便表的列位置变化了，也不会出现任何问题。

修改数据使用 update 语句，比如，我们要将某条记录的名字修改成“张三”，写法是：update teacher set name='张三'，这样自然能够修改成功，但是不出问题的原因是目前表中只有一条记录，如果有多条记录，那么所有的名字都会被修改成“张三”。在大多数情况下，我们要修改的是一条记录的值，所以需要锁定那一条记录。

```
update teacher set name='张三' where name='张无忌' ;
```

同样的道理，用“delete from teacher ;”删除，会将这个表中的所有数据都删除。如果我们要删除特定的一行或几行，就加上 where 子句：delete from teacher where name='张无忌';。

作业题：请创建两个表，即 employee 表（见表 2-8）和 training 表（见表 2-9），分析表结构设置约束，自行设置主键，然后插入数据，不要用省事的办法，每个字母都用键盘敲出来，权当练习了。

表 2-8

EID	Name	Department	Job	Email	Password
10001	李明	SBB	EG		
10003	李�平	LUKE	ITM		

续表

EID	Name	Department	Job	Email	Password
11045	李洁	SBB	EG		
10044	胡斐	MTD	ETN		
10009	徐仲刚	SBB	EG		
10023	李燕	SBB	ETN		
20460	陆明生	MTD	ETN		
20078	张青	MMM	EG		
20001	李立	LUKE	ETN		

表 2-9

CourseID	EID	Course	Grade	Order
1	10001	T-SQL	60	
3	11045	MySQL	71	
2	20460	Java	34	
1	10003	T-SQL	59	
3	10001	MySQL	90	
2	20001	Java	12	
2	20078	Java	76	
2	10003	Java	78	
3	30001	MySQL	71	
3	20048	MySQL	36	

2.5.6　查询数据

查询是数据库中最复杂、最变化多端的操作，可以说掌握了查询，也就掌握了一半 SQL 语句。前面为了学习方便，我介绍了最简单的查询语句：select * from teacher ;，查询 teacher 表中的一切。

现在我们来看 select 查询语句最简单的定义。最简单的 select 由 select（列名）、from（表名）、where（条件）三个段构成。

SQL 的强大在于，没有被禁止的写法都可以写出来试试。

1. select 子句

先来看 select 子句，我们可以写成：

```
select eid , name ,job from employee ;
```

这样就只显示三列内容，若不喜欢英文的列名，则可以给列起别名。

```
select eid '编号' , name '姓名' , job '工作' from employee ;
```

若希望在每一行的前面显示一个雇员的提示，则可以使用雇员作为常量。

```
select '雇员' , eid '编号' , name '姓名' , job '工作' from employee ;
```

我们一直用的*是通配符，表示所有的列。

2. from 子句

再来看 from 子句，在有些数据库产品中 select 后面必须跟着 from，在 MySQL 中没有这样的规定，from 后面跟着的是表名，我们已经这样用了，但是可以证明没有禁止的都可以写。我们来看“select * from employee;”的结果，你是否看到这就是一个表，我不是说 employee 是一个表，而是说查询结果就是一个表，既然是表，是不是也可以放在 from 后面？

```
select * from (select * from employee) ;
```

运行发现这样不行，MySQL 报告了一个错误。我只提供了一个表，这个表是运行过程中生产的，它没有名字，而这个地方需要的是表名，所以我给起了一个名字。

```
select * from (select * from employee) emp ;
```

这次运行有结果了，后面的 emp 是我给这个临时生成的表起的一个名字。这条语句没有任何实用价值，但是它证明了只要不违反规则，你就可以随意地尝试，在后面复杂的查询中，这条没有意义的语句希望你还能记起来。

3. where 子句

where 后面跟随的是条件，条件就是通过判断得到的对错结果，通常使用=、>、>=、<、<=和<>。下面我们通过“=”来分析一共有几种条件类型。

（1）常量=常量

举例：1=1，这不是句废话吗？事实上我们写“select * from employee”，没写 where 子句，相当于写了“select * from employee where 1=1 ;”，因为在数据库中没有 boolean 值，所以我们用 1=1 来表示 true；用 1=2 来表示 false。看上去 1=1 没有用，但是向后学我们还真会频繁地使用 1=1。

（2）列名=常量

有这样一道题：请显示 SBB 部门的员工姓名。看到这样一道 SQL 查询题，我们立刻寻找要显示什么，这道题要显示的是员工姓名，那么将员工姓名放到 select 子句中：select name，然后看要显示的内容从哪个表中来，这道题很简单，自然来自 employee 表，这样我们就确定了 from 子句，查询语句变成：select name from employee。再看条件，条件是“部门是 SBB”，整个查询语句是：select name from employee where department='SBB' ;。解题很简单，但是我要强调一件事情，数据库和 Java 不同，数据库更像是 Word 这样的工具，Java 是告诉计算机要如何来工作，而数据库是告诉计算机你要什么，你的命令被接收以后，数据库会执行一系列的操作，如果能够从程序员的角度来理解数据库背后做了什么，那么你将在写 SQL 语句的过程中思路一直是清晰的。其实 select 就是一个循环，循环扫描表的每一行，每循环一行，就去看一眼条件，如果条件是真，就显示列举出来的那列信息；如果条件是假，就继续向下循环，因此在“列名=常量”这个条件中，列名从第一行向下不断变化着。

（3）列名=（查询结果，单值）

我们来看这道题：李明学过哪些课程？先来看要显示的是什么，是课程信息，那么 select course，这个信息来自什么地方？select course from training，再看条件，条件是“姓名是李明”，问题是在 training 表中没有姓名，姓名信息在 employee 表中，在 training 表中人员用 EID 表示，那么我们写“select course from training where eid=”，等于什么？应该等于李明的 EID，这道题变成了“李明的 EID 是多少？”select eid from employee where name='李明'，这个查询的结果，恰好是 EID 需要等于的值，我们这样来写：select course from training where eid=(select eid from employee where name='李明');。这道题的条件里有一个括号，括号里是查询，这个查询会返回一个值，系统得到这个值以后，就变成了“列名=常量”的形式。

有的时候没有这么好的运气，查询可能会返回多个值。来看这道题：显示所有参加 MySQL 培训的人员名字，名字来自 employee 表，确定名字用 EID，所以我们写“select name from employee eid=()”，这道题转变成括号里的查询任务，找到所有参加 MySQL 培训的人员 EID，select eid from training where course='MySQL'，我们将这两句话组合起来：

```
select name from employee where eid=(select eid from training where
course='MySQL') ;
```

运行一下，MySQL 提示错误，我想你能够理解这个错误：问一个值等不等于几个值？这没法比，所以这个地方不能用等于号。SQL 引入了一个新的比较操作符 in，对应的有 not in，所以这道题变成：select name from employee where eid in (select eid from training where course='java') ;。

那么大于小于多个值怎么办？

来看这道题：Java 成绩最高的人是谁？前面的简单，select name from employee where eid=()，来看括号，问题变成了查询 Java 成绩最高的 EID，select eid from training where course='Java' and grade>=()，我的思路是成绩大于等于所有的 Java 成绩，那么括号里的就是所有的 Java 成绩，select grade from training where course='Java'，整句话组合起来就是：

```
select name from employee where eid=(
    select eid from training where course='Java'
    and grade>=(select grade from training where course='Java')) ;
```

这样不行，因为没法大于等于多个值。SQL 引入了一个 all 和一个 any，>all 就是大于所有的，也就是大于最大的；>any 是大于任何一个，也就是大于最小的。那么<all 是什么意思？<any 又是什么意思呢？加上 all 看结果。

```
select name from employee where eid = (
    select eid from training where course='Java'
    and grade>=all (select grade from training where course='Java')) ;
```

你应该能够找到 MySQL 成绩最低的人是谁吧。

我们总结一下，针对列与返回多个值的子查询，SQL 引入了一组新的关键字，分别对应原有的比较符号，它们是 in、not in、all、any。其实我们还有办法来解决列与多个值的子查询比较的问题，那就是想办法将多个值变成一个值，为此 SQL 提供了一组函数叫做聚合函数，目的就是将多个值变成一个值。你能想象到的聚合函数有 min 和 max，分别用于求一组值的最小值和最大值，使用聚合函数，“Java 成绩最高的人是谁？”这道题也可以写成：

```
select name from employee where eid = (
    select eid from training where course='Java' and grade =
    (select max(grade) from training where course='Java')) ;
```

聚合函数被放到 select 语句中，函数的参数是具体的一个列名。

聚合函数还有 sum、avg 和 count，分别用于求一组值的和、平均数和符合条件的记录数。count 比较特别，它的参数可以是*，而其他的聚合函数必须是具体的列名。

补充说明：这里的=相当于 Java 中的==，用来比较两边是否相等。另外，前面提到过 null=null 的结果是假。还有等于号在字符串比较中有一个衍生的变化，出现了一个新的比较符号 like，like 用于模糊查询，比如，要找姓张的人这样写：name like '张%'，like 后面的%是通配符。还记得在讲如何创建对象的时候，我们也用%做通配符，比如，要找名字为两个字的姓张的人写成：name like '张_'，下画线也是通配符，和%不同的是，%不限定数量，而下画线仅代表一个字符。更加复杂的问题是，我想找名字中有“明”这个字的人：name like '%明%'。

这道题是：问姓李的人有多少？你停下来，争取能够自己想出问题的答案。要知道 employee 表的每一行代表一个人，所以有多少符合条件的行，就有多少人，我们用聚合函数 count 来汇总，用 like 来判断，答案是：select count(*) from employee where name like '李%' ;。

4. group by 子句

Group by 是分组语句，后面跟着用来分组的列。我们来看这条语句：select * from employee group by department;，运行结果是得到了 4 行。Employee 表中有 4 个不同的 department，上面的语句将每个部门的第一个人的信息显示出来，这是个意外，大多数数据库不容许这样做，其他的数据库规定，如果有 group by 子句，select 后面就只能是用来分组的列和聚合函数，因为只有这样才有意义。

比如这样一道题：显示每门课的总成绩和平均成绩。

```
select course, sum(grade), avg(grade) from training group by course;
```

在这个例子中，我们显示的是用来分组的课程和两个聚合函数。

我们现在来挑战一道难题：求各部门的人数和各部门姓李的人数，用一条语句完成。你务必争取自己思考完成。

如果没有最后要求：用一条语句完成，这道题就容易多了。

各部门的人数：select department ,count(*) from employee group by department ;。

各部门姓李的人数：select department , count(*) from employee where name like '李%' group by department ;。

那么用一条语句如何做？提示：select 语句事实上就是一个循环，每循环一次就是一个可能显示的行，体会这样的代码：select department from employee group by department ;，运行便可知，我们得到了 4 个值，按照循环的理论，这条语句显示内容循环了 4 次，每次提供一个部门名称。现在我问：如何求出 SBB 这个部门的人数？select count(*) from employee where department = 'SBB' ;。上面我讲了两个问题，先确保你理解了这两个方面的提示，你能自己找到答案。

```
select department ,
   (Select count(*) from employee where department=e.department) ,
   (Select count(*) from employee where department=e.department and
name like '李%')
   From employee e group by department ;
```

我们先剔除 select 子句中两个括号的内容，这样你应该能够理解吧，这样将产生 4 次循环，每次得到一个部门名称。

唯一特别的地方是，我在 from 子句的 employee 后面加上了一个 e，这样我就给这个表起了一个别名，这是为了以后再次使用这个表进行区分而用的。

再来看括号，如果我们将“select count(*) from employee where department = e.department”中的 e.department 替换成一个具体的部门名称，比如 SBB 部门，现在这个 e.department 就是 SBB，只不过它会因为外层的循环变换这 4 个部门名称。

5. 表连接

我们做了三范式，做了一些拆表的操作，可是有时我们确实要同时显示两个表中的内容，那么就需要进行表连接操作。

现在要求显示每个人学过的课程，那么要显示的就是人名和课程，这两个信息来源于两个表，这样写：select name , course from employee , training ;，你看到我在 from 子句中用逗号分隔，列举了两个表。

运行后，发现这个结果明显不对，竟然得到了 90 行的结果。我们通过查询可以知道 employee 表有 9 行记录，而 training 表有 10 行记录，这下子你知道为什么出现 90 行结果了吧，上面的那条查询语句直接将两个表的内容进行了排列组合，按照循环的理论，同时取两个表的数据，将产生嵌套的双层循环，我们拿第一个表 employee 的第一行和第二个表 training 的每一行匹配，然后第一个表的第二行再和第二个表的每一行匹配，一直到第一个表循环结束，这显然不是我想要的结果，这是个错误，这个错误的名称叫做笛卡儿集。我希望两个表中有关系的内容被显示出来，这两个表的关系就是 EID，所以我们用 EID 来进行筛选：select name ,course from employee ,training where employee.eid = training.eid ;。

继续挑战那道难题：求各部门的人数和各部门姓李的人数，用一条语句完成。现在用第二种方式来实现。

提示：求各部门的人数和各部门姓李的人数，用两条语句分别完成你应该没问题吧，还记得我在讲 from 子句的时候写的那个无聊的 SQL 语句吗？我当时将 select 产生的结果当成了一个表，这样说来，你可以得到这道题答案所需要的两个表了，那就用表连接吧。

各部门的人数：(select department ,count(*) from employee group by department) e。

各部门姓李的人数：(select department , count(*) from employee where name like '李%' group by department) ee。

现在就将临时表 e 和临时表 ee 连接起来，你很快就遇到了问题：department 要指定来自哪个表，这个倒是随便，哪个表都一样。另外，两个聚合函数没有名字，那就给起个别名吧。

```
select e.department , c '各部门的名字' , cc '各部门姓李的名字'
    from (select department ,count(*) c from employee group by department) e,
(select department , count(*) cc from employee where name like '李%' group
by department) ee
    Where e.department = ee.department ;
```

你发现运行结果有问题，只有 2 条记录，按说应该是 4 条记录，这是因为有的部门没有姓李的人，这样 ee 的对应位置就是 null，而 null 无论和任何东西相比都是假，所以没有姓李的部门没有显示。

事实上用逗号分隔进行表连接是不规范的，在 SQL 标准中，表连接用的是 join，“显示每个人学过的课程”这道题，可以写成这样：

```
select name ,course from employee join training on employee.eid =
training.eid ;
```

有逗号的地方用 join 代替，而消除笛卡儿集的语句用 on。使用 join 看起来更加规范，还有一个好处是 join 语句富有变化，我们可以使用 left join（左连接）或 right join（右连接），如果是左连接，就依照左边表，将右边表加入进去，左连接可以确保左边表的每一项一定会被显示出来。看看“select name ,course from employee left join training on employee.eid = training.eid ;”的结果。

所以“求各部门的人数和各部门姓李的人数”这道题可以写成：

```
select e.department , c '各部门的名字' , cc '各部门姓李的名字'
    from (select department ,count(*) c from employee group by
department ) e left join
    (select department , count(*) cc from employee where name like '李%'
group by department) ee
    on e.department = ee.department ;
```

显示两个 null 很讨厌，这个地方应该显示 0，MySQL 提供了一个替换 null 的函数 ifnull，如果内容不是空，就显示内容本身；如果内容是空，就显示预设的一个值。加上 ifnull 函数的最终答案如下：

```
select e.department , ifnull(c , 0) '各部门的名字' , ifnull(cc,0) '各部门
姓李的名字'
    from (select department ,count(*) c from employee group by
department ) e left join
```

```
    (select department , count(*) cc from employee where name like '李%'
group by department) ee
    on e.department = ee.department ;
```

2.5.7 SQL复习

SQL 绝不仅仅这么点内容，但是基于我们的任务和你的学习阶段，在这里我只讨论这些内容，SQL 本身还有很多我没有涉及的内容，扩展的 PL/SQL 甚至像一门计算机语言一样宏大，掌握更多的 SQL 知识你可以将很多运算交给数据库去完成，这样你就能获得更轻量的 Java 代码，并且尽可能地利用数据库服务器资源。但是也会带来一些问题，由于目前有很多数据库产品可以选择，这些产品产生了不同的 SQL 方言，所以过度地依赖数据库语言会带来数据库移植上的问题，具体如何把握其中的度，则需要你根据任务特点来权衡。

下面再做几道题来复习学过的 SQL。

（1）列出所有员工参加培训的情况，要求显示 EID、Name、Department、Course，用一条 SQL 语句完成。

（2）筛选出未参加培训的人员名单，按 employee 表的格式显示，用一条 SQL 语句完成。

（3）更新员工的 E-mail，规则为：员工所在部门名称加员工姓名再加“@dhcc.com.cn”，用一条 SQL 语句完成。

（4）列出所有各课成绩最高的员工信息，要求显示 EID、Name、Department、Course、Grade，用一条 SQL 语句完成。

（5）把所有 employee 表有但 training 表没有的员工编号插入到 employee 表中，用一条 SQL 语句完成。

2.5.8 用Java访问数据库

我们一直在用 MySQL 的客户端程序输入 SQL 语句，并将结果显示出来，但是我们真正的目的是让 Java 和 MySQL 配合起来，所以要学习如何用 Java 访问 MySQL 数据库。

这部分内容本不在 Java SE 范畴内，所以你可能在很多明确自己是 Java SE 的书上看不见关于数据库访问的章节，数据库访问是 Java EE 的内容，那么 Java SE 和 Java EE 的区别是什么呢？从字面上理解，Java SE 是 Java 的标准版本，而 Java EE 是 Java 的企业级版本。

我们来看写到现在的项目，用户登录这个任务对于计算机来说没什么大不了的，但是如果这个简单的任务放到一个大型的企业集团里，那么可能每天早晨上班的那一瞬间就有几万人在同时登录，有可能这一个动作就让一台服务器崩溃了。如何防止这样的问题？一种方案是更换成更加强大的服务器，但是我们知道硬件的性能是有极限的，一个软件系统的任务也绝不可能像登录这样简单，作为软件工程师如果能够将一个系统拆分成多个部分，将每个部分部署在不同的服务器中，同时确保这些部分能够协同工作，那么我们的软件就不受服务器本身性能的限制了。所有能够实现拆分部署的技术在 Java 里都是 Java EE 技术。

数据库访问是最常用的符合这一标准的技术，我们常常将数据库部署在网络上的一台数据库服务器上，而 Java 要远程访问数据库，这样就能实现一部分功能运行在一台计算机中，而另一部分功能运行在网络上的另一台计算机中。说到这儿，你乐了，将软件分散在不同服务器中的功能实现也太简单了，用 HTML 做个网页，一个超链接的跳转，不就能够跳到别的服务器上了吗？没错，所以很多人将 HTML 技术作为学习 Java EE 的第一门课程。

1. JDBC 网络连接

微软的商业成功并没有在技术人员的心目中树立起值得尊重的形象，但是微软所发明的 ODBC 对于软件开发来说是个重要贡献，在 ODBC 出现之前，程序员需要了解不同数据库的 SQL 方言，老板可能随时要求项目改用另外一个数据库产品，这样的决定对于程序员来说几乎是个灾难，程序员要打开之前写过的所有代码，逐项检查和数据库相关的部分，以便确保程序适应了新的数据库方言，直到出现了 ODBC，这个工作几乎都交给 ODBC 来完成，程序员针对 ODBC 编写数据库访问代码，而 ODBC 将这些访问翻译到具体的一个数据库中，一旦改变了数据库产品，只需重新配置 ODBC 就可以了（见图 2-16）。

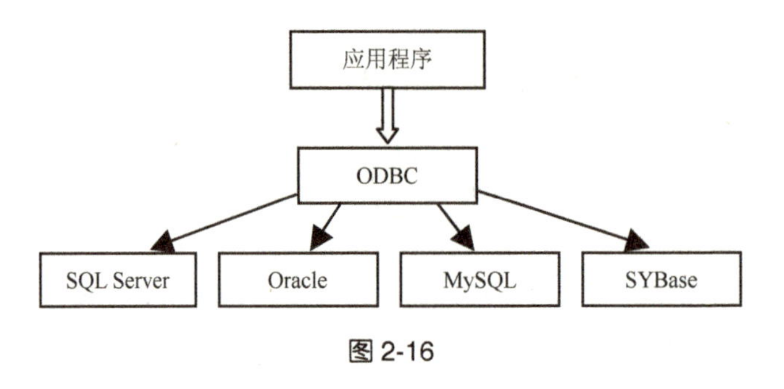

图 2-16

ODBC 如此优秀，以至于在 Java 中连接数据库的技术被称为 JDBC，甚至最简洁的 JDBC 叫做 JDBC-ODBC 桥连接，Java 几乎不做什么，将程序员对数据库的访问直接传递给 ODBC，由 ODBC 来完成访问，JDBC 只是做个桥梁。

由于桥连接过于依赖 ODBC，加上 ODBC 通常只存在于微软的操作系统中，这严重影响了 Java 的可移植性，所以 JDBC-ODBC 桥连接很少被使用到项目中，常用的 JDBC 是网络驱动连接。

问题是，我们下载的 JDK 是 Java SE 的，没有能力完成这样一项 Java EE 的工作，这么说来，是不是我们要重新下载一个 Java EE 的 JDK？在大多数情况下并不是这样的，因为 JDK 只是一个规范、一个标准，JDK 有很多版本，不仅仅是 Oracle 提供的（由于 Sun 被 Oracle 收购了，现在 Java 是 Oracle 的产品）。而 Oracle 提供的 Java EE 产品并不优秀，难道 Oracle 就不能提供一个优秀的 Java EE？Oracle 做不到，理由是没有比 MySQL 更了解 MySQL 了，MySQL 没有说服力，因为现在 MySQL 也是 Oracle 公司的产品了。如果你要连接的数据库是微软的 SQL Server，那么只有微软更了解这个产品，因此微软会提供相应的组件，这个组件是连接 SQL Server 的最佳组件，将 SQL Server 的 JDBC 组件添加到 Java SE 的 JDK 中，你就得到了访问

SQL Server 的能力，这些扩展的组件以 jar 文件的形式提供给你。MySQL 的 JDBC 驱动程序是 mysql-connector-java-5.0.4-bin.jar，你要到网络上找到这个文件并且下载下来，然后将这个文件复制到计算机的 JDK 目录里，具体的位置是 JDK\jre\lib\ext，这是专门放扩展的 jar 文件的地方。你也可以不做这样的复制，通过设置 classpath 或者配置 Eclipse 也能使用这个 jar 文件，我希望通过这样的一次复制，你可以清楚地知道我们扩展了 JDK。

最后你需要在 Eclipse 中重新配置一遍 JDK，因为 JDK 已经发生了改变。在 Eclipse 中单击菜单“Window”→“Preferences”（首选项）（见图 2-17）打开 Preferences 对话框，在这个对话框的左边找到“Java”选项，点开它，里面有一个选项叫做“Installed JREs”，单击这个选项，在对话框的中间位置就会显示出目前 Eclipse 所配置的 JRE（见图 2-18），选中 JRE，对话框的最右边有些按钮就会被激活，单击“Edit”按钮，会出现新的对话框，在新的对话框中有一个“Add External JARs”按钮，这个按钮帮助你添加新的 jar 文件，单击这个按钮，然后找到刚刚下载的 MySQL 的 JDBC 驱动，你会看到这个文件添加到了列表中。单击“Finish”按钮，再单击“OK”按钮，关闭 Preferences 对话框，新的 jar 文件就配置到 Eclipse 中了。

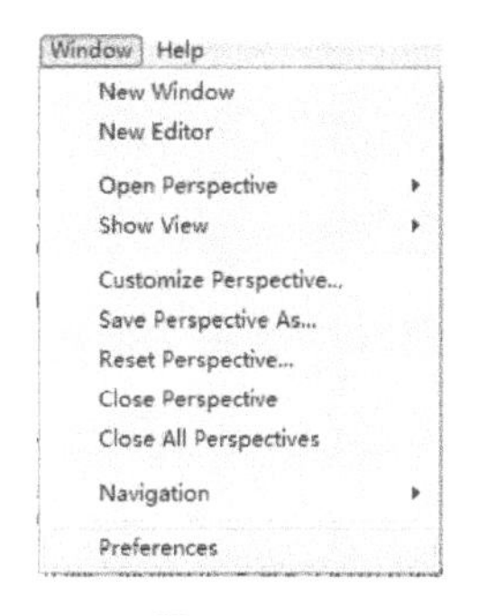

图 2-17

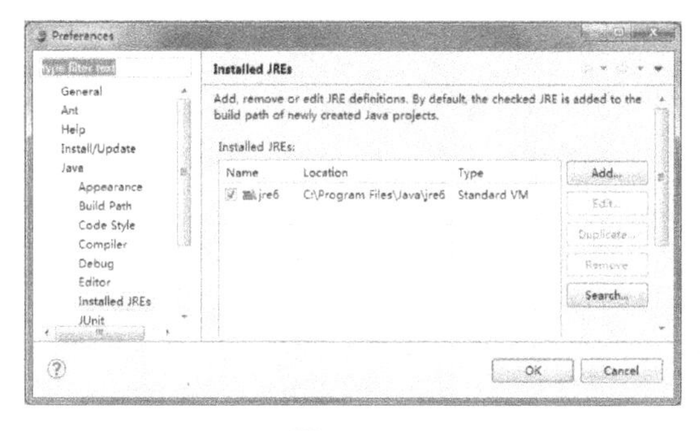

图 2-18

现在我们创建一个新的类 TestSQL，编写连接 MySQL 数据库的代码。类创建好后，首先做个试验，输入下面的语句，主要在导入类库的时候输入 org 然后点点，看有没有 org.gjt.mm.mysql.*出现，如果没有，就说明 jar 文件没有被成功导入。

```
import org.gjt.mm.mysql.*;

public class TestSQL {

}
```

2. 查询数据

但是我们真正的代码里面不需要导入 org.gjt.mm.mysql.*，而是要导入 java.sql.*，我想这个你能够理解；try catch 也是需要的，这真是件有风险的事情，我们准备好了以后，连接数据库，第一条语句是 Class.forName。到目前代码如下：

```
import java.sql.*;
```

```
public class TestSQL {
    public static void main(String args[]){
        try{
            Class.forName("org.gjt.mm.mysql.Driver") ;
        }catch(Exception e){}
    }
}
```

这条语句真的让人感到意外，先来看 Class，这不是我们常用的关键字 class，因为第一个字母大写了，所以这是一个类，不过能起这个名字必定是个十分不寻常的类，直接使用类的方法，说明 forName 是个静态的方法。再看方法的参数，字符串很像类，没错，这就是连接 MySQL 的类。这些是我们静态地观察这条语句看到的，真正理解 Class.forName 是个大话题，我随后再来讨论这个话题。

你暂且理解这句话是为了连接数据库进行的准备，可以想象，如果没有人事先提供帮助，我们该如何连接数据库，数据库服务器应该处于网络中，我们必然要建立 Socket，然后用数据库认可的协议，通过输入/输出流来请求对数据库的访问，这个过程比我们想象的复杂多了，现在这个过程由 org.gjt.mm.mysql.Driver 帮助我们完成了。

下一步就是连接上数据库，提供用户名和密码等信息。我一并将下面的几行代码都写出来，然后我们再一行行地分析。

```
import java.sql.*;

public class TestSQL {
    public static void main(String args[]){
        try{
            Class.forName("org.gjt.mm.mysql.Driver") ;
Connection  cn  =  DriverManager.getConnection("jdbc:mysql://127.0.0.1:
3306/qq" , "root","123456") ;
            Statement st = cn.createStatement() ;
            ResultSet rs=st.executeQuery("select * from employee");
        }catch(Exception e){}
    }
}
```

我们看到在 Class.forName 这条语句后面跟着的语句是 Connection，可以料想 Connection 是 java.sql 中的一个类，从字面意思便知，这个类和网络连接相关，我们又一次看见这个类不是被 new 出来的，而是通过 DriverManager 类的静态方法 getConnection 得到的，这个设计是有意而为的，随后我会和 Class.forName 一并讨论。再看方法里的三个参数，后两个应该很容易理解，一个是用户名，一个是密码，我现在用的用户名是 root，密码是 123456。现在看第一个参数，这是个很长的字符串，一眼就能看到里面有 IP 地址和端口号，由此可见，getConnection 里面包装了 new Socket 的操作，这样我们的程序就是客户端程序，而服务器端程序是 MySQL 数据库程序。

很多人从这一刻开始学不懂了，因为这里要转变一个非常重要的思路，之前我们的程序无论难易都是自己一点点写出来的，我们心里很清楚这些程序的流程，但是从现在开始，只有一部分程序是我们自己写的，还有些程序是别人提供的，比如在这里，服务器端程序是 MySQL 提供的，这样我们的程序流程可能走着走着就进入了别人写的逻辑里了，而别人的逻辑是个黑洞，你看不到，于是思路开始不清晰了，这要求我们有能力猜想别人的程序都做了什么事情。

因为 getConnection 方法的参数，除了要建立 Socket 对象所需的 IP 地址和端口号外，还要知道打开的数据库是什么，以及用户名和密码，所以这个方法绝不是 new Socket 那么简单，总之，这条语句将 Java 和 MySQL 数据库连接到一起，做好了访问数据的准备。

再后面的语句获得了 Statement 对象的引用，假设我们要做查询，那么就要提供一个查询语句的字符串到数据库，数据库运行后，将查询到的结果返回给 Java。实际上在网络上传输的内容比想象的要复杂，还有一些用于协调的协议要来回传输，我们当然不希望看到这些协议，只希望写想做的事情就好了，那么协议怎么办？Statement 对象帮助将这些协议添加上去，我们可以理解 Statement 是快递公司，我们要做的是将东西送到客户手里，然后拿钱回来，这件事情委托给 Statement，这样我们就不用关心送货过程，专心于经营就好了。

查询是最复杂的数据库操作，因为查询需要返回结果，而且对于 Java 来说，这个结果还相当复杂。我们知道理论上 Java 一次只能处理一个值，内容多了就要用循环来处理，再看数据库，一条简简单单的语句就能得到一大堆数据，这是 Java 和数据库之间的不同，这个不同需要一个能够被双方都接受的中间者进行协调。数据库希望这个中间者是表，这样查询得到的表就能够直接输出过去；而 Java 希望中间者提供手段让程序能够逐个数据地处理。

这个中间者就是 ResultSet 对象（见图 2-19），从数据库角度来看，ResultSet 对象就是一个表；而从 Java 角度来看，Java 可以控制一个指针，这样 Java 就能逐个字段地访问。所以说 ResultSet 对象是一个带有指针的表，在 Java 中这个表被称为结果集，而在数据库中称为游标，通过 executeQuery 方法的返回值得到结果集，然后就可以用 next 方法向下移动当前指针，在 Java 中刚刚得到的 ResultSet 对象，当前指针指向第一行，所以需要先向下移动指针，才能访问数据，每次移动指针，都会得到一个 boolean 值，告诉你移动是否成功，这样我们就能舒舒服服地使用 while 循环了。

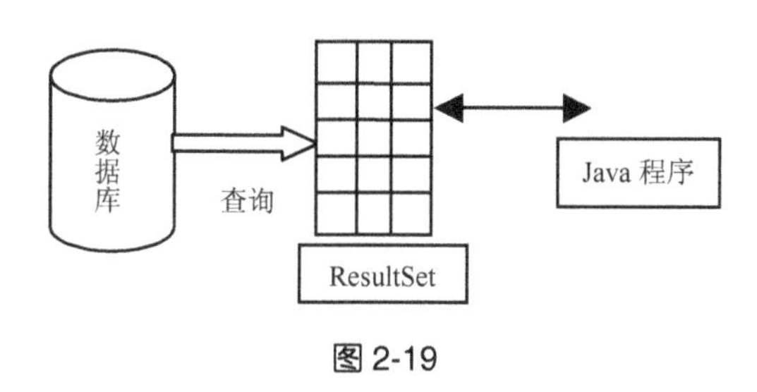

图 2-19

下面提供的是循环访问的代码。

```
while(rs.next()){
        System.out.println(rs.getString(2)) ;
}
```

这里面读取数据的代码是 rs.getString(2)，2 指的是第二列。需要注意的是，在程序中几乎所有的数字都是从零开始的，唯有这个地方，表的列是从 1 开始的。

输入并运行这些代码就会发现问题，所有的中文都是乱码，这是目前的计算机世界有太多的文字编码格式造成的。虽然现在有了统一的 Unicode 编码，这个编码能够包含世界上的所有文字，但是即便经过了十年的努力，世界上还是流行着其他的很多文字编码，英文系统中流行着 ISO-8859-1 编码，中文系统里流行着 GB2312 和 GBK 编码，UTF8 也是比较流行的编码。

你可以通过配置让 MySQL 识别中文，也可以通过 Java 编程进行转换。配置 MySQL 建议你到网上查询方法，我提供在 Java 里转换的例子，这个做法适用于任何编码的转换。

```
new String(rs.getString(2).getBytes("ISO-8859-1") , "gb2312")
```

这是 System.*out*.println()语句括号里面的代码，在 rs.getString(2)取得了字符串后，调用 getBytes 方法，用 ISO-8859-1 编码将字符串转变成字节数组，然后重新用 GB2312 编码来创建字符串对象。

下面我给出查询 MySQL 数据库的全部代码。

```
import java.sql.*;

public class TestSQL {
    public static void main(String args[]) {
        try {
            Class.forName("org.gjt.mm.mysql.Driver");
            Connection cn = DriverManager.getConnection(
                "jdbc:mysql://127.0.0.1:3306/qq", "root", "123456");
            Statement st = cn.createStatement();
            ResultSet rs = st.executeQuery("select * from employee");
            while (rs.next()) {
                System.out.println(new String(rs.getString(2).getBytes(
                    "ISO-8859-1"), "gb2312"));
            }
        } catch (Exception e) {
            e.printStackTrace();
        }
    }
}
```

由于印刷的限制，代码中有两处进行了折行，在你练习时请写成一行。务必将这些代码反复练习，直至彻底掌握，再继续向下学习。

上面的代码有一个严重的隐患——如果数据库中列的顺序出现了调整，你希望获得姓名信息，而结果有可能是其他信息。这样有时会引发逻辑错误，所以 rs.getString()还提供了一个重载的参数选择，直接写列名，替换上面代码为：rs.getString("name")。但是这样也会遇到一个问题，数字在作为参数传递的时候比作为对象的字符串效率要高很多，提供列名的做法影响了程序运行效率，看上去我有些小题大做了，计算机运行这么快，这一点变化应该不会有太大的影响吧。事实上在很多数据库应用中，这样的小问题是致命的，我做过的最大项目，每天都会有 1TB 多的数据进入数据库，这样的查询会引发大量的循环，在循环里一点点性能变化都会被放大很多，那么如何确保读到的是想要的列，同时又不影响性能呢？就是在查询的时候，不要使用 “select * from employee”，而是明确地列出每列的名字，比如 select eid , name , department , job from employee，这样改变也可以精确地控制返回的数据是什么，你不需要的数据可以不获取。

```
ResultSet rs = st.executeQuery("select eid , name from employee");
while (rs.next()) {
    System.out.println(rs.getString(2));
}
```

我只告诉了你用 next 可以将指针向下移动，但是你发现在 ResultSet 的方法里面还有向前移动，甚至有指定到第几行的方法，在 MySQL 里这些方法是有效的，但是大多数数据库默认都只认 next，这也是基于效率的考虑。

3. 修改数据

有时我们要对数据进行添加、删除和修改操作，这样就不需要返回 ResultSet 对象了，Statement 提供了专门用来修改数据的方法 executeUpdate() ;，这个方法的返回值是 int，用来告诉程序所执行的 SQL 语句影响了多少行记录。

现在我们为聊天项目创建一个简单的 user 表，user 表就两列：username 和 password，然后写程序添加三个用户。

```
import java.sql.*;

public class TestSQL {
    public static void main(String args[]) {
        try {
            Class.forName("org.gjt.mm.mysql.Driver");
            Connection cn = DriverManager.getConnection(
                "jdbc:mysql://127.0.0.1:3306/qq", "root", "123456");
            Statement st = cn.createStatement();
            st.executeUpdate("insert into user(username , password)
                values('aaa','111')");
        } catch (Exception e) {}
    }
}
```

现在你知道为什么在数据库中字符串用单引号了吧，如果一定要用双引号，不知道 Java 程序员要多麻烦地转换这些引号。

这段代码的问题是，用户名和密码的值是写死在字符串中的，我们知道这样的值通常应该是用户在程序运行过程中输入的，现在假设用户的输入已经被放到变量 u 和 p 中了，我们看如何形成数据的输入。

```
import java.sql.*;

public class TestSQL {
    public static void main(String args[]) {
        String u = "bbb" ;
        String p = "222" ;
        try {
            Class.forName("org.gjt.mm.mysql.Driver");
            Connection cn = DriverManager.getConnection(
                "jdbc:mysql://127.0.0.1:3306/qq", "root", "123456");
            Statement st = cn.createStatement();
            String SQLStr="insert into user(username , password) values ('";
            SQLStr += u ;
            SQLStr += "' , '" ;
            SQLStr += p ;
            SQLStr += "')" ;
            st.executeUpdate(SQLStr);
        } catch (Exception e) {}
    }
}
```

不知道你看晕了没有，我们使用 SQLStr 这个字符串变量拼接出来一个合法的 SQL 语句，作为程序员要必须清楚 Java 的语法，还要清楚 SQL 的语法，关键是它们可能写在一个地方，而我们是心中装着 SQL 语句，手里写着 Java 程序。

为此 Java 在升级的过程中提供了更加方便的 Statement，叫做 PreparedStatement，从字面理解是预处理的 Statement，上面的需求可以被写成：

```
import java.sql.*;

public class TestSQL {
    public static void main(String args[]) {
        String u = "ccc";
        String p = "333";
        try {
            Class.forName("org.gjt.mm.mysql.Driver");
            Connection cn = DriverManager.getConnection(
                "jdbc:mysql://127.0.0.1:3306/qq", "root", "123456");
            PreparedStatement ps = cn.prepareStatement("insert into
                user(username , password) values(?,?)");
            ps.setString(1, u) ;
            ps.setString(2, p) ;
            ps.executeUpdate() ;
        } catch (Exception e) {
            e.printStackTrace();
        }
    }
}
```

这个方法在创建 PreparedStatement 的时候就将 SQL 语句准备好了，在需要追加变量的地方用问号替代，注意问号没有单引号，随后用 setString 来提供变量，第一个参数表明是第几个问号，第二个参数是变量，这样在执行的时候就不用 SQL 语句了。

4. 用 finally 关闭这些对象

Connection、Statement 和 ResultSet 对象是相当消耗资源的，虽然 Java 的垃圾回收机制最后将清除这些对象，但是优秀的程序员会在不需要的时候立刻关闭这些对象，而不是等待着慢吞吞的垃圾回收机制，于是我们添加了下面的代码。

```
import java.sql.*;

public class TestSQL {
    public static void main(String args[]) {
        try {
            Class.forName("org.gjt.mm.mysql.Driver");
            Connection cn = DriverManager.getConnection(
                "jdbc:mysql://127.0.0.1:3306/qq", "root", "123456");
            Statement st = cn.createStatement() ;
            ResultSet rs = st.executeQuery("select * from employee") ;
            while(rs.next()){
                System.out.println(rs.getString(2)) ;
            }
            rs.close() ;
            st.close() ;
            cn.close() ;
        } catch (Exception e) {
            e.printStackTrace();
        }
    }
}
```

这样做有个问题，就是一旦在程序运行的过程中出现了异常，比如正在取结果的时候出现了异常，程序的流程就会跳到 catch 后面的大括弧中，结果这些 close 就可能被跳开，对象还是没有关闭。好在 try catch 语句又提供了一个 finally，无论是否发生了异常，finally 语句一定会运行，这样就确保了关闭会完成。由于作用域的作用，这三个对象的声明还需要放到 try catch 语句的外面，而且必须进行初始化。

```
import java.sql.*;

public class TestSQL {
    public static void main(String args[]) {
        Connection cn = null ;
        Statement st = null ;
        ResultSet rs = null ;
        try {
            Class.forName("org.gjt.mm.mysql.Driver");
            cn = DriverManager.getConnection(
                "jdbc:mysql://127.0.0.1:3306/qq", "root", "123456");
```

```
            st = cn.createStatement() ;
            rs = st.executeQuery("select * from employee") ;
            while(rs.next()){
                System.out.println(rs.getString(2)) ;
            }
        } catch (Exception e) {
            e.printStackTrace();
        }
        finally{
            try{
                rs.close() ;
                st.close() ;
                cn.close() ;
            }catch(Exception e){}
        }
    }
}
```

2.5.9 用户身份验证

回到我们的项目中，如果用户名和密码分别存放在变量 u 和 p 中，如何进行身份验证？你还是先尝试着自己实现，然后再看我的代码。

我的思路是读取所有的用户名和密码，然后看有没有匹配的、符合条件的。

```
import java.sql.*;

public class TestSQL {
    public static void main(String args[]) {
        String u = "aaa" ;
        String p = "111" ;
        Connection cn = null ;
        Statement st = null ;
        ResultSet rs = null ;
        try {
            Class.forName("org.gjt.mm.mysql.Driver");
            cn = DriverManager.getConnection(
                "jdbc:mysql://127.0.0.1:3306/qq", "root", "123456");
            st = cn.createStatement() ;
            rs = st.executeQuery("select username , password from user") ;
            boolean b = false ;
            while(rs.next()){
                if(u.equals(rs.getString(1))&&p.equals(rs.getString(2))){
                    b = true ;
                    break ;
                }
            }
            if(b){
                System.out.println("验证成功") ;
```

```
            }else {
                System.out.println("验证失败") ;
            }
        } catch (Exception e) {
            e.printStackTrace();
        }
        finally{
            try{
                rs.close() ;
                st.close() ;
                cn.close() ;
            }catch(Exception e){}
        }
    }
}
```

你的代码是不是上面这个样子。这也未免有点太傻了，竟然将所有的数据都搬回到 Java 这里，再一点点比对，难道不知道 select 语句有 where 子句吗？

```
import java.sql.*;

public class TestSQL {
    public static void main(String args[]) {
        String u = "aaa" ;
        String p = "111" ;
        Connection cn = null ;
        Statement st = null ;
        ResultSet rs = null ;
        try {
            Class.forName("org.gjt.mm.mysql.Driver");
            cn = DriverManager.getConnection(
                "jdbc:mysql://127.0.0.1:3306/qq", "root", "123456");
            st = cn.createStatement() ;
            String SQLStr = "select * from user where username= '"+u+"'
                andpassword='"+p+"'" ;
            rs = st.executeQuery(SQLStr) ;

            if(rs.next()){
                System.out.println("验证成功") ;
            }else {
                System.out.println("验证失败") ;
            }
        } catch (Exception e) {
            e.printStackTrace();
        }
        finally{
            try{
                rs.close() ;
                st.close() ;
                cn.close() ;
```

```
            }catch(Exception e){}
        }
    }
}
```

不知道能否看懂这段代码，我们拼装了一个带 where 的查询语句，然后执行。可以想象，如果用户名、密码有问题，那么 ResultSet 对象里便一条记录都没有；如果没问题，那么 ResultSet 对象中有记录，而且应该只有一条记录。所以只需 next 一下，如果 next 执行结果是 true，则说明结果集中有记录，也就说明验证成功；否则执行结果为 false，说明结果集中没有数据，也就说明没有匹配的用户名和密码，验证失败。

但是我们知道可以用 PreparedStatement 来避免烦琐的字符串拼接，你自己先试着这样写出来，然后运行验证一下。

```
import java.sql.*;

public class TestSQL {
   public static void main(String args[]) {
      String u = "aaa";
      String p = "111";
      Connection cn = null;
      Statement st = null;
      ResultSet rs = null;
      try {
         Class.forName("org.gjt.mm.mysql.Driver");
         cn = DriverManager.getConnection("jdbc:mysql://127.0.0.1:
            3306/qq","root", "123456");
         PreparedStatement ps = cn.prepareStatement("select * from
            userwhere username=? and password=?");
         ps.setString(1, u) ;
         ps.setString(2, p) ;
         rs = ps.executeQuery();

         if (rs.next()) {
            System.out.println("验证成功");
         } else {
            System.out.println("验证失败");
         }
      } catch (Exception e) {
         e.printStackTrace();
      } finally {
         try {
            rs.close();
            st.close();
            cn.close();
         } catch (Exception e) {
         }
      }
   }
}
```

2.5.10　将代码融入项目中

这个聊天项目对数据库的操作非常简单，到目前为止只是一个查询，我们将在该项目结束后，另外开始一个新的项目，专门针对数据库的复杂操作。下面我们将到数据库中进行用户身份验证的代码加入项目中，你自己来完成这个工作，下面我只提供服务器端代码。

```
/*
 * QQServer，服务器端代码
 */

import java.net.*;
import java.io.*;
import java.sql.*;

public class QQServer {
    public static void main(String[] args) {
        try {
            //服务器在 8000 端口监听
            ServerSocket ss = new ServerSocket(8000);

            System.out.println("服务器正在 8000 端口监听......");
            Socket s = ss.accept();

            //接收用户名和密码
            InputStream is = s.getInputStream();
            InputStreamReader isr = new InputStreamReader(is);
            BufferedReader br = new BufferedReader(isr);

            String uandp = br.readLine();

            //检验点
            System.out.println(uandp);

            //拆分用户名和密码
            String u = uandp.split("%")[0];
            String p = uandp.split("%")[1];

            OutputStream os = s.getOutputStream();
            OutputStreamWriter osw = new OutputStreamWriter(os);
            PrintWriter pw = new PrintWriter(osw, true);

            //到数据库中验证用户身份
            Class.forName("org.gjt.mm.mysql.Driver") ;
            Connection cn = DriverManager.getConnection("jdbc:mysql:
                //127.0.0.1:3306/qq","root","123456") ;
            PreparedStatement ps = cn.prepareStatement("select * from
                userwhere username=? and password=?") ;
```

```
                ps.setString(1, u) ;
                ps.setString(2, p) ;

                ResultSet rs = ps.executeQuery() ;

                if (rs.next()) {
                    //发送正确信息到客户端
                    pw.println("ok");

                    //不断地接收客户端发送过来的信息
                    while (true) {
                        String message = br.readLine();
                        System.out.println(message);
                    }
                } else {
                    //发送错误信息到客户端
                    pw.println("err");
                }
            } catch (Exception e) {
                e.printStackTrace();
            }
        }
    }
```

2.5.11 讨论反射

看下面的类是否有问题。

```
class A {
    int i = 10 ;
    public void show(){
        System.out.println(i) ;
    }
}
```

这当然没有问题了，类 A 中包含了一个成员变量和一个成员方法，那么我再添加一些内容，看有问题吗？

```
class A {
    int i = 10 ;
    public A() {
        System.out.println("AAAAAAAAAAAAAA") ;
    }
    public void show(){
        System.out.println(i) ;
    }
    System.out.println("aaaaaaaaaa") ;
}
```

构造方法没有问题，但是那条打印语句有问题，我们知道 Java 程序是由类组成的，而类里面允许有成员变量和成员方法，构造方法是成员方法的一种，语句要放到方法里，不能直接写在类下面，所以上面的程序中，打印小 a 的语句有错误。这是人们熟知的定义，我改变一下语句就能放到类里了。

```
class A {
    int i = 10 ;
    public A() {
        System.out.println("AAAAAAAAAAAAAA") ;
    }
    public void show(){
        System.out.println(i) ;
    }
    static {
        System.out.println("aaaaaaaaa") ;
    }
}
```

我用静态的对这条打印语句进行了说明，将这段代码放到 Eclipse 中，你会发现没有错误了。这样的语句叫做静态语句块，是 Java 语法允许的。我们知道静态的两个特点，一是在类说明的时候，静态的就存在了；二是无论这个类拥有多少个对象，静态的只有一份。如果我们的主程序这样写，你看会打印什么。

```
public class MyTest {
    public static void main(String[] args) {
        A a = new A() ;
    }
}
```

不知道你猜对了没有，先打印小 a，再打印大 A，静态语句块允许早于构造方法，因为构造方法是在生成对象的时候调用的，而静态语句块理论上将在产生对象前就起作用。再看下面的程序会打印什么。

```
public class MyTest {
    public static void main(String[] args) {
        A a = new A() ;
        A a1 = new A() ;
    }
}
```

根据无论有多少个对象，静态的都只起作用一次，那么打印的是一行小 a 和两行大 A。再看下面的主程序，你觉得应该打印什么。

```
public class MyTest {
    public static void main(String[] args) {
    }
}
```

这就不好说了，main 方法里什么都没写，按说应该什么都不打印。问题是静态的内容在声明类的时候就起作用了，这样说来应该会打印一行小 a。运行一下可以知道，什么都不打印，这是 Java 基于现实情况的考虑——我们前面的代码导入.*，这样会导入很多类，如果你并没有使用一个类，而这个类的静态语句块也会执行，谁知道会莫名其妙地无端运行多少东西，所以只有一个类被使用了，它的静态语句块才能被运行。你觉得下面的代码能否打印出来小 a。

```
public class MyTest {
    public static void main(String[] args) {
        A a ;
    }
}
```

结果是不能，这里是用类 A 来声明的，而不是使用。可是我现在就想显示小 a，不想显示大 A，怎么办？只有使用 Class.forName 了。

```
public class MyTest {
    public static void main(String[] args) {
        try{
            Class.forName("A") ;
        }catch(Exception e){}
    }
}
```

由于用 Class.forName 时，类是放在字符串中提供的，所以编译过程无法检查加载的类是否有问题，编译过程只能对关键字等语法进行检查，这样就存在写的类不对的情况，一旦遇到这样的情况，在运行的时候就会出错。我们已经反复使用过，这种运行时的问题叫做异常，由于有出现异常的可能性，所以 Class.forName 要放到 try catch 语句中。

另外一个规定是，在字符串中提供的类需要使用全路径名。你发现系统提供的类，比如窗体类是放在 java.awt 中的，java.awt 是 Frame 的包，为什么要有包这个概念？因为类可能会重名，抛开 Java 提供的 7000 多个类不说，在一个项目组中可能有十几个程序员，大家每天都会写上几个类，最后大家的类要汇总到一起，一不小心就会发生类重名的问题。为了避免类重名，Java 的设计者提供了语法，让程序员可以起包名，还建议每个人的包名是自己名字网址的反转，那么我的包就该叫做 com.wangyang；在那个时代 Java 的设计者以为未来每个程序员都会有自己的网址，现在人们发现完全不需要这样做，所以包名也就不那么严格地遵循这个原则了。如果按照这样的原则来做，我写的类 A 应该这样写：

```
package com.wangyang ;

class A {
}
```

这样类 A 导入时这样写：import com.wangyang.A ;。现在明白，我们一直都在用包，只是自己写的代码没有带包，我们知道在程序的开始用 import 导入了类，在程序中就不需要写包名，只要写单纯的类名就好了，如果你导入的一大堆类中有重名的，在使用的时候还是要带着包的。还有一种情况是 Class.forName 的参数，要提供带包的类。

我们现在已经知道 Class.forName 能够自动调用运行类中的静态语句块，在数据库连接代码中，连接数据库的前期准备动作被放到了 Driver 类的静态语句块中，但是 Java 设计 Class.forName 语句的真正目的不是这个，真正的目的是实现反射。

什么是反射？为什么需要反射？我们前面提到使用接口可以实现面向对象的多态，再来回顾一下，还是假设要写《暗黑破坏神》这个游戏，我们知道用户扮演的是英雄，作为英雄的方法简单地说是按鼠标左键砍人，按右键放魔法，点击空地前进，双击奔跑，在一进入游戏的时候我们会选择英雄的子类，具体的一种类型的英雄，像法师、德鲁伊、亚马逊之类的，这些类的对象在屏幕上的具体表现不同，但是方法相同，所以我们可以像下面这样设计。

首先写一个英雄的接口，规定所有的英雄应该有的方法。

```
interface 英雄 {
    public void kill() ;
    public void magic() ;
    public void walk();
    public void run() ;
}
```

然后定义一个法师类，法师类实现了英雄接口。

```
class 法师 implements 英雄{
    public void kill() {
        System.out.println("法师砍人") ;
    }
    public void magic() {
        System.out.println("法师放魔法") ;
    }
    public void walk() {
        System.out.println("法师走") ;
    }
    public void run() {
        System.out.println("法师跑") ;
    }
}
```

另外实现一个德鲁伊类，德鲁伊类实现了英雄接口。

```
class 德鲁伊 implements 英雄 {
    public void kill() {
        System.out.println("德鲁伊砍人") ;
    }
    public void magic() {
        System.out.println("德鲁伊放魔法") ;
    }
    public void walk() {
        System.out.println("德鲁伊走") ;
    }
    public void run() {
        System.out.println("德鲁伊跑") ;
    }
}
```

现在我来写主程序，我们知道父类的引用可以指向子类的对象，执行时将依照子类的方法。

```
public class Diablo {
    public static void main(String args[]){
        英雄 h = new 德鲁伊() ;
        h.run() ;
    }
}
```

这样显示的是“德鲁伊跑”，但是这也没形成用户选择的灵活性，能不能根据用户的选择来new具体的子类，我们假设用户的选择放在了变量choice中，可以这样写：

```
public class Diablo {
    public static void main(String args[]){
        String choice = "法师" ;
        英雄 h = null ;
        if(choice.equals("法师")){
            h = new 法师() ;
        }
        if(choice.equals("德鲁伊")){
            h = new 德鲁伊() ;
        }
        h.run() ;
    }
}
```

需要说明的是，由于作用域的影响，h要声明在if语句的外面，JDK担心用户的输入既不是法师，也不是德鲁伊，这样h可能没法被初始化，所以在声明h的时候，我先给了它一个null值。

上面的代码已经很好地表现出面向对象的多态性，但是如果英雄的子类有很多，我们就得有很多的if语句，代码未免太麻烦了。如果不仅仅英雄的子类多，前面讲解接口的时候提到，接口有时是为了将来还要继续增加子类，这样用if语句来判断并且new对象就力不从心了。现在我们可以请出Class.forName来解决问题，Class.forName提供了使用字符串来new对象的途径，这个方法的返回值是Class，然后用Class对象能够获得Object对象，你能想象Object对象是上溯造型的结果。

```
public class Diablo {
    public static void main(String args[]) {
        String choice = "德鲁伊";
        try {
            Class c = Class.forName(choice);
            Object o = c.newInstance();
            英雄 h = (英雄) o;
            h.run();
        } catch (Exception e) {}
    }
}
```

你可以改变 choice 的值实验一下，别急着向下继续，先体会一下这么做的强大之处。相比用 if 判断来实现多态，用 Class.forName 具有更大的灵活性，你甚至可以为菜单的一个选项提供多个实现的类，在一个文本的配置文件中按照用户的要求指定具体使用哪个类。比如连接数据库的代码，有驱动类、URL、用户名和密码，我们将这些信息写在一个文本文件中，文件的名字叫做 SQL.ini，路径还放在 work 目录中，内容如下：

```
org.gjt.mm.mysql.Driver
jdbc:mysql://127.0.0.1:3306/qq
root
123456
```

现在我们修改用户验证的代码。

```
import java.sql.*;
import java.io.*;

public class TestSQL {
    public static void main(String args[]) {
        String u = "bbb";
        String p = "222";
        Connection cn = null;
        Statement st = null;
        ResultSet rs = null;
        try {
            File f = new File("c:/work/SQL.ini") ;

            FileReader fr = new FileReader(f) ;
            BufferedReader br = new BufferedReader(fr) ;

            String driver = br.readLine() ;
            String url = br.readLine() ;
            String username = br.readLine() ;
            String password = br.readLine() ;

            Class.forName(driver);
            cn=DriverManager.getConnection(url, username, password);
            PreparedStatement ps = cn.prepareStatement("select * from
                userwhere username=? and password=?");
            ps.setString(1, u) ;
            ps.setString(2, p) ;
            rs = ps.executeQuery();

            if (rs.next()) {
                System.out.println("验证成功");
            } else {
                System.out.println("验证失败");
            }
```

```
        } catch (Exception e) {
            e.printStackTrace();
        } finally {
            try {
                rs.close();
                st.close();
                cn.close();
            } catch (Exception e) {
            }
        }
    }
}
```

程序的代码虽然增加了一些，但是这个连接数据库的程序在灵活性方面上升了一个层次，如果用户突然改变了主意，不想用 MySQL 数据库，想改成 Oracle，或者仅仅是想改变数据库的密码，过去的程序要打开代码进行调整，而现在只需要修改配置文件就可以了。好好体会一下 Java 设计者的良苦用心吧。

是否还能有更好的灵活性能？Java 甚至允许没有接口，也能调用用户用字符串提供的方法。

```
import java.lang.reflect.Method;

public class Diablo {
    public static void main(String args[]) {
        String choice = "德鲁伊";
        try {
            Class c = Class.forName(choice);
            Object o = c.newInstance();
            Method m = c.getMethod("kill") ;
            m.invoke(o) ;
        } catch (Exception e) {}
    }
}
```

看到 Class 对象有方法能够得到一个 Method 对象，这个对象对应着参数指定的方法，这个方法对象提供了运行的方法，我们的例子中要运行的方法没有参数，同样的做法也可以调用带参数表的方法。假设我们的参数是一个 int 和一个 String，那么对应的代码这样写：

```
Method m = c.getMethod("kill",int.class , String.class) ;
m.invoke(o , 10 , "aa") ;
```

基本数据类型和类有 class 属性，结果是个 Class 类型，这有些让人难以接受，因为 int 在 Java 中不是对象，不应该有属性，但是为了编程灵活性，int.class 是 Java 语言支持的。

Class 对象还提供了方法的列表，提供了成员变量的列表，这些你完全可以自己试一下，这就意味着我们得到了一个类，在完全不了解的情况下，可以用程序探测出来这个类的成员变量和成员方法，甚至能够调用这些方法，我们称这个能力为反射。

现在开始将即时聊天工具项目练习 20 遍，完全掌握后再继续下面的学习。

2.6　应对多用户访问

你可以测试一下，启动服务器端程序，然后启动 QQLogin 登录，到这儿没问题，可是如果再次启动 QQLogin，单击“登录”按钮就没有反应了，原因很简单，第一次登录的时候服务器正在监听，而第二次登录服务器端程序已经运行下去，没有在监听。

就好像一个餐馆，餐馆的门口我们可以认为是 8000 端口，门口有个服务员等待着客人，客人就是客户端的访问，客人进来后，服务员带领着客人进去，并且提供服务，这时门口没有服务员了，在程序中也就没法接待客人了。那么怎么办？有两个方案：一是再来一个服务员到门口等待；二是现在餐馆常用的，就是门口的服务员是专门迎宾的，一旦将客人迎进来就交给其他服务员，然后立刻回到门口等待下一个客人。我试过两个方案后，选择第二个方案，因为这样代码更容易编写。

我们发现，无论哪个方案，我们都要运行很多并行的服务器，只有线程能够让程序中多处代码同时运行，如果有 10 个用户登录，在服务器端就要有 11 个线程，一个一直负责门口的接待，其余的 10 个线程分别对应着一个客户端程序。我们要调整现有的服务器端程序，先想一下到目前为止的所有工作，哪些是分配给门口的服务员，哪些是里面的服务员，可以理解门口的服务员工作相当简单，只要拉住用户的手就可以了，而里面的服务员要完成其余的所有工作，这里面用户的手就是产生的 Socket。我们来分隔代码，在现有的服务器端程序后面写一个新的里面服务员的类 MyService，这是个线程类。

```
class MyService extends Thread {
    public void run() {
        try{

        }catch(Exception e){}
    }
}
```

我让 MyService 这个类成为线程类的方法是继承了线程类 Thread，过去可不是这么做的，而是实现了 Runnable 接口。这两种方法都可以实现线程，只是过去没法继承 Thread，因为在 Java 中只能单继承，也就是说，只能有一个直接的父类，而接口是可以实现多个的，过去继承了 Panel，所以就没法继承 Thread 了。现在没有其他要继承的类，所以这段代码可以继承 Thread，因为继承了 Thread，MyService 就是 Thread。所以在启动线程的时候不需要 new Thread 了，直接 new MyService 就好了。

在线程的实现中，run 没有改变，考虑到 IO 流、数据库等一系列操作，try catch 语句避免不了，我就直接提供了，现在将得到 Socket 以后的代码剪贴到 run 方法里。

```
class MyService extends Thread {
    public void run() {
        try{
```

```
            //接收用户名和密码
            InputStream is = s.getInputStream();
            InputStreamReader isr = new InputStreamReader(is);
            BufferedReader br = new BufferedReader(isr);

            String uandp = br.readLine();

            //拆分用户名和密码
            String u = uandp.split("%")[0];
            String p = uandp.split("%")[1];

            OutputStream os = s.getOutputStream();
            OutputStreamWriter osw = new OutputStreamWriter(os);
            PrintWriter pw = new PrintWriter(osw, true);

            //到数据库中验证用户身份
            Class.forName("org.gjt.mm.mysql.Driver") ;
            Connection cn = DriverManager.getConnection("jdbc:mysql:
               //127.0.0.1:3306/99","root","123456";
            PreparedStatement ps = cn.prepareStatement("select * from user
               where username=? and password=?") ;
            ps.setString(1, u) ;
            ps.setString(2, p) ;

            ResultSet rs = ps.executeQuery() ;

            if (rs.next()) {
                //发送正确信息到客户端
                pw.println("ok");

                //不断地接收客户端发送过来的信息
                while (true) {
                    String message = br.readLine();
                    System.out.println(message);
                }
            } else {
                //发送错误信息到客户端
                pw.println("err");
            }
        }catch(Exception e){}
    }
}
```

把你的思路停一下，如果需要可以将代码还原回去，再理一下思路，然后做一遍这个剪贴，不要被代码的变换弄乱了思绪。

Eclipse 立刻就报告了一个错误——s 没有声明，这是因为 Socket s 的声明还留在 main 方法里面，这个 s 的声明和使用跨越了两个类，作用域不可能一致，那么如何将 QQServer 中的 s 传递到 MyService 中去？我们之前在 QQLogin 和 QQMain 中也进行过这样的传递，你应该知道如何做，在 MyService 的类中加入如下代码：

```
private Socket s ;
public void setSocket(Socket s){
    this.s = s ;
}
```

现在我们再来看 QQServer 中的代码，大部分代码移走了以后，QQServer 中只剩下这些代码了。

```
public class QQServer {
    public static void main(String[] args) {
        try {
            //服务器在 8000 端口监听
            ServerSocket ss = new ServerSocket(8000);

            System.out.println("服务器正在 8000 端口监听......");
            Socket s = ss.accept();

        } catch (Exception e) {
            e.printStackTrace();
        }
    }
}
```

我们要在获得 Socket s 后新建一个里面的服务员 MyService 对象，将 s 传递进去，启动线程，然后再回到监听那里，注意循环的时候将 ServerSocket 留在外面，否则会报告重复定义 8000 端口的错误。

```
public class QQServer {
    public static void main(String[] args) {
        try {
            //服务器在 8000 端口监听
            ServerSocket ss = new ServerSocket(8000);

            while (true) {
                System.out.println("服务器正在 8000 端口监听......");
                Socket s = ss.accept();

                MyService t = new MyService();
                t.setSocket(s);
                t.start();
            }
        } catch (Exception e) {
            e.printStackTrace();
        }
    }
}
```

第3章 获得逻辑能力

学习曲线

关注点：复杂逻辑、变量管理

代码量：8000行

项目写到现在，已经到了学习的一个坎，我们将面对越来越复杂的逻辑。这世上大多数人并没有很好的抽象思维能力，一些数学很好的人在逻辑方面得到了训练，大多数人在学习编程的时候都要学习数据结构和算法。这门课原本的目的是为了提升学生的逻辑能力，结果在很多学校里，这门课锻炼了学生的记忆力。没有经过这方面锻炼的程序员，通常只是去做一些简单逻辑的代码，面对复杂的程序逻辑会恐惧，所以学习算法虽然不能帮助你在3个月后找工作，但是工作3、5年后便能显示出不同的潜力。事实上很多大的软件企业在招聘新人的时候就很重视算法能力，这些公司不会被光鲜的流行技术迷惑，更注重新人的基础和潜力。

在继续推进我们的项目前，还是先一起做几个小案例，这些案例都是锻炼逻辑能力的。

3.1 用数组实现的记事本

我们要做的是一个记事本，不使用Java提供的组件，使用我们开始学习的那些技术来实现，我们会捕捉键盘输入，然后将内容显示在一个窗体里，这样我们就需要窗体、绘图机制和键盘事件，完成这些代码不应该是问题。

```
import java.awt.*;
import java.awt.event.*;

import javax.swing.*;

public class MyNote {
   public static void main(String args[]){
```

```
        JFrame w = new JFrame() ;
        w.setSize(300 , 400) ;

        MyPanel mp = new MyPanel() ;
        w.add(mp) ;

        w.addKeyListener(mp) ;
        mp.addKeyListener(mp) ;

        w.setVisible(true) ;
    }
}

class MyPanel extends JPanel implements KeyListener{
    public void paint(Graphics g){

    }

    @Override
    public void keyPressed(KeyEvent arg0) {
        //TODO Auto-generated method stub

    }

    @Override
    public void keyReleased(KeyEvent arg0) {
        //TODO Auto-generated method stub

    }

    @Override
    public void keyTyped(KeyEvent arg0) {
        //TODO Auto-generated method stub

    }
}
```

上述代码是基础代码，事实上我们还没真正开始编写程序，现在获得键盘输入并将结果显示在窗体上。根据我们之前的经验，需要一个变量放在 MyPanel 中，在键盘按下的方法里给这个变量赋值，在 paint 方法中显示这个变量。在下面的程序中，我没有写全面的代码，只提供了 MyPanel 中的部分代码，希望你能将这些新增加的代码加入到自己的程序里。

```
class MyPanel extends JPanel implements KeyListener{
    char c = ' ' ;
    public void paint(Graphics g){
        super.paint(g) ;//清除屏幕
        g.drawString(""+c, 10, 10) ;//为了程序的简洁，用了投机取巧的方法转换
    }
```

```
    @Override
    public void keyPressed(KeyEvent arg0) {
        c = arg0.getKeyChar() ;
        repaint() ;//别忘了重画
    }
```

经过测试发现，打字母并显示没有问题，问题是只能打印一个字母，而我想打一串字母怎么办？看来要声明一组变量来存放用户的输入，我会声明一个字符串数组。在显示的时候需要一个循环显示，但是我怎么知道用户输入了几个字母？总不能声明 1000 个字符的数组就每次都循环 1000 次吧，看来需要再声明一个变量来跟踪目前输入了多少个字符。

在 paint 方法显示的时候，除了显示输入的字符外，还要考虑一个问题，显示的字符坐标需要每次向后错 8 个像素点。

在键盘按下的事件处理程序中，除了存入字符，还需要维护总的字符数量这个变量。

```
class MyPanel extends JPanel implements KeyListener{
    char c[] = new char[1000] ;
    int size = 0 ;
    public void paint(Graphics g){
        super.paint(g) ;
        for(int i = 0 ; i < size ; i ++){
            g.drawString(""+c[i], 10+8*i, 10) ;
        }
    }

    @Override
    public void keyPressed(KeyEvent arg0) {
        c[size] = arg0.getKeyChar() ;
        size ++ ;
        repaint() ;
    }
```

现在已经可以连续地向后显示字符了，看上去还缺个光标，我们就用小竖线作为光标吧。下面是添加了光标的 paint 方法。

```
public void paint(Graphics g){
    super.paint(g) ;
    for(int i = 0 ; i < size ; i ++){
        g.drawString(""+c[i], 10+8*i, 10) ;
    }

    //光标
    g.drawLine(10+size*8, 0, 10+size*8, 10) ;
}
```

有了光标，下一步我们要做什么？用键盘应该能够移动光标前后运动了。别忘了先自己尝试着实现，然后再看我提供的代码。

光标的位置受到 size 变量的控制，所以移动光标的代码是不是这样：

```
class MyPanel extends JPanel implements KeyListener{
    char c[] = new char[1000] ;
    int size = 0 ;
    public void paint(Graphics g){
        super.paint(g) ;
        for(int i = 0 ; i < size ; i ++){
            g.drawString(""+c[i], 10+8*i, 10) ;
        }

        //光标
        g.drawLine(10+size*8, 0, 10+size*8, 10) ;
    }

    @Override
    public void keyPressed(KeyEvent e) {
        if(e.getKeyCode()>=KeyEvent.VK_A&&e.getKeyCode()<=KeyEvent.VK_Z){
            c[size] = e.getKeyChar() ;
            size ++ ;
        }
        if(e.getKeyCode()==KeyEvent.VK_LEFT){
            if(size>0){
                size -- ;
            }
        }
        if(e.getKeyCode()==KeyEvent.VK_RIGHT){
            if(size<1000){
                size ++ ;
            }
        }
        repaint() ;
    }
```

你发现这样不行，向左移动光标，显示的字符会随之减少；向右移动光标，刚才消失的字符又会出现。这是因为修改了 size 值。这个值虽然控制着光标的位置，但同时还管理着显示字符的数量，减去 size 值的同时，程序逻辑认为字符数量也减少了，麻烦的起因在于我用一个变量来做两件事情，解决办法自然是用两个变量来控制两件事情。

```
class MyPanel extends JPanel implements KeyListener{
    char c[] = new char[1000] ;
    int size = 0 ;//字符数量
    int cursor = 0 ;//光标位置信息

    public void paint(Graphics g){
        super.paint(g) ;
        for(int i = 0 ; i < size ; i ++){
            g.drawString(""+c[i], 10+8*i, 10) ;
        }
```

```
        //光标
        g.drawLine(10+cursor*8, 0, 10+cursor*8, 10) ;
    }

    @Override
    public void keyPressed(KeyEvent e) {
        if(e.getKeyCode()>=KeyEvent.VK_A&&e.getKeyCode()<=KeyEvent.VK_Z){
            c[size] = e.getKeyChar() ;
            size ++ ;
            cursor ++ ;
        }
        if(e.getKeyCode()==KeyEvent.VK_LEFT){
            if(cursor>0){
                cursor -- ;
            }
        }
        if(e.getKeyCode()==KeyEvent.VK_RIGHT){
            if(cursor<size){
                cursor ++ ;
            }
        }
        repaint() ;
    }
```

在测试时输入一串字符看一下，效果上没有问题了。我们继续向下进行，如果光标在字符串的中间，输入一个新的字符会怎么样？我们发现光标向后移动了一个字符，这符合我们的想象，但是新输入字符并没有在光标所在的位置，而是跑到了字符串的末尾。这是为什么？该如何解决这个问题？

因为字符输入的逻辑是：`c[size] = e.getKeyChar() ;`，新字符被放在 size 的位置。size 现在的功能很单纯，就是记录目前有多少个字符，也就是说，size 一定指明数组的最后位置，所以即便是插入的字符也会出现在最后。

但是也不能将插入的字符直接放到光标指明的位置，因为这样那个位置上原本的字符就会丢失，被新的字符覆盖。这是容易想到的，我们需要将光标后面的字符一个个地向后移动，移动出来一个位置，然后将用户输入的字符放到这个位置。注意：这个移动一定是从最后一个字符开始向后移动，如果是我们常用的正向移动，那么后面的字符都会丢失。

比如在 abcdefg 一串字符的 c 和 d 之间插入 x，要进行以下操作（见图 3-1）

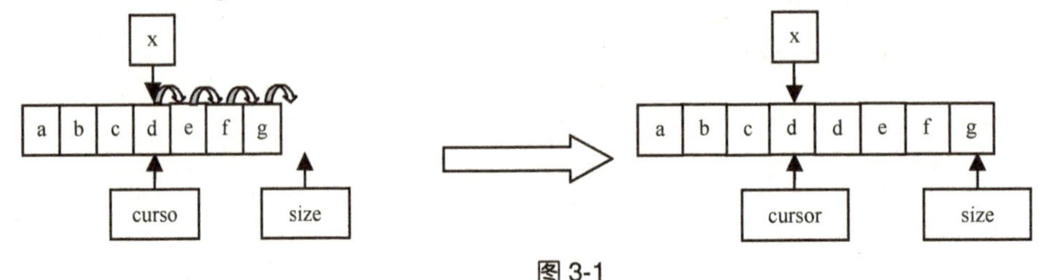

图 3-1

```
public void keyPressed(KeyEvent e) {
    if(e.getKeyCode()>=KeyEvent.VK_A&&e.getKeyCode()<=KeyEvent.VK_Z){

        if(cursor==size){//光标在最后
            c[size] = e.getKeyChar() ;
            size ++ ;
            cursor ++ ;
        }else{//插入字符
            for(int i = size ; i>cursor ; i --){
                c[i] = c[i-1] ;
            }
            c[cursor] = e.getKeyChar() ;
            size ++ ;
            cursor ++ ;
        }
    }
    if(e.getKeyCode()==KeyEvent.VK_LEFT){
        if(cursor>0){
            cursor -- ;
        }
    }
    if(e.getKeyCode()==KeyEvent.VK_RIGHT){
        if(cursor<size){
            cursor ++ ;
        }
    }
    repaint() ;
}
```

请思考实现插入功能的代码，反复练习，直到完全能够理解。现在将这段代码改成下面的样子。

```
public void keyPressed(KeyEvent e) {
    if (e.getKeyCode() >= KeyEvent.VK_A && e.getKeyCode() <= KeyEvent.VK_Z){
        for (int i = size; i > cursor; i--) {
            c[i] = c[i - 1];
        }
        c[cursor] = e.getKeyChar();
        size ++;
        cursor ++;
    }
    if (e.getKeyCode() == KeyEvent.VK_LEFT) {
        if (cursor > 0) {
            cursor--;
        }
    }
    if (e.getKeyCode() == KeyEvent.VK_RIGHT) {
        if (cursor < size) {
```

```
            cursor++;
        }
    }
    repaint();
}
```

我做的改变就是将判断光标在字符串最后的那部分代码去掉了，只剩下插入的代码。运行一下，发现程序效果完全没有影响，分析这是为什么。当 cursor 等于 size 的时候，插入代码的循环是没有意义的，而 cursor 又等于 size，所以 c[cursor]和 c[size]的作用一样，我们发现在字符串末尾追加只是插入的一种特殊形式罢了。

现在你试着独自完成按 Delete 键删除的效果吧。

```
if (e.getKeyCode() == KeyEvent.VK_DELETE) {
    if (cursor < size) {
        for (int i = cursor; i < size; i++) {
            c[i] = c[i + 1];
        }
        size--;
    }
}
```

我的代码到此为止，如果你有兴趣，则可以在此基础上继续完善。我们的编辑器还不能换行，换行意味着还要处理上下键。你还可以实现读入文件和保存文件，甚至有的学生学习到这儿能够制作出来一个简单的 Java 开发环境。

3.2 使用链表的记事本

使用数组来做记事本有天然的弱点，由于数组要在声明的时候就确定下标范围，比如声明 1000 就意味着这个记事本最多能够编辑 1000 个字符，又不能无限制地放大这个数，这样会大量消耗内存。若想从根本上解决问题，就要放弃数组，寻找一个无须事先定义、大小可伸缩，而且不需要连续内存空间的数据结构。

前面数组部分的图（图 3-1）比较直观地反应了数组的形态。数组在内存里连续地占用空间，这样带来的好处是如果想找某个下标的内容，则可以通过开始地址，对每个值的大小进行运算，直接锁定位置；坏处是内存往往没有这么大的连续空间，由于数组的存储是连续的，所以造成插入的操作相当麻烦，每次都要挪出一个空隙才能插入新的值。链表能够解决这个问题，链表是由各个单元构成的，每个单元包含两个区域，其中一个区域用于存放内容，另一个区域指示下一个单元在什么地方，这样的结构不需要连续的存储空间，而且插入相当容易（见图 3-2）。

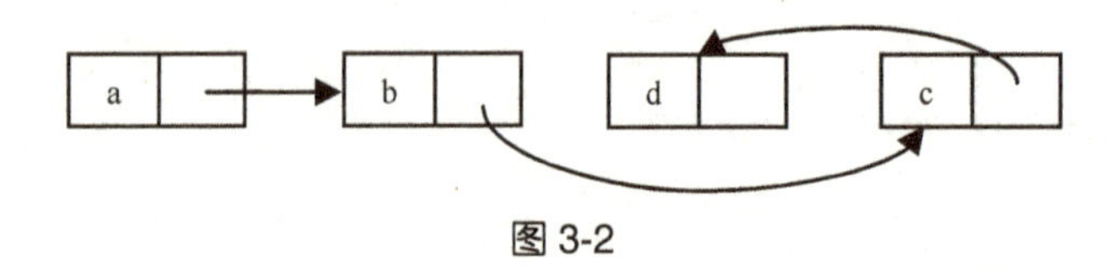

图 3-2

通过图 3-2 可以看出，链表有很强的灵活性，每个节点都可以随意放置，依赖向下的指示确保能够找到每个节点。这样的结构不需要事先定义大小，需要时就增加一个新的节点，通过维护节点之间的指向确保链是完整的就行，数据的插入也不需要挪动数据。看图 3-3 在 b 和 c 之间加入 x 的做法，增加新的节点 x 后，将原本的 b 和 c 之间的指向修改成虚线，这样 x 就被插入到 b 和 c 之间了。

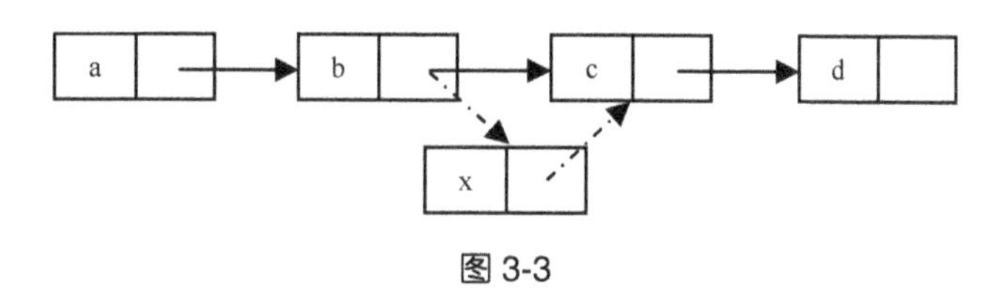

图 3-3

如何在 Java 中实现这样的操作？首先要有不断生成节点的能力，面向对象之前的语言会定义每个节点是结构，结构的主要特点是只有数据，没有方法，在 Java 里我们用类来代替，只是这个类也没有方法，这个类有两个成员变量，用于存放内容和指向下一个节点的引用，因为下一个节点和自身的类相同，所以看起来这个成员变量的类型是本类。

```
class Node {
    public char value = ' ';
    public Node next = null ;
}
```

现在我们用链表来编写记事本的代码，还是先准备好基础代码，基础代码和上节用数组实现记事本是一样的，这里就不重复了。

在基础代码后，我们需要在三个地方编程：一是在 MyPanel 的成员变量中，需要定义跨越 paint 方法和键盘事件处理方法的变量；二是在 paint 方法中显示所有的字符；三是在键盘事件处理程序中加入新的节点。

使用数组方式，我们声明的时候，一次声明了能够容纳 1000 个字符的数组，现在用链表了，不需要事先声明这么多节点，那么我们该声明什么呢？先要理解为什么要在这个位置声明，就是为了在 paint 方法中能够访问到，同时在键盘事件处理方法中也能够访问到，我们要在这两个位置能够访问到整个链表，也就是说，在 MyPanel 成员变量的位置要声明一个能够确保找到整个链表的变量。再看看图 3-2，声明什么能够允许程序找到链表的每个节点？我们发现链表的关键是第一个节点，因为后面的节点是一个个地链接到第一个节点之上的，只要能够找到第一个节点，后面的节点就能找到，所以声明第一个节点在这个位置，并且确保第一个节点的变量永远不会被改变，让第一个节点成为一个标志。

如何能够循环找到链表中的每个节点？在数据结构和算法中，找到一个数据结构的每一个值叫做遍历，要遍历链表的每个节点，道理上是要一个个地向下找，从编程的角度讲，我们需要一个变量，让这个变量开始的时候处于链表的第一个节点，每向下找到一个节点，就让变量向下移动一下，这样我们就能通过不断地向下移动变量来遍历整个链表。

如何添加一个新节点？首先需要创建一个新节点，然后让整个链表的最后一个节点的 next 指向新节点，这样新节点就连接到链表中了。

你先尝试着自己来实现，每个人的天性不同，有些人就非常喜欢这种智力挑战，所以狂热地喜欢数独游戏，或者报纸上每期的智力题，但是有些人却大感头痛。其实人类对于这样的智力游戏都是感兴趣的，只是没有深入进去找到乐趣，一旦找到了成就感，就会发现这样的任务甚至比做个游戏还要有意思。

```
import java.awt.*;
import java.awt.event.*;
import javax.swing.*;

public class MyLinkedNote {
    public static void main(String args[]){
        JFrame w = new JFrame() ;
        w.setSize(300, 400);

        MyPanel mp = new MyPanel();
        w.add(mp);

        w.addKeyListener(mp);
        mp.addKeyListener(mp);

        w.setVisible(true);
    }
}

class MyPanel extends JPanel implements KeyListener {
    Node firstNode = new Node() ;//定义第一个节点

    public void paint(Graphics g) {
        super.paint(g);
        //遍历每个节点
        //声明的临时变量是Node类型的，这样才能够指向每个节点
        Node tmpNode = firstNode ;
        int x = 0 ;//需要调整x坐标
        while(tmpNode.next!=null){//最后一个节点的next是null
            g.drawString(""+tmpNode.next.value, 10+x*8, 10) ;
            x ++ ;
            //让tmpNode在链表中向下移动
            tmpNode = tmpNode.next ;
        }
    }

    public void keyPressed(KeyEvent e) {
       if(e.getKeyCode()>=KeyEvent.VK_A&& e.getKeyCode()<=KeyEvent.VK_Z){
            Node newNode = new Node() ;
            newNode.value = e.getKeyChar() ;
```

```
            firstNode.next = newNode ;
        }
        if (e.getKeyCode() == KeyEvent.VK_LEFT) {
        }
        if (e.getKeyCode() == KeyEvent.VK_RIGHT) {
        }
        if(e.getKeyCode()==KeyEvent.VK_DELETE){
        }
        repaint();
    }
    public void keyReleased(KeyEvent arg0) {
    }
    public void keyTyped(KeyEvent arg0) {
    }
}
class Node {
    public char value = ' ';
    public Node next = null ;
}
```

考虑到在这个部分我没有提供基础代码，所以这次我提供了到目前为止所有的代码。下面我只提供相关的代码，而不是全部。运行上面的代码，发现能够将输入的字符显示在窗体中，但是只能显示一个字符。再看一遍代码，想一下为什么只能显示一个字符，我们发现将新的字符链接到链表中的那句话是：

```
firstNode.next = newNode ;
```

这样新的节点就被链接到第一个节点上了，无论你输入了多少字符，都会链接到第一个节点上，那么之前的输入所产生的节点对象会丢失。要想产生一连串的链表，我们不能将所有的新节点都链接到第一个节点上，而是要不断地链接到整个链表的最后一个节点上，那么如何能够找到最后一个节点？用一个变量从第一个节点向后循环一直到 next 是 null，便找到了最后一个节点。这段代码和 paint 方法中的遍历很像，但是如果每次都这样做未免太麻烦了。还有个办法，我们声明一个当前节点的变量，开始的时候当前节点就是第一个节点，每次操作我都维护当前节点的变量，这样在追加的时候，只要追加到当前节点上就可以了。不要立刻看代码，先自己尝试。

```
class MyPanel extends JPanel implements KeyListener {
    Node firstNode = new Node() ;//定义第一个节点
    Node nowNode = firstNode ;//当前节点
    public void paint(Graphics g) {
        super.paint(g);
        //遍历每个节点
        //声明的临时变量是 Node 类型的，这样才能够指向每个节点
        Node tmpNode = firstNode ;
        int x = 0 ;//需要调整 x 坐标
        while(tmpNode.next!=null){//最后一个节点的 next 是 null
            g.drawString(""+tmpNode.next.value, 10+x*8, 10) ;
            x ++ ;
            //让 tmpNode 在链表中向下移动
```

```
            tmpNode = tmpNode.next ;
        }
    }

    @Override
    public void keyPressed(KeyEvent e) {
    if(e.getKeyCode()>=KeyEvent.VK_A&&e.getKeyCode()<=KeyEvent.VK_Z){
        Node newNode = new Node() ;
        newNode.value = e.getKeyChar() ;
        nowNode.next = newNode ;
        //将当前节点移动到新节点上，因为新节点现在是当前节点了
        nowNode = newNode ;
    }
```

现在能够连续输入字符，要加入光标了，我想你完全能够完成加入光标的代码。问题是如果光标向前移动了，当前节点的变量也要向前移动，要想一下怎么将当前节点移动到当前节点的前一个节点。我们知道链表的每个节点都有一个变量指向下一个节点，这样我们找到下一个节点相对容易，但是找到上一个节点就难了，没有更好的办法，只能从第一个节点向下找，一直找到下一个节点是当前节点，循环结束，那么控制循环的变量在循环结束的时候就处在当前节点的前一个节点，别忘了要移动当前节点变量。

```
class MyPanel extends JPanel implements KeyListener {
    Node firstNode = new Node() ;//定义第一个节点
    Node nowNode = firstNode ;//当前节点
    int cursor = 0 ;
    public void paint(Graphics g) {
        super.paint(g);
        //遍历每个节点
        //声明的临时变量是 Node 类型的，这样才能够指向每个节点
        Node tmpNode = firstNode ;
        int x = 0 ;//需要调整 x 坐标
        while(tmpNode.next!=null){//最后一个节点的 next 是 null
            g.drawString(""+tmpNode.next.value, 10+x*8, 10) ;
            x ++ ;
            //让 tmpNode 在链表中向下移动
            tmpNode = tmpNode.next ;
        }

        //显示光标
        g.drawLine(10+cursor*8, 0, 10+cursor*8, 10) ;
    }

    @Override
    public void keyPressed(KeyEvent e) {
        if(e.getKeyCode()>=KeyEvent.VK_A&&e.getKeyCode()<=KeyEvent.VK_Z) {
            Node newNode = new Node() ;
            newNode.value = e.getKeyChar() ;
            nowNode.next = newNode ;
```

```
            nowNode = newNode ;
            cursor ++ ;//维护光标位置
        }
        if (e.getKeyCode() == KeyEvent.VK_LEFT) {
            if(cursor>0){
                cursor -- ;
                //从第一个节点开始，找到当前节点的前一个节点
                Node tmpNode = firstNode ;
                while(tmpNode.next!=nowNode){//思考循环条件
                    tmpNode = tmpNode.next ;
                }
                nowNode = tmpNode ;//修改 nowNode 的值
            }
        }
        if (e.getKeyCode() == KeyEvent.VK_RIGHT) {
            if(nowNode.next!=null){//思考范围条件
                cursor ++ ;
                nowNode = nowNode.next ;
            }
        }
        if(e.getKeyCode()==KeyEvent.VK_DELETE){
        }
        repaint();
    }
```

当然还有个办法能够方便地将当前节点移动到当前节点的前一个节点，就是让节点不仅仅有向后指的引用，还要有向前指的引用，这样就成了双向链表了（见图 3-4）。

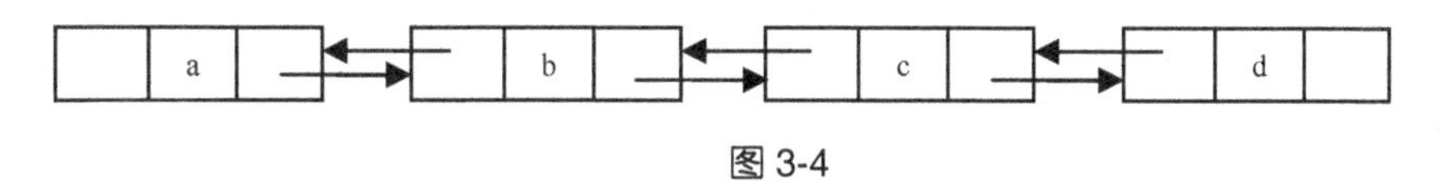

图 3-4

现在我们能够移动光标位置，同时 nowNode 也被移动了。下一步要实现插入代码了，看图 3-5，分析一下要做的事情都有哪些。

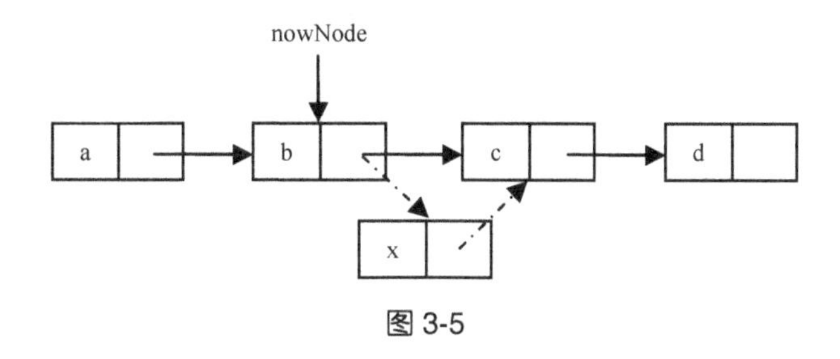

图 3-5

下面列举需要做的事情。

（1）创建一个新节点。

（2）将 x 赋值到新的节点中。

（3）让新节点指向放着 c 的那个节点。如何能够找到 c 节点？其实就是现在 nowNode.next 的值。

（4）让 b 节点指向新节点。

现在我们进行编码。

```
if (e.getKeyCode() >= KeyEvent.VK_A && e.getKeyCode() <= KeyEvent.VK_Z) {
    if(nowNode.next==null){//末尾的追加模式
        Node newNode = new Node() ;
        newNode.value = e.getKeyChar() ;
        nowNode.next = newNode ;
        nowNode = newNode ;
        cursor ++ ;
    }else {
        //（1）创建新节点
        Node newNode = new Node() ;
        //（2）赋值
        newNode.value = e.getKeyChar() ;
        //（3）让新节点的 next 指向下一个节点
        newNode.next = nowNode.next ;
        //（4）让当前节点的 next 指向新节点
        nowNode.next = newNode ;
        //（5）维护 nowNode 和光标
        nowNode = newNode ;
        cursor ++ ;
    }
}
```

思考一下代码，是否可以像数组操作一样，将在末尾追加的那部分语句去掉。在充分理解以后，试着实现删除代码，这个太简单了。

```
if(e.getKeyCode()==KeyEvent.VK_DELETE){
    if(nowNode.next!=null){
        nowNode.next = nowNode.next.next ;
    }
}
```

建议你自己尝试使用双向链表来实现记事本，如果觉得太难，则可以不理会我的这个建议。

3.3 让 Java 系统库帮助你

在这里我要说声对不起，其实 Java SE 的系统库已经提供了数组和链表的类，这两个类也已经实现了你所需要的代码。现在我们用 Java SE 提供的类来完成记事本，不知道你想用数组还是链表，我猜想你会选择链表，虽然对于计算机来说链表的插入简单，但是对于程序员来说逻辑确实太讨厌了。

你准备好基础代码了吗？

```
import java.awt.*;
import java.awt.event.*;
import javax.swing.*;

public class MyNote {
    public static void main(String args[]){
        JFrame w = new JFrame() ;
        w.setSize(300, 400);

        MyPanel mp = new MyPanel();
        w.add(mp);

        w.addKeyListener(mp);
        mp.addKeyListener(mp);

        w.setVisible(true);
    }
}

class MyPanel extends JPanel implements KeyListener {
    public void paint(Graphics g) {
        super.paint(g);
    }
    public void keyPressed(KeyEvent e) {
       if(e.getKeyCode()>=KeyEvent.VK_A&&e.getKeyCode()<=KeyEvent.VK_Z){
       }
        if (e.getKeyCode() == KeyEvent.VK_LEFT) {
        }
        if (e.getKeyCode() == KeyEvent.VK_RIGHT) {
        }
        if(e.getKeyCode()==KeyEvent.VK_DELETE){
        }
        repaint();
    }
    public void keyReleased(KeyEvent arg0) {
    }
    public void keyTyped(KeyEvent arg0) {
    }
}
```

现在我要添加使用链表的代码。链表类被放在 java.util.*中，链表和数组还有很多类一同被称为集合，集合就是能够装东西的容器。我一次性将所有的功能都实现了，看代码吧。

```
import java.awt.*;
import java.awt.event.*;
import java.util.*;
```

```
import javax.swing.*;

public class MyNote {
    public static void main(String args[]){
        JFrame w = new JFrame() ;
        w.setSize(300, 400);

        MyPanel mp = new MyPanel();
        w.add(mp);

        w.addKeyListener(mp);
        mp.addKeyListener(mp);

        w.setVisible(true);
    }
}

class MyPanel extends JPanel implements KeyListener {
    LinkedList ll = new LinkedList() ;
    int cursor = 0 ;
    public void paint(Graphics g) {
        super.paint(g);
        for(int i = 0 ; i < ll.size() ; i ++){
            g.drawString(ll.get(i).toString(), 10+i*8, 10) ;
        }

        g.drawLine(10+cursor*8, 0, 10+cursor*8, 10) ;
    }
    public void keyPressed(KeyEvent e) {
        if(e.getKeyCode()>=KeyEvent.VK_A&&e.getKeyCode()<=KeyEvent.VK_Z){
            ll.add(cursor, e.getKeyChar()) ;
            cursor ++ ;
        }
        if (e.getKeyCode() == KeyEvent.VK_LEFT) {
            if(cursor>0){
                cursor -- ;
            }
        }
        if (e.getKeyCode() == KeyEvent.VK_RIGHT) {
            if(cursor<ll.size()){
                cursor ++ ;
            }
        }
        if(e.getKeyCode()==KeyEvent.VK_DELETE){
            if(cursor<ll.size()){
                ll.remove(cursor) ;
            }
        }
```

```
            repaint();
        }
        public void keyReleased(KeyEvent arg0) {
        }

        public void keyTyped(KeyEvent arg0) {
        }
    }
```

3.4　思考面向对象和面向过程的不同

连导入语句在内一共 7 行代码，就实现了所有的功能，相比之下前面写的用链表实现的记事本，看上去太粗糙了。为什么会有这样的不同？区别不仅仅是有没有使用 Java 提供的类，更深层的问题是为什么 Java 提供的类那么好用。事实上我们到现在为止一直在用面向过程的方式写程序，而 Java 提供的类才是面向对象的类，我们所写的代码不可重用，下次再遇到链表的问题，移动、插入、删除之类的逻辑还要再写一遍，而 LinkedList 将这些逻辑封装到 add、size、remove、get 等方法中，使用链表的人，不关心具体的算法是如何实现的，只要调用方法就好了。

我们不是在学习一个叫做 LinkedList 的类，不是要学习一堆别人定义好的知识，而是在这个过程中思考 Java 的设计者是如何想问题的，进而学会这种思考方式。如果是你，你能写出 LinkedList 吗？再想想我们的即时聊天程序，是否能将很多操作封装到类中，不知你是否能够感觉到，在这个项目中是有一个大的主线的，但是在实现这个主线的过程中我们常常不得不停下来完成一些细节的烦琐操作，而这些操作按说应该用类提供。

LinkedList 是你完全能够写出来的，因为里面的所有逻辑，我们都已经用面向过程的方法实现过了，无论编程技术发展到哪一天，面向过程的逻辑都是必要的基础，正如你看到的 LinkedList 类，面向对象将这些逻辑包装起来，逻辑只需要写一次，而后只要调用方法就好了。

将逻辑封装起来还有一个好处，在一个项目中不同的人可以进行专业化分工。想象一下，我们自己实现的链表操作代码没有由两个人合作完成，现在假设 Java 没有提供 LinkedList 类，但是我们使用这种思想，写出一个 LinkedList，再完成记事本的程序，这样的工作完全可以由两个人合作完成，其中一个人负责写链表类，另一个人负责写计算机的逻辑。

面向对象还有好处，使用面向对象方式编写的程序会有更好的健壮性。假设写的 LinkedList 有问题，改动将限定在这个类中，而不会干扰记事本的代码，只要方法的定义没有变化，你甚至可以提供一个新版本的 LinkedList 类，将原本的单向链表的操作变成双向链表的操作。

集合是 Java 学习的一个难点，相比其他知识点，集合看不见摸不着，比较抽象，我想通过这个过程你已经可以深入地理解集合了，毕竟链表类的内部如何实现你已经自己做过一次了。我们再用数组做一遍记事本，用链表做的记事本先不要动，找到创建 LinkedList 对象的那句话：LinkedList ll = **new** LinkedList() ;,修改成“ArrayList ll = new ArrayList() ;”。好了，现在我们写完了用数组实现记事本的程序了。

什么都没有变化，所有的方法都一样，这样不好吗？这意味着你只要学会了 ArrayList 和 LinkedList 中的任何一个类，另一个就已经会了，因为这两个类一样，这两个类实现了同一个接口。

建议你自己实现 ArrayList 或 LinkedList，在这个过程中思考面向过程和面向对象的区别。

3.5 深入学习 ArrayList 和 LinkedList

你对 Arraylist 和 LinkedList 这两个类应该已经有了一定程度的认识，我们来看下面的代码。

```
import java.util.*;

public class MyTest {
    public static void main(String[] args) {
        ArrayList al = new ArrayList() ;
        LinkedList ll = new LinkedList() ;

        long time = System.currentTimeMillis() ;
        for(int i = 0 ; i < 1000000 ; i ++){
            al.add(i) ;
        }
        time = System.currentTimeMillis() - time ;
        System.out.println("ArrayList 添加 1000000 个值耗时"+time+"毫秒") ;

        time = System.currentTimeMillis() ;
        for(int i = 0 ; i < 1000000 ; i ++){
            ll.add(i) ;
        }
        time = System.currentTimeMillis() - time ;
        System.out.println("LinkedList 添加 1000000 个值耗时"+time+"毫秒") ;
    }
}
```

先别运行，看下面的问题。这个程序分别向 ArrayList 和 LinkedList 中添加了 1000000 个值，测试消耗的时间长短。System.currentTimeMillis()得到的是从 1970 年 1 月 1 日到现在计算机时间经过的毫秒数，我们在添加前取一次这个值，添加后再取一次，然后和前一次取值相减，便得到了这个操作耗时多少毫秒。问题是，你觉得哪个耗时长？运行的结果是 LinkedList 用的时间更长，我们知道链表比数组要消耗更多的内存，因为要多分配一个指向下一个节点的引用，加上维护这个引用的内容，自然要用更多的时间。

下面我们分别向 ArrayList 和 LinkedList 的第二个位置插入 1000 个值，你觉得哪个耗时更长一些呢？

```
import java.util.*;

public class MyTest {
    public static void main(String[] args) {
        ArrayList al = new ArrayList() ;
        LinkedList ll = new LinkedList() ;

        long time = System.currentTimeMillis() ;
        for(int i = 0 ; i < 1000000 ; i ++){
            al.add(i) ;
        }
        time = System.currentTimeMillis() - time ;
        System.out.println("ArrayList 添加 1000000 个值耗时"+time+"毫秒") ;

        time = System.currentTimeMillis() ;
        for(int i = 0 ; i < 1000000 ; i ++){
            ll.add(i) ;
        }
        time = System.currentTimeMillis() - time ;
        System.out.println("LinkedList 添加 1000000 个值耗时"+time+"毫秒");

        //插入 1000 个值
        time = System.currentTimeMillis() ;
        for(int i = 0 ; i < 1000 ; i ++){
            al.add(1 , i) ;
        }
        time = System.currentTimeMillis() - time ;
        System.out.println("ArrayList 插入 1000 个值耗时"+time+"毫秒") ;

        time = System.currentTimeMillis() ;
        for(int i = 0 ; i < 1000 ; i ++){
            ll.add(1 , i) ;
        }
        time = System.currentTimeMillis() - time ;
        System.out.println("LinkedList 插入 1000 个值耗时"+time+"毫秒") ;
    }
}
```

你看到时间消耗的巨大差别了吧！链表在第二个位置插入值几乎不消耗时间，而数组因为每次都要向后移动原有的值，所以消耗了大量的时间，这样你也能掌握这两个几乎相同的集合该使用在什么场合了。

泛型

不知道你是否留意到，在使用集合的时候，我似乎没有关心过数据类型，无论是 char 还是 int 我都往里放。我们写的链表或数组是固定接收 char 的，为什么 Java 系统库所提供的集合会如此强大？先要明确，如果由你来设计集合类，你也会希望写出来的类能够接收天下所有的东西，所谓天下所有的东西主要是指各种各样类的对象。add 方法设定什么参数能够接收所有对象？考虑到上溯的特性，如果设定能够接收 Object，就能接收 Java 中所有的对象，这是因为 Java 是单根结构，所有的类都有一个共同的根类 Object，只是这样的话，一旦一个具体的对象放到集合中，这个对象就被自动地上溯造型了，将来将这个对象从集合中取出来时，就要下溯造型才能够使用。

问题是 char 和 int 并不是对象，它们是基本数据类型，Java 的一个主要的竞争对手 C#更彻底，将 char、int 这样的值也定义成对象，虽然从代码上看，还像基本数据类型，这样 C#还提供了自动装箱和解除装箱的概念，对应到 Java，就是在适当的时候，编译器会将基本数据类型自动变成对应的封装类对象，或者将封装类对象转变成基本数据类型，在 JDK 版本升级的时候，C#的语言能力被 Java 吸收了。

现在有个疑问：Java、C#这样的面向对象语言有集合，C++这样相对早期的面向对象语言有集合吗？非常明确，C++也有集合，可是 C++的集合该如何设计呢？为什么我有这样的疑问，因为 Java 和 C#都是单根结构，我们可以通过接收 Object 来解决接收所有类型的问题；可是 C++不是单根结构，没有一个叫做 Object 的根类，那么 C++如何解决接收所有类型的问题。

需要明确的是，既然 Java 和 C#这些后来发展的计算机语言都定义为单根结构，那么早期 C++的多根结构就一定有弱点，技术就是这样发展起来的。我们还是来看 C++如何解决问题，为了拟补多根结构这个败笔，C++不得不提供一种叫做模板的技术，用模板临时代替未知的类型，在使用的时候用具体的类型来替换模板。我们试着写一个 C++的 ArrayList 定义。

先声明一个模板：

```
template <class T1>
```

声明类的时候这样写：

```
class ArrayList {
      public void add(T1 value) {......};
      public T1 get(int index) {......};
}
```

使用 ArrayList 这个类：

```
main() {
      ArrayList <int> al = new ArrayList<int>() ;
}
```

我没有将精力放在 C++代码中，所以上述代码只是示意代码，我们可以看到在 C++中模板的办法，声明类的时候用 T1 来代替未知的类型，这样在使用这个类的时候应用尖括号提供 T1 对应的类型。这种做法感觉上并不优雅，似乎不像是 C++的一部分，也算是 C++语言不得已的做法，随着单根结构的使用，模板逐渐消失了。

没想到类似模板的写法被 C#挖掘出来，这是因为 Java 使用 Object，利用上溯和下溯造型的过程中遇到了一个问题，我们看下面的代码。

```
import java.util.*;
import java.awt.*;

public class MyTest {
    public static void main(String[] args) {
        ArrayList al = new ArrayList() ;

        Frame w = new Frame() ;
        al.add(w) ;

        String s = (String)al.get(0) ;
    }
}
```

我们创建了一个窗体对象，将这个对象存入集合中，我们知道在这个过程中窗体对象被上溯造型了，在后面取出这个对象的时候，直接取出来的是 Object，我们需要转换成它原本的类型。但是在上面的代码中，我们将其转换成 String，这明显不对，这段代码是否违反了语法规则，还真没有，这样编译器在编译的过程中，就没法对这个错误进行检查了。

程序员十分不喜欢这样的错误，如果是异常，我们心甘情愿地去写代码处理，可是这个错误不是异常，我们希望编译的时候系统能够发现这个错误并且告诉我们，如果等到运行的时候才说出现了类型转换错误，很有可能我们测试不到，因为随着程序越来越大，这个错误或许分布在某个分支中。

C#首先考虑如何解决这个问题，它发现 C++模板的形式可以借用过来，虽然起的作用已经不同，在 C++中模板是为了让程序能够接收任意类型，而在 C#中这个形式是为了让编译器知道该如何检查上溯和下溯的类型是否一致，我们将这个做法叫做“泛型”。后来 Java 也发现这样做的优点，所以在 Java 5.0 版本中引入了这个新特征。上面的代码被改写成这样：

```
import java.util.*;
import java.awt.*;

public class MyTest {
    public static void main(String[] args) {
        ArrayList<Frame> al = new ArrayList<Frame>() ;

        Frame w = new Frame() ;
        al.add(w) ;

        String s = (String)al.get(0) ;
    }
}
```

编译器在编译的时候立刻发现了问题，并且报告了错误。使用泛型还有一些好处，由于有泛型来明示，所以你根本不需要进行下溯造型，编译器自然知道取出来的该是什么类型的对象，因此下溯造型被自动完成了。

```
import java.util.*;
import java.awt.*;
```

```
public class MyTest {
    public static void main(String[] args) {
        ArrayList<Frame> al = new ArrayList<Frame>() ;

        Frame w = new Frame() ;
        al.add(w) ;

        Frame s = al.get(0) ;
    }
}
```

Java 在此基础上还引入了新的循环语法，当然这也是从 C#那里学来的。

```
import java.util.*;

public class MyTest {
    public static void main(String[] args) {
        ArrayList<Integer> al = new ArrayList<Integer>() ;

        for(int i = 0 ; i < 100 ; i ++){
            al.add(i) ;
        }

        for(Integer v : al){
            System.out.println(v) ;
        }
    }
}
```

需要说明的是，我们向集合存入的值是 int 型，但是由于 int 是基本数据类型，不是对象，所以自动的装箱操作会将 int 转换成它的封装类 Integer，因此在定义泛型的时候不能使用 int，而是 Integer。

之后我们看遍历 al 的循环，使用 for(:)语法直接取值，放到变量 v 中，这样我们就不需要 get 方法，甚至不需要获得总长度的值了。

事实上将这个循环改写成：

```
for(int v : al){
        System.out.println(v) ;
}
```

程序也能正常执行，这时自动的解除装箱操作起了作用。

3.6 Set 集合

我们知道数组这种数据类型的弱点是插入和删除速度很慢，所以在数据频繁变动的场合中，数组并不适宜，而链表的插入和删除相当容易，但是链表的问题是什么？我们发现在链表中寻找一个特定的值并不容易，每次都要从第一个节点一个个地向后找。有没有一种数据类型，不但插入、删除容易，而且查找也很容易，确实有这样一种数据类型，叫做 HashSet。我们又一次遇到了 Hash。

HashSet 的原理是这样的，不是说每个对象都要有一个 Hash 值吗？我们就将这个对象放在 Hash 值所在的位置。比如一个窗体的 Hash 值是 12，我们就将这个窗体放在 12 这个位置上；另一个字符串的 Hash 值是 8，那么这个字符串就放在 8 这个位置上。

你发现如果这么存放的话，这个容器里面的内容将不是连续的，当我们只有一个值的时候，ArrayList 或 LinkedList 就有一个空间，可是 HashSet 不能只有一个空间，因为不知道这个对象的 Hash 值分散到什么地方。问题是对象的 Hash 值有可能是个很大的数，比如“王洋”这个字符串的 Hash 值就是 944864，如果按照上面所说的分配原则，岂不是只在 HashSet 中放入一个字符串，就要占用 944864 个单位的空间。这样一定不合理，所以 HashSet 在开始先分配一段空间，初始的大小是 16 个单元，HashSet 将 HashCode 根据目前的空间大小进行了运算，以便确保存放落在分配的区域内，同时又不发生冲突。我们将这个空间称为 Hash 桶，如果 Hash 桶装满了怎么办？事实上不能将 Hash 桶装满，否则后面的填充就没有意义了，默认装到 75%，HashSet 就会将 Hash 桶变大，这个 75%叫做负载因子。Hash 桶变大了，原有的值怎么办？原有的值要根据新的大小进行重新运算，这个过程叫做再 Hash。

图 3-6 是 ArrayList 或 LinkedList 与 HashSet 区别的示意图。前者是连续存储的，后者是分散存储的，这样在 HashSet 中插入和删除根本不用考虑位置关系，只要用 HashCode 算好位置，存放就是了；查找也非常容易，只要算好要找的对象的位置，直接去找就是了。那么这个结构有没有弱点？一个最重要的弱点是，不能有重复值，因为内容完全相同的两个对象的 HashCode 是一样的，这样计算存放位置的时候会得到相同的值，所以重复的对象会被存放在相同的位置上，这样将只有一个对象被保存下来。没想到不可以有重复值的这个弱点成了 HashSet 的一个重要标准，在 Java 中甚至用此分类，将可以有重复值的集合称作 List，将不可以有重复值的集合称作 Set，现在我们只接触到 HashSet。

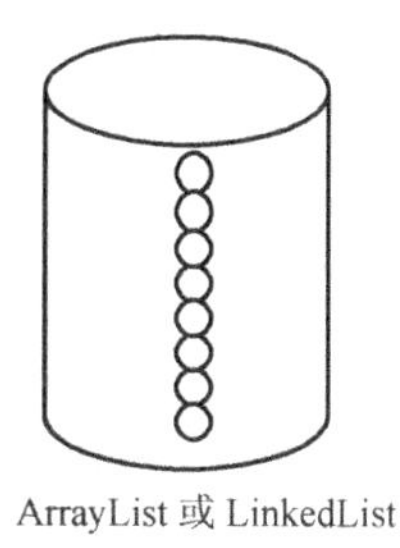

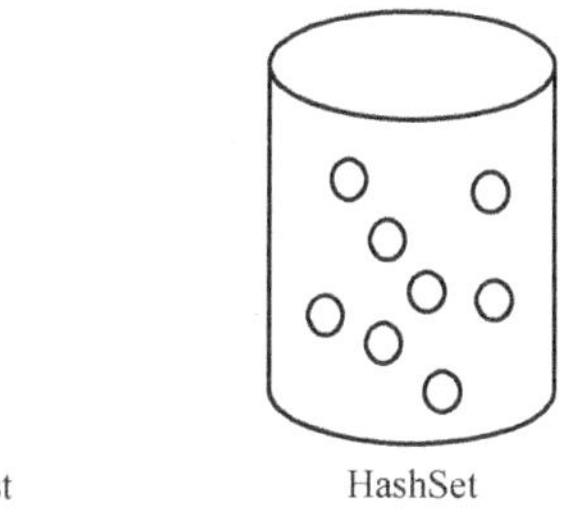

图 3-6

下面我们来完成一个任务，生成 1000 个 0～2000 之间的随机数，不可以有重复值。生成随机数简单，问题是如何避免重复值，用传统的办法，我们要在每生成一个随机数时，遍历一遍过去的所有值，如果有重复的，就要将该值丢弃掉，重新再生成。你自己尝试着编写这段代码。

```
import java.util.*;

public class MyTest {
    public static void main(String[] args) {
        ArrayList<Integer> al = new ArrayList<Integer>() ;

        //虽然明确了 1000 个值，但是不能用 for 循环
        //因为一旦有重复值，就会浪费一次循环
        //所以很有可能循环次数大于 1000
        while(al.size()<1000){
            int value = (int)(Math.random()*2000) ;//生成随机数
            //多次使用的判断有没有的算法
            boolean b = true ;
            for(int v : al){//用这个循环方便多了
                if(value==v){
                    b = false ;
                    break ;
                }
            }
            if(b){
                al.add(value) ;
            }
        }

        //验证
        for(int v : al){
            System.out.print(v+"\t") ;
        }
    }
}
```

上面的代码依赖算法来解决问题，在数据结构和算法的领域里，有一个最著名的说法：“用时间复杂度来换取空间复杂度，或者用空间复杂度来换取时间复杂度。”说得明白些，有时用数据结构来简化算法，有时用算法来简化数据结构。

因为 HashSet 不可以有重复值的这个特征，上面的任务完全可以用 HashSet 实现。假设我们最后还要将数据放在 ArrayList 中，使用 HashSet 我们就根本不用判断是否有重复值，因为重复值会自动消除掉。

```
import java.util.*;

public class MyTest {
    public static void main(String[] args) {
        HashSet<Integer> hs = new HashSet<Integer>() ;

        while(hs.size()<1000){
            int value = (int)(Math.random()*2000) ;//生成随机数
            hs.add(value) ;
```

```
        }
        //直接使用 hs 来创建 al
        ArrayList<Integer> al = new ArrayList<Integer>(hs) ;

        //验证
        for(int v : al){
            System.out.print(v+"\t") ;
        }
    }
}
```

程序是不是简洁多了，你发现用这种办法产生的随机数似乎进行了排序，其实仔细观察就能看出，大体上似乎排序了，但是里面还是有很多地方不是前小后大，这是因为 Hash 算法有一定的规律。

现在进一步要求对这 1000 个数进行排序，你想想该如何进行排序，如果由人工进行这样的排序怎么办？我想你一定会先将最小的数拿到另一个容器中，下一步拿剩下的最小的数，一点点这样挪动。我们现在来写程序，要再创建一个容器来接收排好序的数，另外需要一个算法寻找最小的数，还记得打字母游戏中寻找最大的 y 坐标的算法吧。

```
import java.util.*;

public class MyTest {
    public static void main(String[] args) {
        //产生 1000 个从 0 到 2000 之间的随机数
        HashSet<Integer> hs = new HashSet<Integer>() ;

        while(hs.size()<1000){
            int value = (int)(Math.random()*2000) ;//生成随机数
            hs.add(value) ;
        }

        ArrayList<Integer> al = new ArrayList<Integer>(hs) ;

        //排序
        ArrayList<Integer> sort = new ArrayList<Integer>() ;
        while(al.size()>0){
            //寻找最小值
            int minValue = 2001 ;
            for(int v : al){
                if(minValue>v){
                    minValue = v ;
                }
            }
            //将剩下的最小值存入 sort
            sort.add(minValue) ;
            //将取走的值从 al 中删除，由于 al.remove 方法重载了两次
            //一次是接收 int 参数，删除指定下标的值；一次是接收 Object
```

```
            //参数，删除指定对象，我们遇到的问题是，我们的值也是 int，
            //直接删除值会被系统误认为提供的是下标，所以将值包装成对象
            al.remove(new Integer(minValue)) ;
        }
            //验证
        for(int v : sort){
            System.out.print(v+"\t") ;
        }
    }
}
```

我们来思考一下：做这样的排序要循环多少次？第一次找最小值要扫描整个数组，循环 1000 次，因为每次会减少一个数，所以每移动一个数将少循环一次。这样我们要循环 500500 次，你知道从 1 加到 100 等于多少吗？这是个经典的运算。

我们将这样的排序方式叫做选择排序。是否有更高效率的排序？有一个著名的排序算法叫做冒泡排序，具体做法是将相邻的两个数进行比较，小的放在上面，大的放在下面。这就意味着，如果比较发现原本就是小在上、大在下，就什么都不做，否则就进行交换。这样扫描一遍后，再来扫描，一直到发现没有任何交换了，排序也就结束了。我们用 10 个随机数来演示这样的排序方式，你用我刚才介绍的方法跟着排序一遍。来看第一次，17 比 19，17 小，所以留着第一个位置，然后是 19 比 0，0 小，所以交换，0 在第二个位置，再比就是 19 比 8，8 放在第三个位置，19 交换下去，接下来是 19 和 6 比……就这样一点点比较下去（见表 3-1）。

表 3-1

原本的值	第一次	第二次	第三次	第四次	第五次
17	17	0	0	0	0
19	0	8	6	6	6
0	8	6	8	8	8
8	6	17	13	12	9
6	18	13	12	9	12
18	13	12	9	13	13
13	12	9	15	15	15
12	9	15	17	17	17
9	15	18	18	18	18
15	19	19	19	19	19

为什么叫做冒泡排序呢？你随便找一个数，比如 9，是不是每次这个 9 都会向上浮一下，一直浮到它应该在的位置。

现在我们要将人工的比较变成代码，看来需要两层循环，内层循环是知道次数的，就是 1000 次，事实上内层循环是 1000-1 即 999 次，因为我们每次都拿当前数和下个数比较，所以循环要留出最后一个数。外层循环不知道次数，当没有任何交换时排序就成功了，循环就结束了。这样说来，我们还需要一个 boolean 变量来检查是否有交换。

交换也是个算法，变量 a 和变量 b 的值进行交换，必须要有一个临时存放值的变量 c，将 a 的值放到 c 中，然后将 b 的值存入 a 中，这样我们就不担心 a 的值会丢失，最后将 c 的值再存入 b 中。

非常有必要你自己尝试着完成这个算法的代码，不要直接看我的代码。

```
import java.util.*;

public class MyTest {
    public static void main(String[] args) {
        //产生1000个从0到2000之间的随机数
        HashSet<Integer> hs = new HashSet<Integer>() ;

        while(hs.size()<1000){
            int value = (int)(Math.random()*2000) ;//生成随机数
            hs.add(value) ;
        }

        ArrayList<Integer> al = new ArrayList<Integer>(hs) ;

        //冒泡排序
        boolean change = true ;
        while(change){
            //如果下面的交换没有执行，change就是false，循环结束
            change = false ;
            for(int i = 0 ; i < al.size()-1 ; i ++){
                if(al.get(i)>al.get(i+1)){
                    //交换
                    int tmp = al.get(i) ;
                    al.set(i, al.get(i+1)) ;
                    al.set(i+1, tmp) ;
                    //因为有交换了，所以还要再循环一遍
                    change = true ;
                }
            }
        }
        //验证
        for(int v : al){
            System.out.print(v+"\t") ;
        }
    }
}
```

我们来分析一下用冒泡排序要循环多少次，我没法得出一个准确的数，因为外层循环的次数不定，最不幸的情况是最小的数在最下面，这样就需要 1000*1000 次，最走运的情况是最小的数原本就在上面。整体来看，冒泡排序的效率要高于选择排序。

我再提供一种排序方式，来看下面的代码。

```
import java.util.*;

public class MyTest {
    public static void main(String[] args) {
        //产生1000个从0到2000之间的随机数
        HashSet<Integer> hs = new HashSet<Integer>() ;

        while(hs.size()<1000){
            int value = (int)(Math.random()*2000) ;//生成随机数
            hs.add(value) ;
        }

        ArrayList<Integer> al = new ArrayList<Integer>(hs) ;

        //排序
        int sort[] = new int[2000] ;
        //循环结束的结果是sort数组中存入了1000个随机数和1000个0
        for(int v : al){
            sort[v] = v ;//利用数组下标的位置性
        }

        al.clear() ;
        for(int v : sort){
            //将0剔除，其余的数字重新存回al
            if(v>0){
                al.add(v) ;
            }
        }
        //万一生成的随机数有0，这个0会被不小心剔除
        //这样size就不够1000了，我们将0加回去
        if(al.size()<1000){
            al.add(0,0) ;
        }

        //验证
        for(int v : al){
            System.out.print(v+"\t") ;
        }
    }
}
```

上面的排序方式不是经典的排序算法，我提供这个方法是为了告诉学过数据结构和算法的人，不要将自己的思维局限在经典的算法中，适合的算法就是最好的，这种利用数组下标的做法有很大的局限性，这里产生的随机数是0～2000之间的数，如果范围远大于0～2000，用这个算法就要定义一个巨大的数组，这个算法就不适合了。

但是在这个例子中，用这个算法的循环次数竟然只有3000次，1000次用于将数据从al移动到sort中，后面的2000次用于遍历sort，将有用的数据再导入al中。

3.7 试试二分查找法，理解二叉树

我们已经体会了排序算法，现在介绍查找算法，最简单的查找我不讨论了，就是一个个向后找，如果走运第一个就是，不走运找到最后一个才是，平均需要查找的次数是500次，即总数量的一半。

在一个已经排好序的数列中，你一定会想到使用二分查找法，先找一半的位置，如果这个位置上的数大于要找的数，那么就向上找一半的位置，否则就向下找一半的位置，然后继续这样的比较，直到找到。这感觉就像有些电视的娱乐节目猜商品价格，聪明的做法就是二分查找。

我们知道第一个要找的位置是500，那么500是怎么来的？是1000除以2的结果，事实上是499，因为我们从0开始数数，所以500这个位置在Java中是499，为了方便理解，我们先用500。如果位置500的数大，那么下一个要找的位置是250，这是500除以2的结果；如果位置500的数小，那么下一个要找的位置是750，你想想750这个数该怎么来，应该是1000减去500再除以2，这样得到了250，再加上500。本着尽可能统一运算的原则，开始的位置500=(1000-0)/2+0，250=(500-0)/2+0，750=(1000-500)/2+500，我们要定义一个存放最小下标的变量，初始值是0，再定义一个存放最大下标的变量，初始值是999，如果中间下标值大于要找的数，就将最大下标值移动到中间下标，如果小于要找的数，就将最小下标值移动到中间下标。上面的计算变换一下就是(最大下标+最小下标)/2。如果被我的描述弄晕了，就看代码吧，如果还晕，写20遍再说，如果写20遍也晕，那么就放弃这个算法，能学会就学，学不会也不要纠结。

假如最小下标值比最大下标值还大，则说明没找到。

```
import java.util.*;

public class MyTest {
    public static void main(String[] args) {
        //产生1000个从0到2000之间的随机数
        HashSet<Integer> hs = new HashSet<Integer>() ;

        while(hs.size()<1000){
            int value = (int)(Math.random()*2000) ;//生成随机数
            hs.add(value) ;
        }

        ArrayList<Integer> al = new ArrayList<Integer>(hs) ;

        //排序
        int sort[] = new int[2000] ;
        for(int v : al){
            sort[v] = v ;
        }
```

```
        al.clear() ;
        for(int v : sort){
            if(v>0){
                al.add(v) ;
            }
        }
        if(al.size()<1000){
            al.add(0,0) ;
        }

        //二分查找
        int des = 876 ;

        int minIndex = 0;
        int maxIndex = 999;
        while(true) {
        //计算中间下标值
            int midIndex = (minIndex + maxIndex)/2;
        //找到了
            if(des == al.get(midIndex)) {
                System.out.println("找到了，第"+midIndex+"个数") ;
                break ;
            }
        //找到的值大
            if(des <al.get(midIndex)) {
                maxIndex = midIndex - 1;
            }
        //找到的值小
            if(des > al.get(midIndex)){
                minIndex = midIndex + 1;
            }
        //没找到
            if(minIndex>maxIndex){
                System.out.println("没找到") ;
                break ;
            }
        }
    }
}
```

二分查找法的弱点是算法太难了，一定有人已经晕了。算法复杂的一个解决办法就是改变数据结构。在二分查找的基础上，人们设计了一个叫做二叉树的数据结构，结合二分查找算法二叉树就很容易理解了。

我们来看二叉树的形式。图 3-7 是二叉树示意图，我们可以直观地看到，二叉树的特点是，它的每个节点最多有两棵子树，子树有左右之分，不能颠倒。最多有两棵子树意味着允许存在只有左子树没有右子树，或者只有右子树没有左子树的情况。

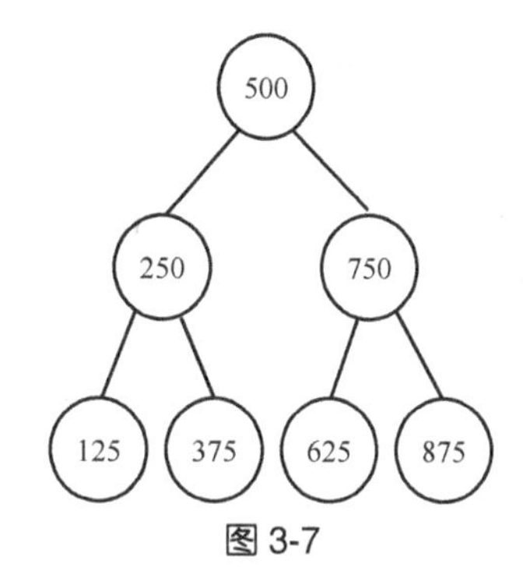

图 3-7

千万不要陷入理论化的概念中，和经典的数据结构书不同的是，我所画的二叉树的每个节点都标注着数字，定点的数字是 500，这和我们刚刚写过的程序相关。如果没有二分查找算法，也就没有二叉树了。由于二分查找法在逻辑上太复杂了，所以人们想了一个办法，在 1000 个排好序的数字中，将最中间的那个数放到顶点上，然后将第 250 个数放到顶点的左子树顶点上，将第 750 个数放到顶点的右子树顶点上，恰好按照二分查找法选取的数字顺序组成了二叉树，一旦随机数按照二叉树形式存储，再进行查找就太容易了，首先找顶点，如果顶点的值大，就去找左子树，小就去找右子树，算法变得相当简单。

问题是如果向这样的一棵二叉树中添加 10 个值会怎么样？添加的结果是所有的位置都乱套了，我们要重新构建这棵二叉树。由此可见，二叉树是针对查找操作非常好的数据结构，可是如果要频繁地修改数据，请别用这个结构。

再问一个问题，二叉树允许有重复值吗？对于重复值，很难确定这两个值应该处于的位置，所以二叉树不能有重复值。Java 提供了二叉树的集合 TreeSet。

我不提供代码了，你试着将 1000 个排好序的随机数填充到自己定义的二叉树中，然后写个查找程序。

写查找程序并不容易，树形结构需要用递归算法来遍历。

3.8 复制一个目录的内容

我们来做一个程序，将一个目录的全部内容复制到另一个目录中。练习这个程序的原因是，我们的文件系统是典型的树形结构，通过对这个树形结构的操作，我们来学习、体会和锻炼递归算法。看下面的代码。

```
import java.io.*;

public class CopyDir {
   public static void main(String[] args) {
      try {
         File f = new File("C:/Program Files/Java/jdk1.7.0_02");
      } catch (Exception e) {}
   }
}
```

你是否注意到，我们一直以来创建的 File 对象都是指定一个文件，而上面的程序指定的不是文件，而是一个文件夹，或者说是目录。这没问题，因为在计算机里，文件夹只是一种特殊的文件而已，但是如果是目录，和文件的操作就该是不同的。现在你先用 f 点点，了解一下 File 对象的方法都有哪些，先玩玩 File 对象再说吧。

你是否发现有个方法叫做 list，返回值是 String 数组，那么我们将这个数组显示出来看看是什么。

```
import java.io.*;

public class CopyDir {
    public static void main(String[] args) {
        try {
            File f = new File("C:/Program Files/Java/jdk1.7.0_02");

            String sub[] = f.list() ;

            for(String s : sub){
                System.out.println(s) ;
            }
        } catch (Exception e) {}
    }
}
```

运行这个程序，看看显示出来的内容，你知道 list 方法是干什么的了吧。如果 File 对象绑定的是一个目录，那么 list 方法的返回值是这个目录中有些什么项目，包括其中的文件和子目录。但是我们发现这里显示的项目只是 jdk 目录下一层的内容，并不是进入子目录中找到全部的内容显示出来。

我们还能看见 isDirectory 和 isFile 这两个方法，返回值是 boolean 值，看字面意思也能知道，这两个方法能够测定 File 对象绑定的是目录还是文件。如果 list 返回的项目是 File 类型就好了，这样在显示的时候，就可以将这个项目的类型一并显示出来了。Java 当然能够体恤到这样的需求，所以在 list 基础上还提供了 listFiles，和 list 功能一样，只不过返回的类型是 File 数组，这样我们就能在显示的每个项目前加上类型说明。

```
import java.io.*;

public class CopyDir {
    public static void main(String[] args) {
        try {
            File f = new File("C:/Program Files/Java/jdk1.7.0_02");

            File sub[] = f.listFiles() ;
            for(File s : sub){
                if(s.isDirectory()){
                    System.out.println("目录=====>"+s) ;
```

```
                }
                if(s.isFile()){
                    System.out.println("文件----->"+s) ;
                }
            }
        } catch (Exception e) {}
    }
}
```

这样就能将“目录”或“文件”字样显示在名字的前面。

问题是只能列出下一层的内容，如果我想显示再下一层的内容怎么办？看来在判断为目录的 if 里面，再次 listFiles，然后打印，为了统一，在打印的时候，还是要判断是目录还是文件。

```
import java.io.*;

public class CopyDir {
    public static void main(String[] args) {
        try {
            File f = new File("C:/Program Files/Java/jdk1.7.0_02");

            File sub[] = f.listFiles() ;
            for(File s : sub){
                if(s.isDirectory()){
                    System.out.println("目录=====>"+s) ;
                    File ssub[] = s.listFiles() ;
                    for(File ss : ssub){
                        if(ss.isDirectory()){
                            System.out.println("目录=====>"+ss) ;
                        }
                        if(ss.isFile()){
                            System.out.println("文件----->"+ss) ;
                        }
                    }
                }
                if(s.isFile()){
                    System.out.println("文件----->"+s) ;
                }
            }
        } catch (Exception e) {}
    }
}
```

这样显示了两层目录中的内容，但是我想你已经发现了问题。第二层如果是目录是不是也可以进去显示下一层的内容，可是如果这样就无穷无尽了，如果我要求显示 jdk 中的所有内容，就意味着要进入到任意深度的每一层，但是在写程序的时候，没法知道到底有多少层，所以用这样的逻辑没法完成这个任务。

这时就要用到递归算法，事实上大多数的树遍历都是使用递归算法来完成的。有些人学过递归，可能现在听到递归就头大，事实上递归的程序编写起来相当简单。你发现，在上面的程序中，如果遇到目录，那么后面的操作基本相同，在程序设计中，基本相同的重复代码通常会单独写成一个函数，既然有函数就会有函数的提供者和函数的调用者之分，区分调用者和提供者是学习递归的关键。

现在我们先作为函数的提供者来编写显示指定目录下一层内容的函数，考虑到 main 是静态的方法，所以我要写的方法也声明成静态的。

```
import java.io.*;

public class CopyDir {
    public static void main(String[] args) {
        try {
            File f = new File("C:/Program Files/Java/jdk1.7.0_02");
            //调用
            showSub(f) ;
        } catch (Exception e) {}
    }

    //显示指定目录下一层内容
    public static void showSub(File f) {
        try {
            File sub[] = f.listFiles();
            for (File s : sub) {
                if (s.isDirectory()) {
                    System.out.println("目录=====>" + s);
                }
                if (s.isFile()) {
                    System.out.println("文件----->" + s);
                }
            }
        } catch (Exception e) {}
    }
}
```

上面的代码和最初显示 jdk 下一层项目的功能相同，只不过我们将具体的显示逻辑放到了 showSub 这个静态的方法中完成，因为这些功能需要重复使用。

我们来到判断为目录的 if 逻辑中，在这里需要进入目录显示里面的内容，如果有一个方法能够提供这样的功能就太好了，这样我就可以作为方法的调用者去调用就行了。幸运的是，在程序中确实有显示下一层内容的方法 showSub，问题是我现在就处于这个方法中呀，别管调用者和提供者是一个方法，调用就好了。

```
import java.io.*;

public class CopyDir {
```

```
    public static void main(String[] args) {
        try {
            File f = new File("C:/Program Files/Java/jdk1.7.0_02");

            showSub(f) ;
        } catch (Exception e) {}
    }

    //显示指定目录下一层内容
    public static void showSub(File f) {
        try {
            File sub[] = f.listFiles();
            for (File s : sub) {
                if (s.isDirectory()) {
                    System.out.println("目录=====>" + s);
                    showSub(s) ;//调用自己
                }
                if (s.isFile()) {
                    System.out.println("文件----->" + s);
                }
            }
        } catch (Exception e) {}
    }
}
```

只加了一个对自己的调用，整个程序就写完了。运行程序，可以看到 jdk 目录中所有的内容都显示出来了。练习 20 遍，充分体会了再继续吧。

回到任务中，我们要做个工具，用户可以选择一个源目录和一个目标目录，将源目录的内容全部复制到目标目录中。

图 3-8 是程序的界面，在上面的输入框中，可以手工输入源目录和目标目录的路径，也可以单击后面的按钮，在文件选择对话框中选择目录，选择的目录路径会被放到输入框中，选择结束后，单击下方的“复制”按钮，程序就进行复制，复制的项目会显示在中间空白的区域中。

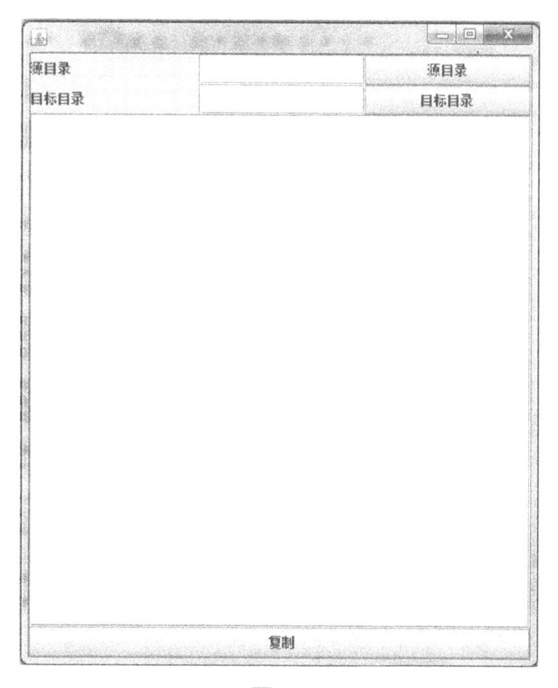

图 3-8

整个程序将被分成三步：第一步，制作这个界面；第二步，程序能够在目标目录中复制出源目录的结构；第三步，复制文件。现在你来制作这个界面吧。

```
import java.awt.*;
import java.awt.event.*;
import javax.swing.*;

public class CopyDir extends JFrame implements ActionListener{
    CopyDir() {
        //设置窗体属性
        this.setSize(500 , 600) ;

        //new 组件
        JLabel labFrom = new JLabel("源目录") ;
        JLabel labTo = new JLabel("目标目录") ;

        JTextField txtFrom = new JTextField() ;
        JTextField txtTo = new JTextField() ;

        JButton btnFrom = new JButton("源目录") ;
        JButton btnTo = new JButton("目标目录") ;

        JTextArea txtIng = new JTextArea() ;
        JScrollPane sp = new JScrollPane(txtIng) ;

        JButton btnCopy = new JButton("复制") ;

        //注册事件监听
        btnFrom.addActionListener(this) ;
        btnTo.addActionListener(this) ;
        btnCopy.addActionListener(this) ;

        //布置输入面板
        JPanel panInput = new JPanel() ;
        panInput.setLayout(new GridLayout(2 , 3)) ;

        panInput.add(labFrom) ;
        panTnput.add(txtFrom) ;
        panInput.add(btnFrom) ;

        panInput.add(labTo) ;
        panInput.add(txtTo) ;
        panInput.add(btnTo) ;

        //布置窗体
```

```
        this.setLayout(new BorderLayout()) ;

        this.add(panInput , BorderLayout.NORTH) ;
        this.add(sp , BorderLayout.CENTER) ;
        this.add(btnCopy , BorderLayout.SOUTH) ;
    }
    public static void main(String[] args) {
        CopyDir w = new CopyDir() ;
        w.setVisible(true) ;
    }
    public void actionPerformed(ActionEvent arg0) {
        if(arg0.getActionCommand().equals("源目录")){
        }
        if(arg0.getActionCommand().equals("目标目录")){
        }
        if(arg0.getActionCommand().equals("复制")){
        }
    }
}
```

以上是第一步制作界面的代码，单击“源目录”按钮和“目标目录”按钮，应该弹出一个对话框，让用户可以选择目录，Java 已经准备好了这个对话框的类，叫做 JFileChooser，这样我们顺理成章地创建 JFileChooser 对象，然后显示。我们发现这个对象除了有 show 方法外，还有 showOpenDialog、showSaveDialog 和 showDialog 三个方法，你可以分别在程序中试一下，看看区别是什么。从学习 Java 的角度看，JFileChooser 类不是必须要学习的，我希望通过对这个类的探索，能够提高你学习陌生的类的能力。

我们发现 show 方法没有反应，在写的时候，Eclipse 在中间画了一条删除线，说明这是个不被推荐的、被淘汰的方法。选择 showOpenDialog 和 showSaveDialog 的时候需要一个参数，参数的类型是容器，这是因为在计算机里，对话框有两种：一种对话框不依附于其他窗体，独立显示，叫做无模式对话框；另一种对话框依附于其他窗体，在对话框显示的时候，你不能操作其他窗体，叫做有模式对话框。JFileChooser 是有模式对话框，所以需要告诉它父窗体是谁，在这个程序里，父窗体就是主界面，就是 CopyDir 的对象，就是 this，所以参数中填入 this 即可。

这两个对话框一眼看上去没有区别，仔细看会发现右下角的按钮，一个是“打开”，一个是“保存”，区别仅此而已，功能上没有区别。再来看 showDialog，这个方法有两个参数，第一个还是 this，而第二个是字符串，能猜出来，你所提供的字符串将被显示在那个按钮上面。

```
JFileChooser fc = new JFileChooser() ;
fc.showOpenDialog(this) ;
```

问题是如果选择了一个文件，程序该如何得到这个文件的名字呢？运行程序，选择一个文件，然后单击“打开”按钮，是不是对话框就消失了，这就意味着程序继续向下运行了。看来我们的代码要写在 show 之后，要从对象中得到东西得找 get 方法，你试着找找看，如果不确定就打印出来看。

```
File chooseFile = fc.getSelectedFile() ;
```

这样我们就能得到用户所选择的文件了。我们不是要得到目录吗？试着选择一个目录，然后单击“打开”按钮，你发现有问题了，这时对话框并不消失，单击“打开”按钮的结果是，进入到这个目录中，只有选择的是文件才能够让程序继续运行。这时我想到，FileChooser 对象可能有打开文件和打开目录两种模式，那么在 show 之前，看看有没有修改模式的方法。我们要找 set 方法，最终找到了一个方法：setFileSelectionMode，这个方法需要一个参数，能猜出来它一定需要参数，我们就是要用这个参数来设定对话框模式，这个参数是 int 型。在这种情况下，系统一定会提供静态的 int 常量，以便让程序的可读性更好，而且这个静态的常量通常放在最近的类中，现在最近的类自然是 JFileChooser，那么用 JFileChooser 点点看看有什么 int 值吧。

我们取得了用户选择的目录后，暂时将其放在 txtFrom 的输入框中，这时输入框的声明需要提到构造方法的外面，否则会因为作用域而在事件方法里使用不了。下面是这个功能全部的代码。

```
if(arg0.getActionCommand().equals("源目录")){
    JFileChooser fc = new JFileChooser() ;
    fc.setFileSelectionMode(JFileChooser.DIRECTORIES_ONLY) ;
    fc.showOpenDialog(this) ;
    File chooseFile = fc.getSelectedFile() ;
    txtFrom.setText(chooseFile.getPath()) ;
}
if(arg0.getActionCommand().equals("目标目录")){
    JFileChooser fc = new JFileChooser() ;
    fc.setFileSelectionMode(JFileChooser.DIRECTORIES_ONLY) ;
    fc.showSaveDialog(this) ;
    File chooseFile = fc.getSelectedFile() ;
    txtTo.setText(chooseFile.getPath()) ;
}
```

我们现在来到了第二步，代码会被放在“复制”按钮的事件中。第二步的任务是将源目录的结构复制到目标目录中，这就要求首先能够遍历源目录的每个子目录，这在前面的递归中我们已经学会了。我们先来回顾一下这段代码，你也有必要再写一遍这段代码。

```
//显示指定目录下一层内容
public static void showSub(File f) {
    try {
        File sub[] = f.listFiles();
        for (File s : sub) {
            if (s.isDirectory()) {
                System.out.println("目录=====>" + s);
                showSub(s) ;//调用自己
```

```
            }
            if (s.isFile()) {
                System.out.println("文件----->" + s);
            }
        }
    } catch (Exception e) {}
}
```

我们现在试图改变这段代码，目标是将源目录的结构复制到目标目录中，这样说来，第一步就是让这个方法能够接收两个参数，其中一个是源目录，另一个是目标目录。现在的程序中静态的声明不需要了，我也修改了方法的名字为 copy。

```
public void copy(File from , File to) {}
```

假设源目录是 jdk，目标目录是 work，是不是一上来我们就要在 work 中创建一个目录 jdk，我将 work 写全是 c:\work，而现在我要创建的目录应该是 c:\work\jdk，我并不关心 jdk 的路径，事实上我要的是 work 的路径加上 jdk 的名字。我们用程序来完成这个操作。

```
if(arg0.getActionCommand().equals("复制")){
        copy(new File(txtFrom.getText()),new File(txtTo.getText())) ;
    }
}
public void copy(File from , File to) {
    String newDir = to.getPath()+"/"+from.getName() ;
    System.out.println(newDir) ;
}
```

我只提供了部分代码，希望你能够看得懂，在“复制”按钮的事件处理程序中调用了 copy 方法，因为 copy 方法的参数是两个 File 对象，所以我要将输入框中的内容包装成 File 对象。

在 copy 方法中，用字符串拼接将目标目录的路径和源目录的名字连在一起，中间还需要一个斜线，后面的打印语句帮助我们测试到目前为止的目录拼接是否有问题。

剩下的递归过程和过去没有区别，调整了显示部分，过去显示在控制台，现在要显示到 txtIng 的组件中，在递归部分还要加入新的目标目录。下面是第二步的代码。

```
public void copy(File from , File to) {
    String newDir = to.getPath()+"/"+from.getName() ;
    txtIng.append("正在创建目录"+newDir+"...\n") ;
    File newDirFile = new File(newDir) ;
    newDirFile.mkdir() ;//创建目录
    File sub[] = from.listFiles();
    for (File s : sub) {
        if (s.isDirectory()) {
            copy(s , newDirFile) ;//调用自己
        }
        if (s.isFile()) {
```

```
            txtIng.append("正在复制文件"+s+"...\n") ;
        }
    }
}
```

测试一下，你会发现我们已经能够将整个目录的结构复制到目标目录中了。不要着急向下进行，多敲几遍这段代码，充分理解后再继续。

文件复制的代码并不难，我们在 IO 流部分已经实现过了，将文件复制的代码写到一个方法中。下面我将复制目录和复制文件这两段核心代码一并提供出来。

```
public void copy(File from , File to) {
    String newDir = to.getPath()+"/"+from.getName() ;
    txtIng.append("正在创建目录"+newDir+"...\n") ;
    File newDirFile = new File(newDir) ;
    newDirFile.mkdir() ;//创建目录
    File sub[] = from.listFiles();
    for (File s : sub) {
        if (s.isDirectory()) {
            copy(s , newDirFile) ;//调用自己
        }
        if (s.isFile()) {
            txtIng.append("正在复制文件"+s+"...\n") ;
            copyFile(s , new File(newDir+"/"+s.getName())) ;
        }
    }
}
public void copyFile(File from , File to){
    try{
        FileInputStream fis = new FileInputStream(from) ;
        FileOutputStream fos = new FileOutputStream(to) ;

        byte[] tmp = new byte[8192] ;
        //处理大部分内容
        int length = fis.available()/8192 ;
        for (int i = 0; i < length ; i ++ ) {
            fis.read(tmp) ;
            fos.write(tmp) ;
        }
        //处理最后剩下的内容
        int size = fis.read(tmp) ;
        fos.write(tmp, 0, size) ;
        fos.close() ;
    }catch(Exception e){}
}
```

你发现在调用文件复制的方法时，目标文件还需要用字符串拼接出来。测试一下，然后看看目标目录中是否出现了源目录的所有内容，我们的程序成功了。

程序还有点小瑕疵，在复制的时候，中间的空白区域并没有不断滚动正在复制内容的信息，而是复制结束后一次性地显示全部内容。这是因为复制操作占用了全部处理器资源，程序此时没有资源来显示。为了能够同步显示信息，我们要将复制代码放到线程中去。

线程的实现代码我不提供了，只提供事件代码和线程代码的变化部分。

```
        if(arg0.getActionCommand().equals("复制")){
            Thread t = new Thread(this) ;
            t.start() ;
        }
    }

    public void run(){
        copy(new File(txtFrom.getText()) , new File(txtTo.getText())) ;
    }
```

至此，复制目录的程序全部完成了，写 20 遍再继续。

通过这个程序的练习，我们体会到面对树形结构所使用的递归算法。到现在我们已经学习了两大类集合，分别是 List 和 Set，以及四个集合类，在 List 中有 ArrayList 和 LinkedList，在 Set 中有 HashSet 和 TreeSet。

3.9 Map

其实集合中的查找在很多时候是让人费解的，比如在 Set 中，我们将对象存入集合中，而找一个对象需要先提供这个对象，既然你都有这个对象了，还找它干吗？唯一合理的解释是为了确定这个对象在集合中有没有。

如果我们的集合是两列的（见图 3-9），第一列是 key，我们通过 key 来寻找第二列的值，这样就好理解了。

key	value

图 3-9

这个 key 很像是数据库中表的主键，是唯一标识后面值的列，这就意味着 key 不可以有重复值。我们知道 Set 是不可以有重复值的，所以 Map 中的类有非常容易理解的名字：HashMap、TreeMap。

3.10 保存用户的 Socket

回到即时聊天项目中，现在我们有服务器端程序 QQServer，QQServer 监听在 8000 端口，当客户端程序输入用户名和密码登录后，服务器端会启动一个线程为一个用户提供服务（见图 3-10）。目前项目进行到，用户验证通过后，能够将聊天信息发送到服务器端。

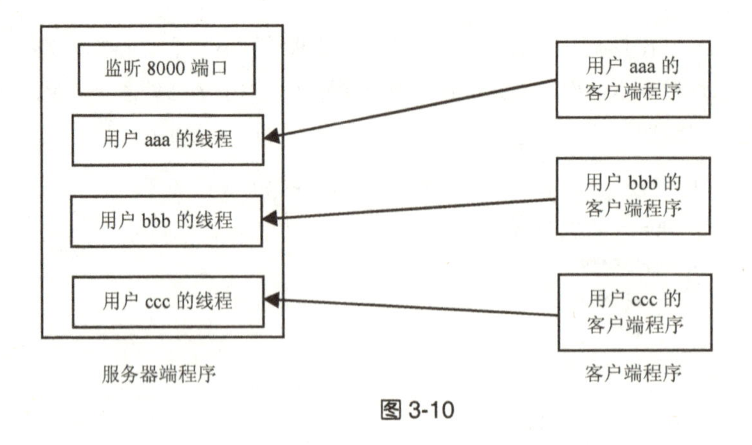

图 3-10

下一步我们要实现 aaa 向 bbb 发送聊天信息，这样我们可能有两个思路来实现这样的转发。

第一个思路是用户 aaa 发送信息给服务器端 aaa 的线程，aaa 的线程接收之后，将信息转发给 bbb 的线程，由 bbb 的线程将信息发送给 bbb 的客户端（见图 3-11）。

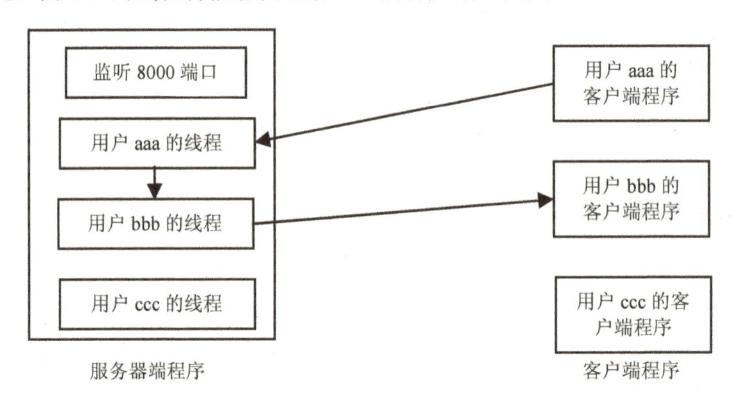

图 3-11

第二个思路是用户 aaa 发送信息到服务器端 aaa 的线程，aaa 的线程直接将信息发送给 bbb 的客户端（见图 3-12）。

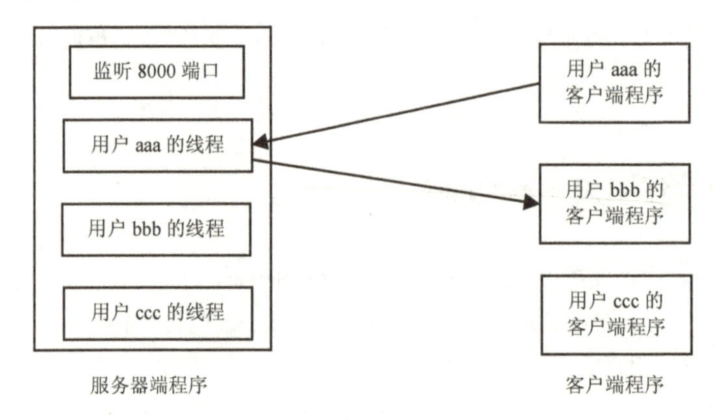

图 3-12

我们先分析一下哪个思路更可行。在第一个思路中，信息从 aaa 的客户端发送到服务器端没问题，从 bbb 的线程发送到客户端，虽然还没有写这样的代码，我想应该没问题，关键问题在于将信息从 aaa 的线程发送到 bbb 的线程。我们知道，从宏观上看线程是同时执行的，从微观上看线程是交替执行的，这就意味着无法确定当前另一个线程执行到什么地方，我们会用阻塞代码让线程停下来等待另一个线程，这样的技术叫做线程同步。但是目前我们掌握的阻塞代码常常出现在 IO 流或 Socket 中，内存中的程序进行线程同步虽然也不是不可能，但是并不好控制。

在第二个思路中，同样从 aaa 的客户端将信息发送到服务器端没问题，如果直接将信息从 aaa 的线程发送到 bbb 的客户端就难了，因为这样的发送需要 bbb 在服务器端的 Socket，而 aaa 找不到 bbb 的 Socket，除非我们有办法让 aaa 的线程能够找到 bbb 的 Socket，这样就要将 bbb 的 Socket 放到线程类的外面，我们知道，在 Java 中不能将变量声明到类的外面。我们还有个办法是定义 set 方法，就像之前的代码是传递 Socket 一样，问题是我们不但要传递 bbb 的 Socket，还要传递 ccc 的，看来要打包传递所有的 Socket 给所有的人。

用什么打包所有的 Socket？只有集合能够装一堆对象，所以现在我们选择第二个思路，将所有人的 Socket 都装到一个集合中，将集合的引用传递给每个线程，这样每个线程都能找到其他人的 Socket（见图 3-13）。

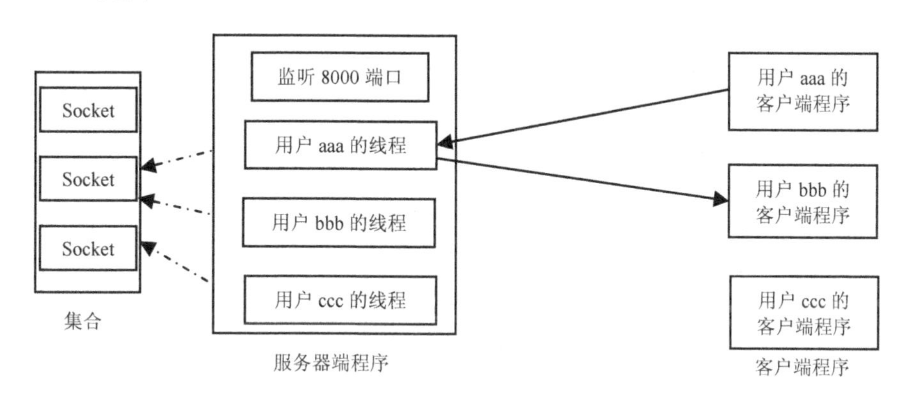

图 3-13

在确定使用集合来存放 Socket 后，我们要考虑应该使用什么集合。从大的方面考虑，使用一列的还是两列的集合，假设使用一列的集合，比如 ArrayList，那么将来该如何找到 bbb 用户的 Socket 是什么呢？所以我们决定使用两列的集合，key 列存放用户名，value 列存放 Socket，这样就可以用用户名来找对应的 Socket 了，所以我选择 HashMap。在 QQServer 的主线程中定义 HashMap，然后用 set 方法将这个 HashMap 的引用传入每个服务端线程。

```
import java.net.*;
import java.io.*;
import java.sql.*;
import java.util.*;

public class QQServer {
```

```
    public static void main(String[] args) {
        try {
            //声明存放所有人的Socket的集合
          HashMap<String,Socket> hm=new HashMap<String,Socket>();

            //服务器在8000端口监听
            ServerSocket ss = new ServerSocket(8000);

            while (true) {
                System.out.println("服务器正在8000端口监听......");
                Socket s = ss.accept();

                MyService t = new MyService();
                t.setSocket(s);
                //将HashMap的引用传入服务器端线程
                t.setHashMap(hm) ;
                t.start();
            }
        } catch (Exception e) {
            e.printStackTrace();
        }
    }
}

class MyService extends Thread {
    private Socket s;
    //接收HashMap的引用
    private HashMap<String , Socket> hm ;
    public void setHashMap(HashMap hm){
        this.hm = hm ;
    }
......
}
```

我只提供了一段代码，创建了一个 HashMap 对象，然后让每个服务器端线程都能找到这个 HashMap 对象。

下面我们要将用户名和对应的 Socket 存入这个对象，想一下应该在什么地方写这条语句，不能一到线程中就存入，万一用户验证失败就白存了，这样说来，应该在用户验证成功的地方存入。

```
if (rs.next()) {
    //发送正确信息到客户端
    pw.println("ok");

    //将本人的用户名和Socket存入HashMap
    hm.put(u, s) ;

    //不断地接收客户端发送过来的信息
```

```
        while (true) {
            String message = br.readLine();
            System.out.println(message);
        }
    }else {
        //发送错误信息到客户端
        pw.println("err");
    }
```

3.11 同步用户名

还没法进行信息转发，在转发之前，我们要实现用户名的同步，就是在主界面中的那个下拉列表框里应该存放着目前在线的用户名，这样才能输入一段话，选择一个用户，单击“发送”按钮，将信息发送给那个人。

想一下、试一下该如何实现用户名的同步。假设系统中已经有了 aaa 和 bbb，这就意味着在 ccc 上线的时候，aaa 和 bbb 的下拉列表框中要有 ccc，而 ccc 的下拉列表框中要有 aaa 和 bbb。

现在看 ccc 的服务器端线程，如何让 aaa 和 bbb 的客户端中有 ccc，就要将 ccc 这个名字发送给 aaa 和 bbb 的客户端，怎么发送？我们不是可以从 HashMap 中得到其他人的 Socket 吗？从 HashMap 中找到其他人的 Socket，将自己的名字发送给其他人。

那么让 ccc 的客户端中有 aaa 和 bbb 的名字，就是要从 HashMap 中找到其他人的名字，发送给自己。

这个话题要放到一边，因为即便你在服务器端能发送，客户端也不会接收，接收是一个阻塞式操作，程序流程要等在那里读，这样的话，客户端的其他功能就不起作用了，甚至界面都不会有反应，就好像对讲机和手机的区别一样，一个是单工的，一个是双工的。目前客户端程序在逻辑上要么接收信息，要么发送信息，不能同时进行，现在用户名同步需要同时了，只能请出线程，我们在客户端做个接收线程。下面我只提供线程内代码，线程的启动放在构造方法的结尾。

```
//接收线程
public void run() {
    try{
        InputStream is = s.getInputStream() ;
        InputStreamReader isr = new InputStreamReader(is) ;
        BufferedReader br = new BufferedReader(isr) ;

        while(true){
            String message = br.readLine() ;
            cmbUser.addItem(message) ;
        }
    }catch(Exception e){}
}
```

服务器端程序将 HashMap 中其他人的名字发送给自己，同时将自己的名字发送给 HashMap

中其他人的 Socket，由于 HashMap 中有两列，所以在循环的时候需要指定是哪一列。

```
if (rs.next()) {
    //发送正确信息到客户端
    pw.println("ok");

    //将本人的名字发送给其他用户
    for(Socket ts : hm.values()){
        OutputStream tos = ts.getOutputStream() ;
        OutputStreamWriter tosw = new OutputStreamWriter(tos) ;
        PrintWriter tpw = new PrintWriter(tosw , true) ;

        tpw.println(u) ;
    }

    //将其他人的名字发送给自己
    for(String tu : hm.keySet()){
        pw.println(tu) ;
    }

    //将本人的用户名和 Socket 存入 HashMap
    hm.put(u, s) ;

    //不断地接收客户端发送过来的信息
    while (true) {
        String message = br.readLine();
        System.out.println(message);
    }
} else {
    //发送错误信息到客户端
    pw.println("err");
}
```

不知你是否注意到，我把存入用户名和对应的 Socket 这条语句放在发送用户名的那两段语句后面，这是因为在遍历的时候，所存入的用户名和 Socket 也会被遍历到，而将自己的名字发送给自己，在逻辑上并不合理。

另外，我们遍历 HashMap 的时候使用了前面加上 t 的临时变量，由于作用域的关系，也可以不这样做，我这样起新的名字会避免名字在逻辑上的问题。

现在你测试一下用户名是否能够成功地同步。你可能会遇到让人头疼的情况，有时用户名同步并不稳定，会发生接收不到用户名的情况，你先自己想象原因，再看我的答案。

我们注意到 QQMain 中的 Socket 是从 QQLogin 中传递过来的，当时的语句是这样的：

```
QQMain w = new QQMain();
w.setSocket(s) ;
w.setVisible(true);
```

第一句话创建 QQMain 的对象时，QQMain 的构造方法已经运行了，而这时 setSocket 还没有调用，Socket 还没有传递到 QQMain。但是我们的接收线程是在构造方法中启动的，这就意味着线程 start 指令运行的时候 Socket 还没有被传递过去，这通常是不会有问题的，因为 start 方法并不像字面意思一样真正地启动线程，线程的启动是系统的调度结果，通常会延时一阵子，可是有时延时会很短，线程就启动了，所以会有可能在线程使用 Socket 时，Socket 的引用还没有被传递过来，这样就出现了异常，接收线程也就不起作用了。为了避免这个问题，我们将线程的启动代码放到 setSocket 后面，这样就万无一失了。

```
public void setSocket(Socket value){
    s = value ;
    //启动接收线程
    Thread t = new Thread(this) ;
    t.start() ;
}
```

现在我们能够将在线用户加入了，那么在用户离线的时候，我们还要将这个用户从其他人的列表中清除出去。这需要在用户离线的时候发送离线信息到服务器端，服务器端程序发送信息给所有在线的用户，通知大家这个人已经离线了，并且将这个人从 HashMap 中删除，客户端接收到某人离线的信息后，要将下拉列表框中这个人的项目删除。

窗体关闭也是一个事件，叫做 WindowListener，要实现这个接口，在 this 上注册这个事件，我将事件处理程序的代码提供到相关的方法中。WindowListener 接口要实现的方法非常多，我们找到 windowClosing 方法，在这个方法中创建输出流，发送信息到服务器端。

```
public void windowClosing(WindowEvent arg0) {
    try{
        OutputStream os = s.getOutputStream() ;
        OutputStreamWriter osw = new OutputStreamWriter(os) ;
        PrintWriter pw = new PrintWriter(osw , true) ;

        pw.println("{exit}") ;

        //正常退出
        System.exit(0) ;
    }catch(Exception e){}
}
```

为了防止和发送的信息冲突，我定义了一个退出标志“{exit}”，这个{exit}标志从客户端发送到服务器端，服务器端对应用户的服务线程会接收到。所以这里我要进行判断，特别处理一下这件事情。

```
//不断地接收客户端发送过来的信息
while (true) {
    String message = br.readLine();
    if(message.equals("{exit}")){
        //将该用户从 HashMap 中删除
        hm.remove(u) ;
        //通知所有的人，本用户退出
```

```
            for(Socket ts : hm.values()){
                OutputStream tos = ts.getOutputStream() ;
                OutputStreamWriter tosw = new OutputStreamWriter(tos) ;
                PrintWriter tpw = new PrintWriter(tosw , true) ;

                tpw.println("exit%"+u) ;
            }
            return ;
        }
        System.out.println(message);
    }
```

if 语句中的代码是容易理解的，之前我们也有过相似的代码，特别之处是，我在发送到客户端的字符串前加入了“exit%”，如果不加入这个头，客户端就没法分辨传输过来的用户名是要加入到下拉列表框中，还是要从下拉列表框中删除。这样说来，我们索性在加入用户名的逻辑中也加上信息头吧。

```
    //将本人的名字发送给其他用户
    for(Socket ts : hm.values()){
        OutputStream tos = ts.getOutputStream() ;
        OutputStreamWriter tosw = new OutputStreamWriter(tos) ;
        PrintWriter tpw = new PrintWriter(tosw , true) ;

        tpw.println("add%"+u) ;
    }

    //将其他人的名字发送给自己
    for(String tu : hm.keySet()){
        pw.println("add%"+tu) ;
    }
```

这样我们还要修改一下客户端程序，来实现加入用户和删除用户。

```
    //接收线程
    public void run() {
        try{
            InputStream is = s.getInputStream() ;
            InputStreamReader isr = new InputStreamReader(is) ;
            BufferedReader br = new BufferedReader(isr) ;

            while(true){
                String message = br.readLine() ;
                String type = message.split("%")[0] ;
                String mess = message.split("%")[1] ;
                if(type.equals("add")){
                    cmbUser.addItem(mess) ;
                }
                if(type.equals("exit")){
                    cmbUser.removeItem(mess) ;
                }
```

```
        }
    }catch(Exception e){}
}
```

至此，我们已经实现了在线用户名的同步，程序的逻辑也变得非常复杂了，我们在服务器端和客户端都有多线程的代码，如果敲出来的代码达不到期望的结果，别忘了打印异常，如果没有异常，就将 System.out.println()语句放在程序的流程中打印，以便确认程序是按照自己预设的流程进行的。

选择这个项目来学习 Java SE，是因为类似的逻辑是我们目前的程序领域中非常经典的逻辑，无论是网络游戏，还是 Web Server 都大同小异。现在要停下来，充分地练习，直到彻底掌握到目前为止的代码。

3.12　多用户转发逻辑

这是我们这个项目的最后一步，将信息发送给其他用户，我们不能像过去那样将信息简简单单地发送到服务器了，因为还要将发送给哪个用户加入到信息中，这个我们已经很熟悉了，用%分隔就好了。

服务器端接收到发送过来的信息后，要拆分得到用户名和信息，然后利用用户名得到该用户的 Socket，建立输出流，在输出的时候也要加入信息头，客户端得到这段信息后，将信息显示到中间的空白框中。

下面是发送信息的逻辑。

```
//发送信息到服务器
try{
    OutputStream os = s.getOutputStream() ;
    OutputStreamWriter osw = new OutputStreamWriter(os) ;
    PrintWriter pw = new PrintWriter(osw , true) ;

    pw.println(cmbUser.getSelectedItem()+"%"+txtMess.getText()) ;
}catch(Exception e){}
```

下面是服务器端接收并转发信息的代码。

```
//不断地接收客户端发送过来的信息
while (true) {
    String message = br.readLine();
    if(message.equals("{exit}")){
        //将该用户从 HashMap 中删除
        hm.remove(u) ;
        //通知所有的人，本用户退出
        for(Socket ts : hm.values()){
            OutputStream tos = ts.getOutputStream() ;
            OutputStreamWriter tosw = new OutputStreamWriter (tos) ;
            PrintWriter tpw = new PrintWriter(tosw , true) ;
```

```
            tpw.println("exit%"+u) ;
        }
        return ;
    }

    //转发信息
    String to = message.split("%")[0] ;
    String mess = message.split("%")[1] ;
    Socket ts = hm.get(to) ;
    OutputStream tos = ts.getOutputStream() ;
    OutputStreamWriter tosw = new OutputStreamWriter(tos) ;
    PrintWriter tpw = new PrintWriter(tosw , true) ;

    tpw.println("mess%"+mess) ;
}
```

下面是客户端处理发送过来的信息的代码。

```
public void run() {
    try{
        InputStream is = s.getInputStream() ;
        InputStreamReader isr = new InputStreamReader(is) ;
        BufferedReader br = new BufferedReader(isr) ;

        while(true){
            String message = br.readLine() ;
            System.out.println(message) ;
            String type = message.split("%")[0] ;
            String mess = message.split("%")[1] ;
            if(type.equals("add")){
                cmbUser.addItem(mess) ;
            }
            if(type.equals("exit")){
                cmbUser.removeItem(mess) ;
            }
            if(type.equals("mess")){
                txtContent.append(mess+"\n") ;
            }
        }
    }catch(Exception e){}
}
```

现在我们的程序大功告成了，敲代码 20 遍是理解这些程序的唯一秘诀。下面我提供了全部的代码。

```
/*
 * QQServer，服务器端代码
 */
```

```
import java.net.*;
import java.io.*;
import java.sql.*;
import java.util.*;

public class QQServer {
    public static void main(String[] args) {
        try {
            //声明存放所有人的 Socket 的集合
            HashMap<String , Socket> hm = new HashMap<String , Socket>() ;

            //服务器在 8000 端口监听
            ServerSocket ss = new ServerSocket(8000);

            while (true) {
                System.out.println("服务器正在 8000 端口监听......");
                Socket s = ss.accept();

                MyService t = new MyService();
                t.setSocket(s);
                //将 HashMap 的引用传入服务线程
                t.setHashMap(hm) ;
                t.start();
            }
        } catch (Exception e) {}
    }
}

class MyService extends Thread {
    private Socket s;
    //接收 HashMap 的引用
    private HashMap<String , Socket> hm ;
    public void setHashMap(HashMap hm){
        this.hm = hm ;
    }
    public void setSocket(Socket s) {
        this.s = s;
    }

    public void run() {
       try {
            //接收用户名和密码
            InputStream is = s.getInputStream();
            InputStreamReader isr = new InputStreamReader(is);
            BufferedReader br = new BufferedReader(isr);

            String uandp = br.readLine();
```

```
//拆分用户名和密码
String u = uandp.split("%")[0];
String p = uandp.split("%")[1];

OutputStream os = s.getOutputStream();
OutputStreamWriter osw = new OutputStreamWriter(os);
PrintWriter pw = new PrintWriter(osw, true);

//到数据库中验证用户身份
Class.forName("org.gjt.mm.mysql.Driver");
Connection cn = DriverManager.getConnection(
    "jdbc:mysql://127.0.0.1:3306/qq", "root", "123456");
PreparedStatement ps = cn
    .prepareStatement("select * from user where username=?
        and password=?");
ps.setString(1, u);
ps.setString(2, p);

ResultSet rs = ps.executeQuery();

if (rs.next()) {
    //发送正确信息到客户端
    pw.println("ok");

    //将本人的名字发送给其他的用户
    for(Socket ts : hm.values()){
        OutputStream tos = ts.getOutputStream() ;
        OutputStreamWriter tosw = new OutputStreamWriter (tos) ;
        PrintWriter tpw = new PrintWriter(tosw , true) ;

        tpw.println("add%"+u) ;
    }

    //将其他人的名字发送给自己
    for(String tu : hm.keySet()){
        pw.println("add%"+tu) ;
    }

   //将本人的用户名和 Socket 存入 HashMap
    hm.put(u, s) ;

    //不断地接收客户端发送过来的信息
    while (true) {
        String message = br.readLine();
        if(message.equals("{exit}")){
            //将该用户从 HashMap 中删除
            hm.remove(u) ;
            //通知所有的人，本用户退出
```

```
                    for(Socket ts : hm.values()){
                        OutputStream tos = ts.getOutputStream() ;
                        OutputStreamWriter tosw=new OutputStreamWriter(tos);
                        PrintWriter tpw = new PrintWriter(tosw , true) ;

                        tpw.println("exit%"+u) ;
                    }
                    return ;
                }

                //转发信息
                String to = message.split("%")[0] ;
                String mess = message.split("%")[1] ;
                Socket ts = hm.get(to) ;
                OutputStream tos = ts.getOutputStream() ;
                OutputStreamWriter tosw = new OutputStreamWriter(tos);
                PrintWriter tpw = new PrintWriter(tosw , true) ;

                tpw.println("mess%"+mess) ;
            }
        } else {
            //发送错误信息到客户端
            pw.println("err");
        }
    } catch (Exception e) {}
  }
}

/*
 * QQLogin，登录界面和逻辑
 */
import java.awt.*;
import javax.swing.*;
import java.awt.event.*;
import java.net.*;
import java.io.*;

public class QQLogin extends JFrame implements ActionListener {
    JTextField txtUser = new JTextField();
    JPasswordField txtPass = new JPasswordField();

    QQLogin() {
        this.setSize(250, 125);

        //new 组件
        JLabel labUser = new JLabel("用户名");
        JLabel labPass = new JLabel("密码");
```

```
        JButton btnLogin = new JButton("登录");
        JButton btnReg = new JButton("注册");
        JButton btnCancel = new JButton("取消");

        //注册事件监听

        btnLogin.addActionListener(this);
        btnReg.addActionListener(this);
        btnCancel.addActionListener(this);

        //布置输入面板
        JPanel panInput = new JPanel();
        panInput.setLayout(new GridLayout(2, 2));

        panInput.add(labUser);
        panInput.add(txtUser);

        panInput.add(labPass);
        panInput.add(txtPass);

        //布置按钮面板
        JPanel panButton = new JPanel();
        panButton.setLayout(new FlowLayout());

        panButton.add(btnLogin);
        panButton.add(btnReg);
        panButton.add(btnCancel);

        //布置窗体
        this.setLayout(new BorderLayout());

        this.add(panInput, BorderLayout.CENTER);
        this.add(panButton, BorderLayout.SOUTH);

    }

    public static void main(String args[]) {
        QQLogin w = new QQLogin();

        w.setVisible(true);
    }

    @Override
    public void actionPerformed(ActionEvent arg0) {
        if (arg0.getActionCommand().equals("登录")) {
            try {
                //发送用户名和密码到服务器
```

```
                String user = txtUser.getText();
                String pass = txtPass.getText();
                Socket s = new Socket("127.0.0.1" , 8000) ;

                OutputStream os = s.getOutputStream() ;
                OutputStreamWriter osw = new OutputStreamWriter(os) ;
                PrintWriter pw = new PrintWriter(osw , true) ;

                pw.println(user+"%"+pass) ;

                //接收服务器发送回来的确认信息
                InputStream is = s.getInputStream() ;
                InputStreamReader isr = new InputStreamReader(is);
                BufferedReader br = new BufferedReader(isr) ;

                String yorn = br.readLine() ;

                //显示主窗体
                if (yorn.equals("ok")) {
                    QQMain w = new QQMain();
                    w.setSocket(s) ;
                    w.setVisible(true);
                    this.setVisible(false);
                }else {
                    JOptionPane.showMessageDialog(this, "对不起，验证失败") ;
                }
            } catch (Exception e) {}
        }
        if (arg0.getActionCommand().equals("注册")) {
            System.out.println("用户点了注册");
        }
        if (arg0.getActionCommand().equals("取消")) {
            System.out.println("用户点了取消");
        }
    }
}

/*
 * QQMain，主界面
 */
import javax.swing.*;
import java.awt.*;
import java.awt.event.*;
import java.net.*;
import java.io.*;

public class QQMain extends JFrame implements ActionListener, Runnable,
    WindowListener{
```

```
    private Socket s ;
    public void setSocket(Socket value){
        s = value ;
        //启动接收线程
        Thread t = new Thread(this) ;
        t.start() ;
    }
    JTextField txtMess = new JTextField() ;
    JComboBox cmbUser = new JComboBox() ;
    JTextArea txtContent = new JTextArea() ;

    QQMain(){
        this.setSize(300 , 400) ;

        //new 组件
        JButton btnSend = new JButton("发送") ;

        JScrollPane spContent = new JScrollPane(txtContent) ;

        //注册事件监听
        btnSend.addActionListener(this) ;
        this.addWindowListener(this) ;

        //布置小面板
        JPanel panSmall = new JPanel() ;
        panSmall.setLayout(new GridLayout(1 , 2)) ;

        panSmall.add(cmbUser) ;
        panSmall.add(btnSend) ;

        //布置大面板
        JPanel panBig = new JPanel() ;
        panBig.setLayout(new GridLayout(2 , 1)) ;

        panBig.add(txtMess) ;
        panBig.add(panSmall) ;

        //布置窗体
        this.setLayout(new BorderLayout()) ;

        this.add(panBig , BorderLayout.NORTH) ;
        this.add(spContent , BorderLayout.CENTER) ;

        //读聊天记录
        try{
            File f = new File("c:/work/聊天记录.qq") ;

            FileReader fr = new FileReader(f) ;
```

```
            BufferedReader br = new BufferedReader(fr) ;

            while(br.ready()){
                txtContent.append(br.readLine()+"\n") ;
            }
        }catch(Exception e){}

    }

    @Override
    public void actionPerformed(ActionEvent arg0) {
        //txtMess -------> txtContent
        txtContent.append(txtMess.getText()+"\n") ;

        //将 txtMess 中的内容存入聊天记录文件
        try{
            File f = new File("c:/work/聊天记录.qq") ;

            FileWriter fw = new FileWriter(f) ;
            PrintWriter pw = new PrintWriter(fw) ;

            pw.println(txtMess.getText()) ;

            pw.close() ;
        }catch(Exception e){}

        //发送信息到服务器
        try{
            OutputStream os = s.getOutputStream() ;
            OutputStreamWriter osw = new OutputStreamWriter(os) ;
            PrintWriter pw = new PrintWriter(osw , true) ;

            pw.println(cmbUser.getSelectedItem()+"%"+txtMess.getText());
        }catch(Exception e){}

        //清除 txtMess 中的内容
        txtMess.setText("") ;
    }

    //接收线程
    public void run() {
        try{
            InputStream is = s.getInputStream() ;
            InputStreamReader isr = new InputStreamReader(is) ;
            BufferedReader br = new BufferedReader(isr) ;

            while(true){
                String message = br.readLine() ;
```

```
                String type = message.split("%")[0] ;
                String mess = message.split("%")[1] ;
                if(type.equals("add")){
                    cmbUser.addItem(mess) ;
                }
                if(type.equals("exit")){
                    cmbUser.removeItem(mess) ;
                }
                if(type.equals("mess")){
                    txtContent.append(mess+"\n") ;
                }
            }
        }catch(Exception e){}
    }

    @Override
    public void windowActivated(WindowEvent arg0) {
        //TODO Auto-generated method stub

    }

    @Override
    public void windowClosed(WindowEvent arg0) {
        //TODO Auto-generated method stub

    }

    @Override
    public void windowClosing(WindowEvent arg0) {
        try{
            OutputStream os = s.getOutputStream() ;
            OutputStreamWriter osw = new OutputStreamWriter(os) ;
            PrintWriter pw = new PrintWriter(osw , true) ;

            pw.println("{exit}") ;

            //正常退出
            System.exit(0) ;
        }catch(Exception e){}
    }

    @Override
    public void windowDeactivated(WindowEvent arg0) {
        //TODO Auto-generated method stub

    }

    @Override
```

```
    public void windowDeiconified(WindowEvent arg0) {
        //TODO Auto-generated method stub

    }

    @Override
    public void windowIconified(WindowEvent arg0) {
        //TODO Auto-generated method stub

    }

    @Override
    public void windowOpened(WindowEvent arg0) {
        //TODO Auto-generated method stub

    }
}
```

第4章 理解面向对象

学习曲线

关注点：变量管理、类之间的关系

代码量：15000行

通过即时聊天工具项目的练习，你已经基本掌握了 Java SE 的几大块知识，也锻炼了逻辑能力，现在回头来看这个项目，你有什么感触吗？我想辛苦是不可避免的，甚至觉得像是一场噩梦，常常会晕在代码中。你的感觉便是到目前为止，这个项目的问题，逻辑复杂的原因是我们将细节的实现搅和在大的逻辑中，以至于常常搞不清楚整个程序的流程，而是不断地写 IO 流的代码，这些问题都是面向过程的问题，正因为这些问题的存在，面向过程的编程在程序越来越复杂的今天，也就越来越力不从心了。这也是出现面向对象编程思想的原因，我们可以理解成面向对象就是为了解决这些问题的。

4.1 用面向对象的思想重写聊天程序

现在我们开始用面向对象的编程思想来重新做这个项目，不同于面向过程，我们不能一上来便直接写代码，而是全盘设计整个程序的流程。在这个过程中分析有哪些对象，一开始这么做并不容易，我们来这样想，有哪些细节操作是可以封装的。如果有一个对象能够读数据库进行用户身份验证就好了，文件的读写可以交给一个对象来处理，当然还有一个最常用的，如果发送/接收信息代码能够分离出来就好了。我们先来看部分代码，再来思考。

在 Eclipse 中创建一个新的项目，新建类 SQLer，在 SQLer 类中写一个验证用户的方法，返回值是 boolean 值。

```
import java.sql.*;

public class SQLer {
```

```
    public boolean vali(String user , String pass){
        boolean b = false ;
        try{
            Class.forName("org.gjt.mm.mysql.Driver");
            Connection cn = DriverManager.getConnection(
                "jdbc:mysql://127.0.0.1:3306/qq", "root", "123456");
            PreparedStatement ps = cn.prepareStatement("select * from
                user where username=? and password=?");
            ps.setString(1, user);
            ps.setString(2, pass);

            ResultSet rs = ps.executeQuery();

            b = rs.next() ;
        }catch(Exception e){}
        return b;
    }
}
```

先来看这个方法的写法，方法声明写好后，立刻用返回值的类型声明了一个变量，在方法的结尾返回这个变量，这样我们就可以避免作用域的干扰，而且开始写方法的时候就先解决了没有返回值的错误。

这段程序里面的代码你应该比较熟悉了，我们试想一下，如果有这个类，是不是 QQServer 中数据库验证的那些代码就变成一句调用了。更重要的是，现在如果将代码改成读取配置文件，那么 QQServer 一点都不用动。下面就是改变了的 SQLer，如果谁写的 SQLer 代码有问题，也只需要简单地写个新的放上去就行了。

```
import java.sql.*;
import java.io.*;

public class SQLer {
    public boolean vali(String user , String pass){
        boolean b = false ;
        try{
            File f = new File("c:/work/SQL.ini") ;

            FileReader fr = new FileReader(f) ;
            BufferedReader br = new BufferedReader(fr) ;

            String driver = br.readLine() ;
            String url = br.readLine() ;
            String u = br.readLine() ;
            String p = br.readLine() ;

            Class.forName(driver);
            Connection cn = DriverManager.getConnection(url , u , p);
            PreparedStatement ps = cn.prepareStatement("select * from
```

```
                userwhere username=? and password=?");
            ps.setString(1, user);
            ps.setString(2, pass);

            ResultSet rs = ps.executeQuery();

            b = rs.next() ;
        }catch(Exception e){}
        return b;
    }
}
```

我们再来看其他的类。我们来写个读写聊天记录的类，我想应该是用一个 write 方法就写出来聊天记录，用一个 read 方法就读出来全部的内容。创建一个新的类 Recorder。

```
import java.io.*;

public class Recorder {
    private File f ;
    public Recorder(){
        f = new File("c:/work/聊天记录.qq") ;
    }
public Recorder(String url){
        f = new File(url) ;
    }
    public void write(String message){
        try{
            FileWriter fw = new FileWriter(f , true) ;
            PrintWriter pw = new PrintWriter(fw) ;

            pw.println(message) ;

            pw.close() ;
            fw.close() ;
        }catch(Exception e){}
    }
    public String read(){
        String mess = "" ;
        try{
            FileReader fr = new FileReader(f) ;
            BufferedReader br = new BufferedReader(fr) ;

            while(br.ready()){
                mess += br.readLine()+"\n" ;
            }
        }catch(Exception e){}
        return mess ;
    }
}
```

我重载了两个构造方法，一个没有参数，这样就打开默认的文件；另一个有字符串参数，这样就打开字符串指定的文件。如果没有提供构造方法，那么 Java 会提供一个没有参数的构造方法；如果提供了一个构造方法，那么没有参数的构造方法就不会自动提供了。在这里我写了两个构造方法，提供了一定的灵活性。

现在我要写一个在我们项目中常被用到的类 Neter，它提供了接收和发送信息的能力，无疑这个类需要提供有效的 Socket。

```
import java.net.*;
import java.io.*;

public class Neter {
    private PrintWriter pw ;
    private BufferedReader br ;

    public Neter(Socket s){
        try{
            InputStream is = s.getInputStream() ;
            InputStreamReader isr = new InputStreamReader(is) ;
            br = new BufferedReader(isr) ;

            OutputStream os = s.getOutputStream() ;
            OutputStreamWriter osw = new OutputStreamWriter(os) ;
            pw = new PrintWriter(osw , true) ;
        }catch(Exception e){}
    }

    public void send(String message){
        try{
            pw.println(message) ;
        }catch(Exception e){}
    }
    public String receive(){
        String message = "" ;
        try{
            message = br.readLine() ;
        }catch(Exception e){}
        return message;
    }
}
```

如果有了这三个类，看看服务器端程序变成了什么样子。

```
/*
 * QQServer，服务器端程序
 */

import java.net.*;
import java.util.*;
```

```
public class QQServer {
    public static void main(String[] args) {
        try {
            //声明存放所有人的 Socket 的集合
            HashMap<String , Neter> hm = new HashMap<String , Neter>();

            //服务器在 8000 端口监听
            ServerSocket ss = new ServerSocket(8000);

            while (true) {
                System.out.println("服务器正在 8000 端口监听......");
                Socket s = ss.accept();
                Neter net = new Neter(s) ;

                MyService t = new MyService();
                t.setNeter(net);
                //将 HashMap 的引用传入服务器端线程
                t.setHashMap(hm) ;
                t.start();
            }
        } catch (Exception e) {}
    }
}

class MyService extends Thread {
    private Neter net;
    //接收 HashMap 的引用
    private HashMap<String , Neter> hm ;
    public void setHashMap(HashMap hm){
        this.hm = hm ;
    }
    public void setNeter(Neter net) {
        this.net = net;
    }

    public void run() {
        try {
            //接收用户名和密码
            String uandp = net.receive();

            //拆分用户名和密码
            String u = uandp.split("%")[0];
            String p = uandp.split("%")[1];

            //到数据库中验证用户身份
            SQLer sql = new SQLer() ;
            if (sql.vali(u, p)) {
```

```
                //发送正确信息到客户端
                net.send("ok");

                //将本人的名字发送给其他的用户
                for(Neter n : hm.values()){
                    n.send("add%"+u) ;
                }

                //将其他人的名字发送给自己
                for(String tu : hm.keySet()){
                    net.send("add%"+tu) ;
                }

                //将本人的用户名和 Socket 存入 HashMap
                hm.put(u, net) ;

                //不断地接收客户端发送过来的信息
                while (true) {
                    String message = net.receive() ;
                    if(message.equals("{exit}")){
                        //将该用户从 HashMap 中删除
                        hm.remove(u) ;
                        //通知所有的人，本用户退出
                        for(Neter n : hm.values()){
                            n.send("exit%"+u) ;
                        }
                        return ;
                    }

                    //转发信息
                    String to = message.split("%")[0] ;
                    String mess = message.split("%")[1] ;
                    Neter n = hm.get(to) ;
                    n.send("mess%"+mess) ;
                }
            } else {
                //发送错误信息到客户端
                net.send("err");
            }
        } catch (Exception e) {}
    }
}
```

在这个程序中，我们隐藏了 Socket，改用 Neter，存入 HashMap 也是 Neter，这样就告别了令人厌烦的构建 IO 流的代码。一点点将代码敲出来，在过程中体会代码分离的好处，在这种思想下，试着自己改造客户端程序。

HashMap 能否被封装呢？我们分析一下，如果封装 HashMap，我们需要得到什么样的功能。在程序中，我常常会发送信息给每个人，也会发送信息给特定的人，这样我需要两个发送的功能，都是发送的功能，干脆我重载两个发送的方法吧。

```
import java.util.*;

public class NetMap<K , V> extends HashMap<String , Neter>{
    public void send(String message){
        try{
            for(Neter n : this.values()){
                n.send(message) ;
            }
        }catch(Exception e){}
    }
    public void send(String user , String message){
        try{
            Neter n = this.get(user) ;
            n.send(message) ;
        }catch(Exception e){}
    }
}
```

这样主程序就能进一步简化。

```
/*
 * QQServer，服务器端程序
 */
import java.net.*;

public class QQServer {
    public static void main(String[] args) {
        try {
            //声明存放所有人的 Socket 的集合
            NetMap<String , Neter> hm = new NetMap<String , Neter>() ;

            //服务器在 8000 端口监听
            ServerSocket ss = new ServerSocket(8000);

            while (true) {
                System.out.println("服务器正在 8000 端口监听......");
                Socket s = ss.accept();
                Neter net = new Neter(s) ;

                MyService t = new MyService();
                t.setNeter(net);
                t.setHashMap(hm) ;
                t.start();
            }
        } catch (Exception e) {}
    }
}
```

```
class MyService extends Thread {
    private Neter net;
    //接收 HashMap 的引用
    private NetMap<String , Neter> hm ;
    public void setHashMap(NetMap hm){
        this.hm = hm ;
    }
    public void setNeter(Neter net) {
        this.net = net;
    }

    public void run() {
        try {
            //接收用户名和密码
            String uandp = net.receive();

            //拆分用户名和密码
            String u = uandp.split("%")[0];
            String p = uandp.split("%")[1];

            //到数据库中验证用户身份
            SQLer sql = new SQLer() ;
            if (sql.vali(u, p)) {
                //发送正确信息到客户端
                net.send("ok");

                //将本人的名字发送给其他的用户
                hm.send("add%"+u) ;

                //将其他人的名字发送给自己
                for(String tu : hm.keySet()){
                    net.send("add%"+tu) ;
                }

                //将本人的用户名和 Socket 存入 HashMap
                hm.put(u, net) ;

                //不断地接收客户端发送过来的信息
                while (true) {
                    String message = net.receive() ;
                    if(message.equals("{exit}")){
                        //将该用户从 HashMap 中删除
                        hm.remove(u) ;
                        //通知所有的人，本用户退出
                        hm.send("exit%"+u) ;
                        return ;
                    }

                    //转发信息
```

```
                    String to = message.split("%")[0] ;
                    String mess = message.split("%")[1] ;
                    hm.send(to , "mess%"+mess) ;
                }
            } else {
                //发送错误信息到客户端
                net.send("err");
            }
        } catch (Exception e) {}
    }
}
```

其实这个过程并没有让代码量减少多少，面向对象的优点并不是减少多少代码量，而是主程序的逻辑变得更加清晰，团队分工也成为可能。每个类可以通过严格的测试，以便确保整个程序的健壮性，即便出现问题，也无须变动主程序的代码，更换某个类即可，这些是面向对象的优势。

4.2 做一个数据库的管理工具

即时聊天程序几乎覆盖了 Java SE 的所有知识点，但是对于数据库的操作部分过于简单，而数据库操作的能力几乎是现在的程序员不可或缺的能力，为此我补充一个专门针对数据库操作的项目，为了能够达到对数据库操作能力极致的锻炼，我们干脆做个图形界面的数据库管理工具。未来工作中对数据库的操作写代码的时候，基本上就知道操作的数据库和表名是什么，知道表结构是什么，但是在这个项目中，由于我们要操作 MySQL 中所有的表，所以写代码的时候并不知道这些基本的信息，因此这个项目会最大程度地锻炼你操作数据库的能力。

基本的思路是，先显示一个窗体，在这个窗体中显示目前 MySQL 中所有数据库的名字，当用户选择一个数据库时，就显示出该数据库中已有的表；双击一个表名，在右边弹出一个新窗体，在这个窗体中显示表中的数据；双击一行数据，在下面弹出一个新窗体，在这个窗体中可以添加、删除和修改这行数据（见图 4-1）。

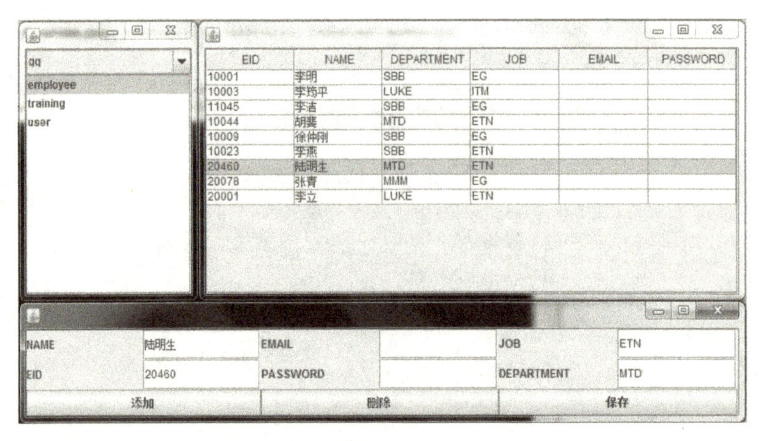

图 4-1

我们知道在 MySQL 中，show database 语句能够找到当前 MySQL 中所有数据库的名字，而且返回一个表，你完全可以将其当成一条查询语句看，当转入某个数据库后，使用 show tables 语句将得到这个数据库中的表名。

有了这些提示，你完全可以自己先写出第一个窗体。以下是完成界面的代码。

```
import javax.swing.* ;
import java.awt.* ;

public class ShowTable extends JFrame {
    JComboBox cmbDatabase = new JComboBox() ;//显示数据库名的下拉列表框
    JList lstTable = new JList() ;//显示表名
    ShowTable() {
        this.setSize(200 , 300) ;

        //表名可能较多，加入滚动条
        JScrollPane sp = new JScrollPane(lstTable) ;

        this.setLayout(new BorderLayout()) ;

        this.add(cmbDatabase , BorderLayout.NORTH) ;
        this.add(sp , BorderLayout.CENTER) ;

    }
    public static void main(String args[]){
        ShowTable w = new ShowTable() ;
        w.setVisible(true) ;
    }
}
```

能够想象，在这个项目中，我们会非常频繁地操作数据库，所以有必要将数据库连接代码分离出去，我们需要一个连接数据库的类 DataBase。真正的软件企业中的项目，通常也会将数据库连接逻辑分离出去，以防止大量的连接代码散落在程序中，否则，一旦用户提出更换数据库，程序员可就惨了，要打开每个程序去修改连接字符串。

再深入地想想，我们似乎并不需要一个类，其实要的就是一个操作，这个操作能够得到一个数据库连接，数据库连接是个对象，按说要得到对象，只要 new 就行了，可是连接数据库的代码比较复杂，不是 new 那么简单的，为了将这样复杂的 new 操作隐藏起来，我们才考虑写一个独立的 DataBase 类，所以说 DataBase 类很像是一个创建数据库连接的工厂。只要将具体的方法声明成静态的，我们就会得到一个操作，而不是一个类，这种做法在很多复杂的 new 对象操作中被使用，这是大家总结出来的经典做法。其实还有很多经典做法，这些做法被称为设计模式，而现在我们遇到的设计模式就叫工厂模式，通过一个工厂类来创建对象，这样我们就能将复杂的创建过程交给工厂来完成。

问题是连接数据库的 URL 中需要指定当前打开的数据库是哪个，可是在我们的项目中，这个并不确定，这恰好体现了工厂模式的灵活性，我们重载 getConnection 方法，如果没有参数，就连接 MySQL，而不打开任何数据库；如果有参数，这个参数就是指定打开数据库的名字。

```
import java.sql.* ;

public class DataBase {
    public static Connection getConnection(String dbName){
        Connection cn = null ;
        try {
            Class.forName("org.gjt.mm.mysql.Driver") ;
            cn = DriverManager.getConnection("jdbc:mysql://127.0.0.1:3306/"
                +dbName, "root", "123456") ;
        }
        catch (Exception ex) {
        }
        return cn ;
    }
    public static Connection getConnection(){
        return getConnection("") ;
    }
}
```

看了上面的代码，有人急了，没有参数的 getConnection 不是骗人吗？几乎什么都没干，就是调用了另一个 getConnection 而已。不重写一遍连接代码带来了一个好处，将来如果我要修改这个类，焦点就集中在一个地方，这样防止了代码实现的不一致。

我还是没有说明问题，既然那个 getConnection 里面没有代码，干脆不要写好了，用户也会在调用的时候传入空字符串参数呀！这是你现在的想法，这是因为现在所有的程序都是你一个人写的，有些代码好像在哪里写都是一样的，可是在真正的团队协作中，写 DataBase 类的人更像是类的提供者，而用 DataBase 类的人就是类的消费者，如果这是个买卖，那么提供者就要提供尽可能好用的类，这样才有竞争力，这意味着提供类的时候要尽量考虑使用类的人，追求最方便、最好用、最强大的类才会使你成长一个好的程序员。

现在我们向下拉列表框中填入数据库名字信息，当程序启动的时候，下拉列表框中就应该有数据库名字了，所以这段代码应该放在构造方法中界面代码的后面。

```
//添加数据库名字到下拉列表框中
Connection cn = null ;
Statement st = null ;
ResultSet rs = null ;
try {
    cn = DataBase.getConnection() ;
    st = cn.createStatement() ;
    rs = st.executeQuery("show Databases") ;

    while(rs.next()){
        cmbDatabase.addItem(rs.getString(1)) ;
    }
}catch (Exception ex) {}
```

```
finally{
    try {
        rs.close() ;
        st.close() ;
        cn.close() ;
    }
    catch (Exception ex) {}
}
```

别忘了关闭数据库对象，Java 的垃圾回收机制只能帮你清除所在的内存对象。上面的功能实现后，我们考虑将所选中的数据库中的所有表名显示在下面的 List 中，这是个事件操作，事件接口是 ActionListener，实现接口，注册事件，编写事件处理程序，你先自己实现这部分功能吧。

```
import java.sql.* ;
import javax.swing.* ;
import java.awt.* ;
import java.awt.event.*;
import java.util.* ;

public class ShowTable extends JFrame implements ActionListener {
    JComboBox cmbDatabase = new JComboBox() ;
    JList lstTable = new JList() ;
    ShowTable() {
        this.setSize(200 , 300) ;

        JScrollPane sp = new JScrollPane(lstTable) ;
        //注册事件
        cmbDatabase.addActionListener(this) ;

        this.setLayout(new BorderLayout()) ;

        this.add(cmbDatabase , BorderLayout.NORTH) ;
        this.add(sp , BorderLayout.CENTER) ;

        //添加数据库名字到下拉列表框中
        Connection cn = null ;
        Statement st = null ;
        ResultSet rs = null ;
        try {
            cn = DataBase.getConnection() ;
            st = cn.createStatement() ;
            rs = st.executeQuery("show Databases") ;

            while(rs.next()){
                cmbDatabase.addItem(rs.getString(1)) ;
            }
        }
```

```
        catch (Exception ex) {}
        finally{
            try {
                rs.close() ;
                st.close() ;
                cn.close() ;
            }
            catch (Exception ex) {}
        }
    }
    public static void main(String args[]){
        ShowTable w = new ShowTable() ;
        w.setVisible(true) ;
    }

    public void actionPerformed(ActionEvent e) {
        String database = (String)cmbDatabase.getSelectedItem() ;
        Connection cn = null ;
        Statement st = null ;
        ResultSet rs = null ;
        try {
            cn = DataBase.getConnection(database) ;
            st = cn.createStatement() ;
            rs = st.executeQuery("show tables") ;
            Vector v = new Vector() ;
            while(rs.next()){
                v.add(rs.getString(1)) ;
            }
            lstTable.setListData(v) ;
        }
        catch (Exception ex) {}
        finally{
            try {
                rs.close() ;
                st.close() ;
                cn.close() ;
            }
            catch (Exception ex) {}
        }
    }
}
```

在上面的代码中，我们先获取了用户选择的数据库名字，然后打开这个数据库。我们发现 List 没有 addItem 的方法，List 使用 Vector 添加数据，Vector 也是一个集合，它出现在早期版本中，当成集合使用就行了。

下一步我们要实现双击表名，弹出一个新窗体，在这个窗体中显示表的信息。这样我们就要实现 MouseListener 接口，并且注册事件，在事件处理程序中，要 new 一个新窗体，所以看来要先实现一个新窗体的类。

因为新的窗体需要显示用户所选择的表内容，所以新的类需要能够接收数据库名和表名信息。现在我希望，新窗体能够出现在原来窗体的旁边，高度和原来窗体相同，这样还要接收坐标信息，按照我的想法，要接收第一个窗体的 *x*、*y* 坐标，以及第一个窗体的宽和高，这样才能确定第二个窗体的位置和高度。

这样 ShowData 类就需要 6 个参数的构造方法。

```
import java.awt.* ;
import javax.swing.* ;

public class ShowData extends JFrame {
    ShowData(String database, String table , int x , int y , int width ,
        int height) {
        //设定窗体的位置
        this.setLocation(x+width , y) ;
        this.setSize(300 , height) ;
    }
}
```

我们先准备这样一个空窗体，然后完善 ShowTable 类，在鼠标事件中编写显示新窗体的代码。

```
public void mousePressed(MouseEvent e) {
    if(e.getClickCount()==2){//双击
        String database = cmbDatabase.getSelectedItem().toString() ;
        String table = lstTable.getSelectedValue().toString() ;
        int x = this.getX() ;
        int y = this.getY() ;
        int width = this.getWidth() ;
        int height = this.getHeight() ;
        ShowData w = new ShowData(database , table , x , y , width , height);
        w.setVisible(true) ;
    }
}
```

下面我们来看如何显示表内容，在 Swing 中有个类 JTable，看名字便知道，这是用来显示表格的类，但是这个类比较复杂，我们要仔细研究一番。

4.3　驾驭 JTable

既然我们知道需要用 JTable，就直接 new JTable 好了。为了能够集中精力学习使用 JTable，我们再写个类 TestJTable，其中有 main 方法，这样就可以直接运行了。同时定义显示的表是数据库 QQ 中的 employee，大小为 400*300。

```
import java.awt.* ;
import javax.swing.* ;

public class TestJTable extends JFrame {
    TestJTable() {
        this.setSize(400 , 300) ;

        JTable t = new JTable(9 ,6) ;

        this.add(t) ;
    }
    public static void main(String args[]){
        TestJTable w = new TestJTable() ;
        w.setVisible(true) ;
    }
}
```

在 new JTable 时，我们发现一共有 7 个重载的构造方法，除去参数表为空的构造方法外，我们一眼能看懂的就是参数为行数和列数两个 int 值的构造方法。将上面的代码运行一遍，可以看到拥有 9 行 6 列的空表格。

用 t 点点能够找到一个方法 t.setValueAt()，这个方法需要三个参数，第一个是 Object，一定是填到单元格中的值，第二个和第三个都是 int，不用问，一定是行和列，这样就能确定将值填在哪个单元格中。

下面我们写代码显示 employee 表的内容。

```
import java.awt.* ;
import javax.swing.* ;
import java.sql.* ;

public class TestJTable extends JFrame {
    TestJTable() {
        this.setSize(400 , 300) ;

        JTable t = new JTable(9 , 6) ;

        Connection cn = null ;
            Statement st = null ;
            ResultSet rs = null ;
        try {
            cn = DataBase.getConnection("qq") ;

            st = cn.createStatement() ;
            rs = st.executeQuery("select * from employee") ;

            int row = 0 ;
            while(rs.next()){
                for (int i = 1; i<=6; i++){
```

```
                t.setValueAt(rs.getObject(i) , row , i-1);
            }
            row ++ ;
        }
    }catch (Exception ex) {}
    finally{
        try {
            rs.close() ;
            st.close() ;
            cn.close() ;
        }
        catch (Exception ex) {}
    }
    this.add(t) ;
}
public static void main(String args[]){
    TestJTable w = new TestJTable() ;
    w.setVisible(true) ;
}
}
```

要留意数据库表取列值是从 1 开始数的，而 Java 中的 JTable 是从 0 开始数的，如果在尝试的过程中有问题，记得打印异常来看。

上面的代码还有些小瑕疵，一是一共有多少列是我数出来的，直接写死在代码中，如果将这个程序放到项目中，则不行，得想办法用程序获取总列数，当然行数也是这样；二是显示的表没有列名。

于是我要介绍一个新的类 ResultSetMetaData，用 ResultSet 的 getMetaData 方法便可以得到 ResultSetMetaData 对象，MetaData 被称为元数据，是描述其他数据的数据。你可以这样理解，牛仔裤是个类，具体的一条牛仔裤是对象，那么牛仔裤上面的那个写着材质、尺码和版型之类信息的标签，便是元数据。我们所需的表本身的一些信息便存放在 ResultSetMetaData 中，包括列名和总列数。

总行数不包括在 ResultSetMetaData 中，好在这个数据比较容易获得，因为从 JDK 1.5 以后，游标就可以前后移动了，在过去的版本中只能一行行地向后移动。

现在我提供一个新的实现版本。

```
import java.awt.* ;
import javax.swing.* ;
import java.sql.* ;

public class TestJTable extends JFrame {
    TestJTable() {
        this.setSize(400 , 300) ;

        Connection cn = null ;
```

```
        Statement st = null ;
        ResultSet rs = null ;
        try {
            cn = DataBase.getConnection("qq") ;

            st = cn.createStatement() ;
            rs = st.executeQuery("select * from employee") ;

            ResultSetMetaData rsmd = rs.getMetaData() ;

            rs.last() ;
            int rows = rs.getRow() ;

            int cols = rsmd.getColumnCount() ;

            //加1是为了多容纳一行列名
            JTable t = new JTable(rows+1 , cols) ;

            //显示列名
            for (int i = 0; i<cols; i++){
                t.setValueAt(rsmd.getColumnName(i+1) , 0 , i) ;
            }

            //显示内容
            rs.first() ;
            int row = 1 ;
            do{
                for (int i = 1; i<=6; i++){
                    t.setValueAt(rs.getObject(i) , row , i-1);
                }
                row ++ ;
            }while(rs.next()) ;

            this.add(t) ;
        }catch (Exception ex) {}
        finally{
            try {
                 rs.close() ;
                 st.close() ;
                 cn.close() ;
            }
            catch (Exception ex) {}
        }
    }
    public static void main(String args[]){
        TestJTable w = new TestJTable() ;
        w.setVisible(true) ;
    }
}
```

在上述代码中，有些地方我不得不做出调整。new JTable 被放在获得 ResultSet 和 ResultSetMetaData 之后，只有这样才能获得行列信息。获得总行数信息的办法是，将当前游标移动到最后一行，然后看当前行是多少，那么具体显示信息的时候，就要将当前游标移动回第一行。可是这样和过去的代码并不一样，过去在取值前，没有移动当前游标时，当前游标位于第一行，所以一上来就要 next；而现在就是第一行，不能先 next 再取值，因为这样会丢失第一行，所以我改用 do while 循环，先取值再判断。

你在练习的时候还是会遇到中文乱码的问题，我想你能够自己解决，如果真不行，就看我后面的代码。

我们看到 JTable 十分强大，即便我没有提供其他多余的代码，你也可以在显示的 JTable 上做很多事情，比如，可以调整每列的大小，也可以交换列的位置。

4.4　有更好的方法驾驭 JTable

虽然我们已经能够使用 JTable 了，但是那是非常明显的面向过程的做法，看看能否换一种做法，再重新 new Jtable。观察其他重载的构造方法，我们看到有一个构造方法需要两个数组，第一个参数是二维数组，数组中应该存放整个表的内容；第二个参数是一维数组，存放列名信息。

另外，我们看到还可以提供两个 Vector 集合参数，这应该是刚才两个数组的集合形式，由于集合是对象，所以比数组好用多了，我们准备用集合再显示一遍 employee 表中的内容。

可以想象，在使用 Vector 参数的构造方法中，对应的第一个 Vector 也应该是二维的，那么怎么用 Vector 实现二维表呢？事实上连数组也没有二维的，一维数组的名字是一个引用，指向了数组本身，而二维数组里面存放的全部是指向一维数组的引用。由此说来，我们只需要在 Vector 中存放 Vector 的引用就能获得二维表。

```
import java.awt.* ;
import javax.swing.* ;
import java.sql.* ;
import java.util.* ;

public class TestJTable extends JFrame {
   TestJTable() {
      this.setSize(400 , 300) ;

      Connection cn = null ;
      Statement st = null ;
      ResultSet rs = null ;
      try {
         cn = DataBase.getConnection("qq") ;

         st = cn.createStatement() ;
```

```
            rs = st.executeQuery("select * from employee") ;

            ResultSetMetaData rsmd = rs.getMetaData() ;

            int cols = rsmd.getColumnCount() ;
            //填充列名集合
            Vector columnName = new Vector() ;
            for (int i = 1; i<=cols; i++){
                columnName.add(rsmd.getColumnName(i)) ;
            }

            //填充数据集合
            Vector data = new Vector() ;
            while(rs.next()){
                //建立二维表
                Vector rowData = new Vector() ;
                for (int i = 1; i<= cols; i++){
                    rowData.add(rs.getObject(i)) ;
                }
                data.add(rowData) ;
            }

            //创建 JTable
            JTable t = new JTable(data , columnName) ;
            //不加滚动条，表头显示不出来
            JScrollPane sp = new JScrollPane(t) ;
            this.add(sp) ;
        }
        catch (Exception ex) {}
        finally{
            try {
                  rs.close() ;
                  st.close() ;
                  cn.close() ;
            }
            catch (Exception ex) {}
        }
    }
    public static void main(String args[]){
        TestJTable w = new TestJTable() ;
        w.setVisible(true) ;
    }
}
```

4.5 用面向对象的方法驾驭 JTable

再观察 JTable 的构造方法，你会发现有几个参数表中提到了 TableModel，这是个什么东西？其实在 JList 中也有 Model，著名的 Swing 组件 JTree 也有 Model 这类的参数。现在我们试图用 TableModel 来实现上面的功能，我希望你不仅仅是跟着学习三种操作 JTable 的方法，而是思考为什么 JTable 的设计者会提供这些不同的操作方法，设计这个类的想法是什么，尽量从面向对象的角度进行这样的思考，在以后设计类的过程中，有哪些好的做法你可以借用。

我们发现第一种操作 JTable 的方法，是纯粹的面向过程的，而第二种方法又太过于面向数据了。JTable 组件除了能够显示数据外，还可能有很多其他的用户操作，TableModel 提供了一个机制，给程序员准备了很多操作的途径，TableModel 是个接口，放在 javax.swing.table 中，你需要去实现这个接口，当然实现接口就会得到一些要实现的方法，我们来看 TableModel 接口要求我们实现的方法都是什么。

```
import javax.swing.event.TableModelListener;
import javax.swing.table.TableModel;


public class MyTableModel implements TableModel {

    @Override
    public void addTableModelListener(TableModelListener arg0) {
        //提供了一个事件注册机制，在正确注册事件后，表格发生改变时
        //事件处理程序会工作

    }

    @Override
    public Class<?> getColumnClass(int arg0) {
        //返回每个列的数据类型，注意数据库和 Java 类型之间的对应关系
        return null;
    }

    @Override
    public int getColumnCount() {
        //返回总列数
        return 0;
    }

    @Override
    public String getColumnName(int arg0) {
        //返回指定列的列名
        return null;
    }

    @Override
    public int getRowCount() {
        //返回总行数
        return 0;
    }
```

```
    @Override
    public Object getValueAt(int arg0, int arg1) {
        //返回单元格的值
        return null;
    }

    @Override
    public boolean isCellEditable(int arg0, int arg1) {
        //这个单元格是否允许编辑
        return false;
    }

    @Override
    public void removeTableModelListener(TableModelListener arg0) {
        //移除事件注册

    }

    @Override
    public void setValueAt(Object arg0, int arg1, int arg2) {
        //向单元格中设置值

    }
}
```

这下子被镇住了吧，TableModel 接口竟然要你实现这么多的方法，我将每个方法的作用写到代码注释中了，其实即便我不写注释，你也能猜出来作用。

现在你先用最简单的方法来满足 TableModel 的返回值，然后使用看看是什么结果。下面是 MyTableModel 的代码。

```
import javax.swing.event.TableModelListener;
import javax.swing.table.TableModel;

public class MyTableModel implements TableModel {

    @Override
    public void addTableModelListener(TableModelListener arg0) {
        //TODO Auto-generated method stub

    }

    @Override
    public Class<?> getColumnClass(int arg0) {
        //TODO Auto-generated method stub
        return String.class;
    }
```

```
    @Override
    public int getColumnCount() {
        //TODO Auto-generated method stub
        return 6;
    }

    @Override
    public String getColumnName(int arg0) {
        //TODO Auto-generated method stub
        return "aaa";
    }

    @Override
    public int getRowCount() {
        //TODO Auto-generated method stub
        return 10;
    }

    @Override
    public Object getValueAt(int arg0, int arg1) {
        //TODO Auto-generated method stub
        return "abc";
    }

    @Override
    public boolean isCellEditable(int arg0, int arg1) {
        //TODO Auto-generated method stub
        return false;
    }

    @Override
    public void removeTableModelListener(TableModelListener arg0) {
        //TODO Auto-generated method stub

    }

    @Override
    public void setValueAt(Object arg0, int arg1, int arg2) {
        //TODO Auto-generated method stub

    }
}
```

能看出来，这是天下最简单的 TableModel 接口的实现，TableModel 太啰嗦了，有很多方法是不需要修改的，于是人们想出了一个好办法，将 TableModel 先空实现一遍，比如就像上面一样，以后再写 TableModel 时，就不实现接口了，而是继承这个 MyTableModel 的类，需要修改的方法重写一遍就行了。

Java 也想到了这点，Java 实现的类似于上面 MyTableModel 的类叫 AbstractTableModel，所以常常看到有人继承 AbstractTableModel 类，而不是实现 TableModel 接口，其实道理是一样的。

有了 MyTableModel 后，我们该如何使用呢？

```
import java.awt.* ;
import javax.swing.* ;


public class TestJTable extends JFrame {
    TestJTable() {
        this.setSize(400 , 300) ;

            MyTableModel tm = new MyTableModel() ;
            //创建 JTable
            JTable t = new JTable(tm) ;
            //不加滚动条，表头显示不出来
            JScrollPane sp = new JScrollPane(t) ;
            this.add(sp) ;
    }
    public static void main(String args[]){
        TestJTable w = new TestJTable() ;
        w.setVisible(true) ;
    }
}
```

就是在 new JTable 的时候，将 MyTableModel 的对象放到构造方法的参数中去。

有了上面的尝试，你试着将数据库的代码加入其中，让 JTable 能够显示数据库 QQ 中的 employee 表。一定要先自己尝试，需要在构造方法中连接数据库，并且准备好 ResultSet 数据。

```
import javax.swing.table.TableModel;
import javax.swing.*;
import javax.swing.event.*;
import java.sql.* ;

public class MyTableModel implements TableModel{
    private ResultSet rs = null ;
    private ResultSetMetaData rsmd = null;
    MyTableModel() {
        try {
            Connection cn = DataBase.getConnection("qq") ;
            Statement st = cn.createStatement() ;
            rs = st.executeQuery("select * from employee") ;
            rsmd = rs.getMetaData() ;
        }
        catch (Exception ex) {
        }
    }
    public int getRowCount() {
```

```
        int count = 0 ;
        try {
            rs.last() ;
            count = rs.getRow() ;
        }
        catch (Exception ex) {
        }
        return count ;
    }

    public int getColumnCount() {
        int count = 0 ;
        try {
            count = rsmd.getColumnCount() ;
        }
        catch (Exception ex) {
        }
        return count ;
    }

    public String getColumnName(int columnIndex) {
        String name = null ;
        try {
            name = rsmd.getColumnName(columnIndex+1) ;
        }
        catch (Exception ex) {
        }
        return name ;
    }

    public Class getColumnClass(int columnIndex) {
        return String.class ;
    }

    public boolean isCellEditable(int rowIndex, int columnIndex) {
        return false ;
    }

    public Object getValueAt(int rowIndex, int columnIndex) {
        Object value = null ;
        try{
            rs.absolute(rowIndex+1) ;
            value = rs.getString(columnIndex+1) ;
        }catch(Exception e){}
        return value ;
    }

    public void setValueAt(Object aValue, int rowIndex, int columnIndex) {
```

```
    }

    public void addTableModelListener(TableModelListener l) {
    }

    public void removeTableModelListener(TableModelListener l) {
    }
}
```

TestJTable 代码没有区别，上面的代码成功实现后，思考一下，如果允许用户修改数据，则意味着用户会点击进入一个单元格，修改后离开，你能实现该数据被实时地修改到数据库中吗？看样子代码应该写在 setValueAt 方法里，这个方法有三个参数，第一个自然是修改后新的值是什么，第二个和第三个分别是修改的行和列是什么。你先试试完成这个功能。

```
public void setValueAt(Object aValue, int rowIndex, int columnIndex)
{
    try {
        Connection cn = DataBase.getConnection("qq");
        Statement st = cn.createStatement();

        String SQLStr = "update employee set " ;
        SQLStr += this.getColumnName(columnIndex);
        SQLStr += " = '" + aValue + "' where 1=1 ";
        for (int i = 0; i < this.getColumnCount(); i++) {
            if (this.getValueAt(rowIndex, i) != null) {
                SQLStr += " and " + this.getColumnName(i);
                SQLStr += " = '" + this.getValueAt(rowIndex, i) + "'";
            }
        }

        //处理中文问题
        SQLStr = new String(SQLStr.getBytes("gb2312"), "ISO-8859-1");
        //检查一下生成的 SQL 语句
        System.out.println(SQLStr);

        st.executeUpdate(SQLStr);
        rs = st.executeQuery("select * from employee");

    } catch (Exception e) {
        e.printStackTrace();
    }
}
```

上面的代码实现并不容易，但是这段代码的逻辑可能是你未来工作中常常会碰到的，希望你能够十分熟练地掌握。

为了更新具体的一个数据，我们就要得到一条合法的 update 语句，我们来看如何得到这样一条 SQL 语句。前面的“update 表名 set”并不困难，获得要更新的列名没问题，因为参数中有第几列，只是我们需要将第几列转换成列名，好在这个类中有相应的方法，然后等于新值也没问题，参数里有新值。之后是 where 条件，我们的困难是，在未来的项目中，并不知道要操作哪个表，这样也就不知道哪个列是主键，唯一稳妥的办法是将所有的列一起作为条件。你注意到，我在 where 后面先加上一个“1=1”，这是个常用做法，因为其他条件是“and 列名=值”，如果没有“1=1”，and 就要放在后面进行字符串连接，那么循环结束，在最后就会多出来一个 and，我们还要费事地将最后的 and 去掉，现在有了“1=1”，我们就可以在字符串连接的前面加上 and，循环出来后，就不需要去掉最后的 and 了。

字符串连接是难点和重点，容易出问题的一是单引号，二是空格，还有 null 值的项目要排除出去，因为在 SQL 语句中 null=null 是假值，所以如果混入了 null 的比较，我们就无法锁定任何一行了。虽然我们写的是 Java 代码，但是心中要装着 SQL 的语法，这便是 Java 程序员头疼的地方，当然其他语言的程序员也好不到哪儿去，除非……，以后你会学到解决这个问题的技术的。

或许你不会一次成功，所以我建议你在交给数据库执行这条 SQL 语句前，先在控制台打印看看，甚至将打印出来的用程序连接的 SQL 语句复制到 MySQL 中，看看是不是能执行，如果能执行，再向下写提交到数据库的语句。

如果还有问题就看看有没有异常，我在测试过程中遇到了比预想的还要严重的问题，打印出来的语句复制到 MySQL 中可以执行，异常也没有，但是数据却没有被更新，最终我意识到中文问题，中文字符串被转换成面目全非的东西。

最后一个问题是，我在 JTable 中修改了一个值，发现更新的代码正确执行了，数据库中的值也被修改了，可是在 JTable 里面这个值并没有变化。这是因为 JTable 还在使用过去的 ResultSet 对象，那里存放的是老内容，除非你刷新了 ResultSet 对象，所以我有一个重新给 rs 赋值的语句。

这段代码的思路很明确，就是发出一条更新的 SQL 语句到数据库。有人想到 ResultSet 是一个表，而且是和数据库关联的一个表，我们能不能更新 ResultSet 对象，然后将 ResultSet 中的内容刷新到数据库。这个思路也可以实现，但是并不推荐，这要从游标，也就是 ResultSet 的类型说起，在 JDK 1.5 以前的版本中，默认的游标是只读只进游标，也就是说，只能用来读数据，并且游标的指针只能向前一步步地移动。第二种游标是静态游标，或者叫做只读游标，意思还是只读的，但是指针可以前后移动，也可以直接定位在某一行，这时的游标被认为是表的一个快照，在使用游标的过程中，如果表中的数据改变了，游标中的内容不会随之改变，现在 JDK 版本默认的就是这种游标。第三种游标是动态游标，就是可以读数据，也可以写数据，还可以上下移动。第三种游标确实很强大，但是这样的游标太过于消耗资源了，所以不到万不得已我们避免使用动态游标。为了解决动态游标的问题，又出现了一个折中方案，叫做键集游标。我们知道游标往往是数据库中表的一个子集，如果有了 where 子句，游标中的内容常常比原表要少，键集游标的意思是，如果原表数据发生了改变，游标中的内容也会跟着变化，但只限于恰好落在游标中的行。

基于上面的讨论，我们尽可能不使用动态游标，这样试图通过 ResultSet 改变数据库中的内容的想法也就无法实现了，如果你有兴趣可以自己试试这个方案。

我由衷地希望你经过千辛万苦才实现了这个功能，在过程中你将收获很多。如果你练习了 20 遍，那么请跳开来看 JTable 所提供的三种创建形式，体会一下面向对象所提供的手段，思考一下如果是你提供了 JTable 这样的组件，你会否使用这些形式。

4.6 完成资源管理器

有了上面对 JTable 的研究，我们可以将项目向前继续推进了。我们的项目停在双击表名，弹出显示表内容的窗体这一步，显示表信息的窗体的类叫做 ShowData，在弹出 ShowData 时，数据库名、表名以及第一个窗体的 *x*、*y*、宽和高的值作为参数传给了 ShowData 类，同时确定我们将采用 TableModel 的方案。

在继续进行之前，我还有个小问题，双击了 employee 表，之后又双击了 training 表，之前显示 employee 表内容的窗体还在，这让人很不舒服，应该是双击出现新窗体以后，之前相同功能的窗体消失才对。为了完成这个功能，就要在显示 ShowData 之前先检查目前是否已经有 ShowData 对象存在，如果已经存在，就关闭它，问题是如何知道是否有 ShowData 对象存在。我们知道在程序中，ShowData 对象的引用是 w，也就是要检查 w 是否为空，但是 w 是局部变量，你检查不到上一次的值是多少，所以我将 w 定义到更大的作用范围内。借此机会，我将 ShowTable 的所有代码提供出来。

```
import java.sql.*;
import javax.swing.*;
import java.awt.*;
import java.awt.event.*;
import java.util.*;

public class ShowTable extends JFrame implements ActionListener,
MouseListener {
    JComboBox cmbDatabase = new JComboBox();
    JList lstTable = new JList();
    ShowData w;

    ShowTable() {
        this.setSize(200, 300);

        JScrollPane sp = new JScrollPane(lstTable);

        cmbDatabase.addActionListener(this);
        lstTable.addMouseListener(this);

        this.setLayout(new BorderLayout());

        this.add(cmbDatabase, BorderLayout.NORTH);
```

```
        this.add(sp, BorderLayout.CENTER);

        // 将数据库名字添加到下拉列表框中
        Connection cn = null;
        Statement st = null;
        ResultSet rs = null;
        try {
            cn = DataBase.getConnection();
            st = cn.createStatement();
            rs = st.executeQuery("show Databases");

            while (rs.next()) {
                cmbDatabase.addItem(rs.getString(1));
            }
        } catch (Exception ex) {
            } finally {
                try {
                    rs.close();
                    st.close();
                    cn.close();
                } catch (Exception e) {
            }
        }
    }

    public static void main(String args[]) {
        ShowTable w = new ShowTable();
        w.setVisible(true);
    }

    public void actionPerformed(ActionEvent e) {
        String database = (String) cmbDatabase.getSelectedItem();
        Connection cn = null;
        Statement st = null;
        ResultSet rs = null;
        try {
            cn = DataBase.getConnection(database);
            st = cn.createStatement();
            rs = st.executeQuery("show tables");

            Vector v = new Vector();
            while (rs.next()) {
                v.add(rs.getString(1));
            }
            lstTable.setListData(v);
        } catch (Exception ex) {
            } finally {
                try {
```

```
                rs.close();
                st.close();
                cn.close();
            } catch (Exception ee) {
            }
        }
    }

    public void mouseClicked(MouseEvent e) {
        //TODO: Add your code here
    }

    public void mousePressed(MouseEvent e) {
        if (e.getClickCount() == 2) {
            String database = cmbDatabase.getSelectedItem().toString();
            String table = lstTable.getSelectedValue().toString();
            int x = this.getX();
            int y = this.getY();
            int width = this.getWidth();
            int height = this.getHeight();
            if (w != null) {
                w.setVisible(false);
            }
            w = new ShowData(database, table, x, y, width, height);
            w.setVisible(true);
        }
    }

    public void mouseReleased(MouseEvent e) {
        //TODO: Add your code here
    }

    public void mouseEntered(MouseEvent e) {
        //TODO: Add your code here
    }

    public void mouseExited(MouseEvent e) {
        //TODO: Add your code here
    }
}
```

下面我再提供 ShowData 的代码。

```
import java.awt.* ;
import javax.swing.* ;
import java.awt.event.*;
import java.util.* ;

public class ShowData extends JFrame {
```

```
    ShowData(String database , String table , int x , int y , int width ,
        int height) {

        //新窗体出现在上一个窗体的右侧
        this.setLocation(x+width , y) ;

        MyTableModel tm = new MyTableModel(database , table) ;
        JTable t = new JTable(tm) ;

        //根据表的列数自动调整窗体的宽度
        int w = tm.getColumnCount()*100 ;

        this.setSize(w , 300) ;

        this.add(new JScrollPane(t)) ;
    }
}
```

我们知道关键代码不在这里，而在 MyTableModel 中，因为有下一步编辑数据的窗体存在，这次我并不实现 setValueAt 的功能，单元格也不可以编辑。

```
import javax.swing.table.TableModel;
import javax.swing.*;
import javax.swing.event.*;
import java.sql.* ;

public class MyTableModel implements TableModel{
    private ResultSet rs = null ;
    private ResultSetMetaData rsmd = null;
    //在构造方法中准备好 rs 和 rsmd
    MyTableModel(String database , String table) {
        try {
            Connection cn = DataBase.getConnection() ;
            Statement st = cn.createStatement() ;
            st.execute("use "+database) ;
            rs = st.executeQuery("select * from "+table) ;
            rsmd = rs.getMetaData() ;
        }
        catch (Exception ex) {
        }
    }

    //重写获得总行数的方法
    public int getRowCount() {
        int count = 0 ;
        try {
            rs.last() ;
            count = rs.getRow() ;
        }
```

```
        catch (Exception ex) {}
        return count ;
    }

    //重写获得总列数的方法
    public int getColumnCount() {
        int count = 0 ;
        try {
            count = rsmd.getColumnCount() ;
        }
        catch (Exception ex) {}
        return count ;
    }

    //重写获得列名的方法
    public String getColumnName(int columnIndex) {
        String name = null ;
        try {
            name = rsmd.getColumnName(columnIndex+1) ;
        }
        catch (Exception ex) {}
        return name ;
    }

    //重写获得列类型的方法，我用 String 这个最通用的类型满足了这个方法
    public Class getColumnClass(int columnIndex) {
        return String.class ;
    }

    //重写单元格是否可以被编辑的方法，基于任务，该程序单元格不可以编辑
    public boolean isCellEditable(int rowIndex, int columnIndex) {
        return false ;
    }

    //重写获得单元格值的方法，处理了中文问题
    public Object getValueAt(int rowIndex, int columnIndex) {
        Object value = null ;
        try{
            rs.absolute(rowIndex+1) ;
             value = new String(rs.getString(columnIndex+1).getBytes
                 ("ISO-8859-1") , "gb2312") ;
        }catch(Exception e){}
        return value ;
    }

    public void setValueAt(Object aValue, int rowIndex, int columnIndex) {
        //TODO: Add your code here
    }
```

```
    public void addTableModelListener(TableModelListener l) {
        //TODO: Add your code here
    }

    public void removeTableModelListener(TableModelListener l) {
        //TODO: Add your code here
    }
}
```

现在可以测试表内容的窗体是否能够被正确显示出来了。

没问题之后，我们来看第三个窗体，第三个窗体的类叫做 EditData，它出现在前两个窗体的下面，宽度是前两个窗体的总宽度，高度根据列数进行自动调整。不管怎样，我们要先显示一个空窗体出来。

还是要分析一下，有哪些信息要作为参数传递到下一个窗体中去。由于要操作数据库，数据库名和表名无疑要传递，因为对显示的位置和大小也有要求，*x*、*y* 坐标以及宽和高也要传递，问题是和上一次传递不同，宽度已经变成两个窗体共同的宽度，高度还是第一个窗体的高度，这样才能计算出来新窗体的位置。

在 ShowData 类中，也接收了类似的参数，只是在向下传递时，那些接收回来的信息没法使用，因为有作用域的限制，这些信息通常只在构造方法中起作用，要想办法将这些信息变成全局变量，然后再传递。

```
import java.awt.* ;
import javax.swing.* ;
import java.awt.event.*;
import java.util.* ;

public class ShowData extends JFrame implements MouseListener{
    JTable t ;
    MyTableModel tm ;
    String database ;
    String table ;
    int x ;
    int y ;
    int width ;
    int height ;
    public EditData w ;
    ShowData(String database , String table , int x , int y , int width ,
        int height) {
        this.database = database ;
        this.table = table ;
        this.x = x ;
        this.y = y ;
        this.height = height ;
```

```
        //新窗体出现在上一个窗体的右侧
        this.setLocation(x+width , y) ;

        tm = new MyTableModel(database , table) ;
        t = new JTable(tm) ;

        t.addMouseListener(this) ;

        int w = tm.getColumnCount()*100 ;

        this.width = width + w ;
        this.setSize(w , 300) ;

        this.add(new JScrollPane(t)) ;
    }

    public void mouseClicked(MouseEvent e) {
        //TODO: Add your code here
    }

    public void mousePressed(MouseEvent e) {
        if(e.getClickCount()==2){
            if(w!=null){
                w.setVisible(false) ;
            }
            w = new EditData(database , table , x , y , width , height ) ;
            w.setVisible(true) ;
        }
    }

    public void mouseReleased(MouseEvent e) {
    }

    public void mouseEntered(MouseEvent e) {
    }

    public void mouseExited(MouseEvent e) {
    }
}
```

我想粗体部分已经展现了向全局变量转移值的方法，这些值经过转换传递给新窗体EditData。另外，基于同样的道理，我也检查了 EditData 窗体是否已经存在，如果已经存在，就要先将其关闭，这和第二个窗体面临的问题是一样的，事实上在 EditData 已经显示出来的情况下，如果双击第一个窗体，不但要将第二个窗体关闭，也要将第一个窗体关闭。我将窗体 w 的声明放到了类变量中，同时用 public 修饰，这样第一个窗体就有能力关闭第三个窗体了。第一个窗体修改后的代码如下：

```
    if (w != null) {
```

```
        if (w.w != null) {
            w.w.setVisible(false);
        }
        w.setVisible(false);
    }
    w = new ShowData(database, table, x, y, width, height);
```

初步的 EditData 窗体代码如下：

```
import java.awt.* ;
import javax.swing.* ;

public class EditData extends JFrame {
    EditData(String database , String table , int x , int y , int
width ,int height){
        this.setLocation(x , y + height) ;
        this.setSize(width , 200) ;
    }
}
```

上面的这些代码至少能够帮助测试第三个窗体出现的功能。除此之外，这个程序的难点是，我们需要布局一个窗体，在窗体上显示选中哪一行的每个列的值在输入框中，这样用户就可以进行修改或删除了。可是我们并不知道用户选择的是什么表，这就意味着不知道表的结构，甚至是列的数量，所以无从布局，好在这些信息在 TableModel 中有，可是第三个窗体 EditData 无法访问第二个窗体 ShowData 中的 EditData，除非 ShowData 将表的信息传递给第三个窗体。适应不同数量的内容只有借助于集合了，要传递的是每个列的名字，以及用户选择的行对应的值，看起来 HashMap 很合适，在 HashMap 中，第一列 Key 存放的是列名，第二列存放对应着的具体的值。所以 ShowData 的事件处理程序改造如下：

```
if(e.getClickCount()==2){
    int row = t.getSelectedRow() ;
HashMap<String, String> hm = new HashMap<String , String>() ;

int cols = tm.getColumnCount() ;

    for (int i = 0; i< cols; i++){
        hm.put(tm.getColumnName(i) , (String)tm.getValueAt(row , i)) ;
    }

    if(w!=null){
        w.setVisible(false) ;
    }
    w = new EditData(database , table , x , y , width , height , hm) ;
    w.setVisible(true) ;
}
```

有了 HashMap 所提供的信息，我们就能在 EditData 窗体中将这些信息显示成界面的组件。

```
import java.awt.* ;
import javax.swing.* ;
```

```
import java.util.* ;

public class EditData extends JFrame {
    ArrayList colName = new ArrayList() ;
    ArrayList values = new ArrayList() ;
    private String database ;
    private String table ;

    EditData(String database , String table , int x , int y , int width ,
        int height , HashMap<String , String>data){
        //参数作用域转移
        this.database = database ;
        this.table = table ;

        //设定窗体显示位置
        this.setLocation(x , y + height) ;

        //根据窗体宽度，计算每行能够安排的项目数，每列提供了 200 个像素点
        int cols = width / 200 ;

        //计算需要几行能够显示全部项目
        int rows = 0 ;
        if(data.size()%cols==0) {//处理除不开的问题
            rows = data.size()/cols ;
        }else {
            rows = data.size()/cols + 1;
        }
        //计算窗体的高度为，每行 15 个像素点，加上下方按钮的 100 个像素点
        int h = rows*15+100 ;
        this.setSize(width , h) ;

        //循环 new JLabel
        for(String col : data.keySet()){
            JLabel l = new JLabel(col) ;
            colName.add(l) ;
        }

        //循环 new JTextField
        for(String v : data.values()){
            JTextField f = new JTextField(v) ;
            values.add(f) ;
        }

        //new 功能按钮
        JButton btnNew = new JButton("添加") ;
        JButton btnDelete = new JButton("删除") ;
        JButton btnSave = new JButton("保存") ;
```

```
        //按钮布局
        JPanel panButton = new JPanel() ;
        panButton.setLayout(new GridLayout(1 , 3)) ;

        panButton.add(btnNew) ;
        panButton.add(btnDelete) ;
        panButton.add(btnSave) ;

        //输入框布局
        JPanel panInput = new JPanel() ;
        panInput.setLayout(new GridLayout(rows , cols)) ;

        //将标签和输入框组合在一个小面板中，否则两者不在一起
        for(int i = 0 ; i < data.size() ; i ++){
            JPanel p = new JPanel() ;
            p.setLayout(new GridLayout(1 , 2)) ;
            p.add((JLabel)colName.get(i)) ;
            p.add((JTextField)values.get(i)) ;

            panInput.add(p) ;
        }

        this.setLayout(new BorderLayout()) ;

        this.add(panInput , BorderLayout.CENTER) ;
        this.add(panButton , BorderLayout.SOUTH ) ;
    }
}
```

在你彻底清楚到目前所完成的程序后，我们开始实现按钮事件。有三个按钮，我们是这样定义的，如果用户单击了“添加”按钮，则将输入框中所有的值都清除，然后设定标记，让程序知道，我在添加一条新的记录；如果用户单击了“删除”按钮，那么直接发出指令删除这条记录；当用户单击了“保存”按钮时，我们要区分刚才的标记，在默认情况下标记表示用户是要修改数据，如果这个标记没有改变，那么在“保存”按钮的逻辑中，我们发出 update 指令，否则发出 insert 指令。

和上一部分的讨论相似，我们需要用字符串拼接出相应的 SQL 语句，关键点是 where 条件。另外，数据库更新后，EditData 逻辑上会消失，新的数据将反映到 ShowData 窗体中，这个任务会被多次用到，我将其写成一个独立的方法来调用。EditData 消失很简单，困难的是如何刷新 ShowData，唯一的办法就是让原有的 ShowData 消失，然后产生一个新的 ShowData 对象，再显示出来。问题是如何在 EditData 中找到 ShowData 的引用，要知道 ShowData 是 ShowTable 产生的，EditData 是 ShowData 产生的，从 EditData 倒着向上找太难了，一个简单的办法是在 ShowTable 中将 ShowData 的引用声明成静态的，这样我们就可以用类名访问了。这不是个好办法，只能说应付了这件事情，你也可以将这个引用传递下去，虽然这么做很麻烦。

字符编码的转换也非常讨厌，我单独写了一个 changCode 方法来完成。下面我将项目的全部代码提供出来。

```
/*
 *
 * DataBase 工厂类，提供了 Connection 对象
 *
 */
import java.sql.* ;

public class DataBase {
    public static Connection getConnection(String dbName){
        Connection cn = null ;
        try {
            String driver = "org.gjt.mm.mysql.Driver" ;
            String url = "jdbc:mysql://127.0.0.1:3306/"+dbName;
            String user = "root" ;
            String pass = "123456" ;
            Class.forName(driver) ;
            cn = DriverManager.getConnection(url, user , pass) ;
        }
        catch (Exception ex) {
        }
        return cn ;
    }
    public static Connection getConnection(){
        return getConnection("") ;
    }
}
/*
 *
 * ShowTable 类，显示一个可选的数据库和表名
 *
 */
import java.sql.*;
import javax.swing.*;
import java.awt.*;
import java.awt.event.*;
import java.util.*;

public class ShowTable extends JFrame implements ActionListener,
MouseListener {
    JComboBox cmbDatabase = new JComboBox();
    JList lstTable = new JList();
    public static ShowData w;

    ShowTable() {
        this.setSize(200, 300);
```

```
        JScrollPane sp = new JScrollPane(lstTable);

        cmbDatabase.addActionListener(this);
        lstTable.addMouseListener(this);

        this.setLayout(new BorderLayout());

        this.add(cmbDatabase, BorderLayout.NORTH);
        this.add(sp, BorderLayout.CENTER);

        //将数据库名字添加到下拉列表框中
        Connection cn = null;
        Statement st = null;
        ResultSet rs = null;
        try {
            cn = DataBase.getConnection();
            st = cn.createStatement();
            rs = st.executeQuery("show Databases");

            while (rs.next()) {
                cmbDatabase.addItem(rs.getString(1));
            }
        } catch (Exception ex) {
            } finally {
                try {
                    rs.close();
                    st.close();
                    cn.close();
                } catch (Exception e) {
            }
        }
    }

    public static void main(String args[]) {
        ShowTable w = new ShowTable();
        w.setVisible(true);
    }

    public void actionPerformed(ActionEvent e) {
        String database = (String) cmbDatabase.getSelectedItem();
        Connection cn = null;
        Statement st = null;
        ResultSet rs = null;
        try {
            cn = DataBase.getConnection(database);
            st = cn.createStatement();
            rs = st.executeQuery("show tables");
```

```
            Vector v = new Vector();
            while (rs.next()) {
                v.add(rs.getString(1));
            }
            lstTable.setListData(v);
        } catch (Exception ex) {
            } finally {
                try {
                    rs.close();
                    st.close();
                    cn.close();
                } catch (Exception ee) {
            }
        }
    }

    public void mouseClicked(MouseEvent e) {
    }

    public void mousePressed(MouseEvent e) {
        if (e.getClickCount() == 2) {
            String database = cmbDatabase.getSelectedItem().toString();
            String table = lstTable.getSelectedValue().toString();
            int x = this.getX();
            int y = this.getY();
            int width = this.getWidth();
            int height = this.getHeight();
            if (w != null) {
                if (w.w != null) {
                    w.w.setVisible(false);
                }
                w.setVisible(false);
            }
            w = new ShowData(database, table, x, y, width, height);
            w.setVisible(true);
        }
    }

    public void mouseReleased(MouseEvent e) {
    }

    public void mouseEntered(MouseEvent e) {
    }

    public void mouseExited(MouseEvent e) {
    }
}
```

```
/*
 *
 * ShowData 类，显示选定表的内容
 *
 */
import java.awt.* ;
import javax.swing.* ;
import java.awt.event.*;
import java.util.* ;

public class ShowData extends JFrame implements MouseListener{
    JTable t ;
    MyTableModel tm ;
    String database ;
    String table ;
    int x ;
    int y ;
    int width ;
    int height ;
    public EditData w ;
    ShowData(String database , String table , int x , int y , int width ,
        int height) {
        this.database = database ;
        this.table = table ;
        this.x = x ;
        this.y = y ;
        this.width = width ;
        this.height = height ;

        //新窗体出现在上一个窗体的右侧
        this.setLocation(x+width , y) ;

        tm = new MyTableModel(database , table) ;
        t = new JTable(tm) ;

        t.addMouseListener(this) ;

        int w = tm.getColumnCount()*100 ;

        this.setSize(width+w , 300) ;

        this.add(new JScrollPane(t)) ;
    }

    public void mouseClicked(MouseEvent e) {
    }
```

```
        public void mousePressed(MouseEvent e) {
            if(e.getClickCount()==2){
                int row = t.getSelectedRow() ;
                HashMap<String, String> hm = new HashMap<String , String>() ;
                int cols = tm.getColumnCount() ;
                for (int i = 0; i< cols; i++){
                    hm.put(tm.getColumnName(i),(String)tm. getValueAt(row,i));
                }

                if(w!=null){
                    w.setVisible(false) ;
                }
                w = new EditData(database , table , x , y , width , height ,
                this.getWidth() , hm ) ;
                w.setVisible(true) ;
            }
        }

        public void mouseReleased(MouseEvent e) {
        }

        public void mouseEntered(MouseEvent e) {
        }

        public void mouseExited(MouseEvent e) {
        }
    }
    /*
     *
     * EditData类，提供新建、删除、修改的功能
     *
     */
    import java.awt.*;
    import java.awt.event.*;
    import java.sql.*;
    import javax.swing.*;
    import java.util.*;

    public class EditData extends JFrame implements ActionListener {
        ArrayList<JLabel> colName = new ArrayList<JLabel>();
        ArrayList<JTextField> values = new ArrayList<JTextField>();
        HashMap<String, String> data;
        private String database;
        private String table;
        private int x;
        private int y;
        private int width;
```

```
private int height;
boolean nu = true;//标记是新建还是修改，true 是修改，false 是新建

EditData(String database, String table, int x, int y, int width,
    int height, int width2, HashMap<String, String> data) {
    //参数作用域转移
    this.database = database;
    this.table = table;
    this.data = data;
    this.x = x;
    this.y = y;
    this.width = width;
    this.height = height;
    //设定窗体显示位置
    this.setLocation(x, y + height);

    //根据窗体宽度，计算每行能够安排的项目数，每列提供了 200 个像素点
    int cols = width + width2 / 200;

    //计算需要几行能够显示全部项目
    int rows = 0;
    if (data.size() % cols == 0) {// 处理除不开的问题
        rows = data.size() / cols;
    } else {
        rows = data.size() / cols + 1;
    }
    //计算窗体的高度为，每行 15 个像素点，加上下方按钮的 100 个像素点
    int h = rows * 15 + 100;
    this.setSize(width + width2, h);

    //循环 new JLabel
    for (String col : data.keySet()) {
        JLabel l = new JLabel(col);
        colName.add(l);
    }

    //循环 new JTextField
    for (String v : data.values()) {
        JTextField f = new JTextField(v);
        values.add(f);
    }

    //new 功能按钮
    JButton btnNew = new JButton("添加");
    JButton btnDelete = new JButton("删除");
    JButton btnSave = new JButton("保存");

    //注册事件监听
```

```
        btnNew.addActionListener(this);
        btnDelete.addActionListener(this);
        btnSave.addActionListener(this);

        //按钮布局
        JPanel panButton = new JPanel();
        panButton.setLayout(new GridLayout(1, 3));

        panButton.add(btnNew);
        panButton.add(btnDelete);
        panButton.add(btnSave);

        //输入框布局
        JPanel panInput = new JPanel();
        panInput.setLayout(new GridLayout(rows, cols));

        //将标签和输入框组合在一个小面板中，否则两者不在一起
        for (int i = 0; i < data.size(); i++) {
            JPanel p = new JPanel();
            p.setLayout(new GridLayout(1, 2));
            p.add((JLabel) colName.get(i));
            p.add((JTextField) values.get(i));

            panInput.add(p);
        }

        this.setLayout(new BorderLayout());

        this.add(panInput, BorderLayout.CENTER);
        this.add(panButton, BorderLayout.SOUTH);
    }

    public void actionPerformed(ActionEvent arg0) {
        if (arg0.getActionCommand().equals("添加")) {
            //清空所有的输入框
            nu = false;
            for (JTextField txt : values) {
                txt.setText("");
            }
        }
        if (arg0.getActionCommand().equals("删除")) {
            try {
                //拼接 SQL 语句
                String SQLStr = "delete from " + table;
                SQLStr += " where 1=1 ";
                for (String col : data.keySet()) {
                    SQLStr += " and " + col + "='";
                    SQLStr += changCode(data.get(col).toString()) + "'";
```

```
                }

                //发出 SQL 指令
                Connection cn = DataBase.getConnection(database);
                Statement st = cn.createStatement();
                st.executeUpdate(SQLStr);

                review();
            } catch (Exception e) {
        }
    }
    if (arg0.getActionCommand().equals("保存")) {
        if (nu) {
            //修改
            try {
                //拼接 SQL 语句
                String SQLStr = "update " + table + " set ";
                for (int i = 0; i < colName.size(); i++) {
                    SQLStr += colName.get(i).getText() + "='";
                    SQLStr += changCode(values.get(i).getText());
                    SQLStr += "',";
                }
                //去掉最后的一个逗号
                SQLStr = SQLStr.substring(0, SQLStr.length() - 1);
                SQLStr += " where 1=1 ";
                for (String col : data.keySet()) {
                    if (data.get(col) != null) {
                        SQLStr += " and " + col + "='";
                        SQLStr += changCode(data.get(col).toString()) ;
                        SQLStr += "'";
                    }
                }

                //发出 SQL 指令
                Connection cn = DataBase.getConnection(database);
                Statement st = cn.createStatement();
                st.executeUpdate(SQLStr);

                review();
            } catch (Exception e) {}
        } else {
            //新建
            try {
                //拼接 SQL 语句
                String SQLStr = "insert into " + table + "(";
                for (String col : data.keySet()) {
                    SQLStr += col + ",";
                }
                //去掉最后的一个逗号
```

```
                    SQLStr = SQLStr.substring(0, SQLStr.length() - 1);
                    SQLStr += ") values(";
                    for (JTextField txt : values) {
                        SQLStr += "'" + txt.getText() + "',";
                    }
                    //去掉最后的一个逗号
                    SQLStr = SQLStr.substring(0, SQLStr.length() - 1);
                    SQLStr += ")";

                    //发出 SQL 指令
                    Connection cn = DataBase.getConnection(database);
                    Statement st = cn.createStatement();
                    st.executeUpdate(SQLStr);

                    review();
                } catch (Exception e) {}
            }
        }
    }

                    //刷新 ShowData 显示的方法
    public void review() {
        this.setVisible(false);
        ShowTable.w.setVisible(false);
        ShowTable.w = new ShowData(database, table, x, y, width, height);
        ShowTable.w.setVisible(true);
    }

//字符串字符集转换
    public String changCode(String s) {
        String ss ="";
        try{
            ss =  new String(s.getBytes("gb2312") , "iso-8859-1") ;
        }catch(Exception e){}
        return ss ;
    }
}
```

4.7 有没有更好的参数传递方式

如果通过努力实现了这个项目的所有功能，那么你会找到成就感；如果练习了 20 遍让这些操作成为你的能力，那么你将不再畏惧有关数据库的操作了，虽然这不意味着你会所有的数据库操作方法，但是你已经有足够的信心和能力了。

这个项目除了有大量的数据库操作外，还有一个特点，就是项目由多个类构成，虽然即时聊天工具项目也是由多个类构成的，但是类与类之间的关系比较简单。回想一下这个项目，通过构造方法传递的参数有多少就能感觉到类与类关系的复杂了，你是不是在尝试时就已经陷入这些复杂的关系中了，用专业一点的话说，与即时聊天工具项目相比，这个项目是强耦合，那个项目是弱耦合，我们不喜欢强耦合，你应该已经有体会了。

未来的学习你能够体验很多弱耦合的办法，这里我仅仅讨论如何能够不传递那么多乱七八糟的参数，最简单的办法是定义一个类专门用于传递参数。

```
/*
 *
 * Mess 用于封装参数信息
 *
 */
public class Mess {
    public String database ;
    public String table ;
    public int x ;
    public int y ;
    public int width ;
    public int height ;
}
```

看起来是不是很简单，沿着这个思路，改造一遍项目代码看看，所有的构造方法都简单了，作用域的调整也简单了，new 对象也简单了。

附录 A

准备编程环境

我们使用的开发环境是由下面软件构成的。

JDK：这是将我们写的程序编译成计算机指令并帮助运行的工具，只需要 JDK 就可以编写 Java 程序了，JDK 是免费的。

MySQL：轻量级的数据库软件，著名的免费数据库。

1. JDK 的安装

JDK 是 Java Development Kit 的缩写，中文意思是 Java 开发包，它提供了编译和运行 Java 程序所需要的工具和资源，包括 Java 编译器、Java 运行时环境，以及 Java 类库。

第一步：下载 JDK 安装程序。

Java 是 Sun 公司发明的，但是由于现在 Sun 公司被 Oracle 公司收购了，所以现在 Java 是 Oracle 公司的产品，在浏览器中输入 Oracle 公司的网址：www.oracle.com，在导航栏上有一个“Downloads”选项（见图 A-1）。

单击“Downloads”选项，在显示的页面右侧能够找到“Java”选项（见图 A-2）。

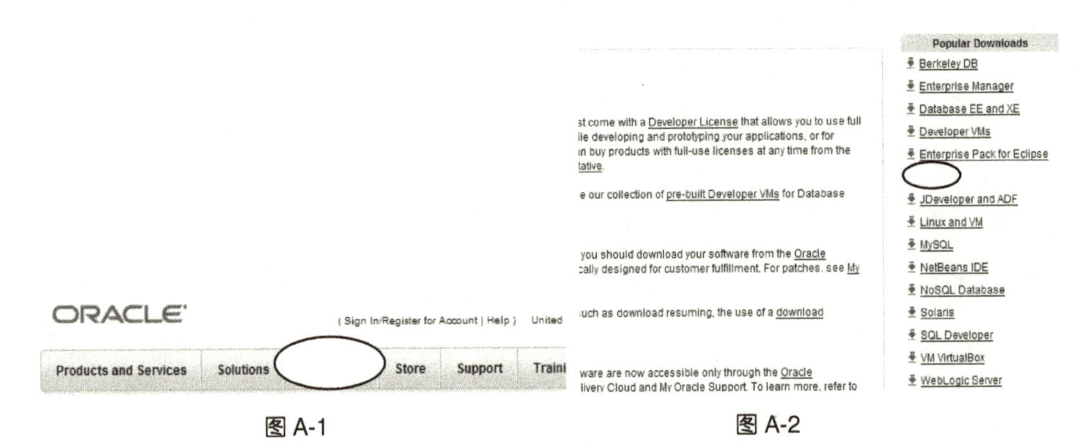

图 A-1　　　　图 A-2

单击“Java”选项，页面跳到 Java 区域，在这里找到 Java SE（见图 A-3）。

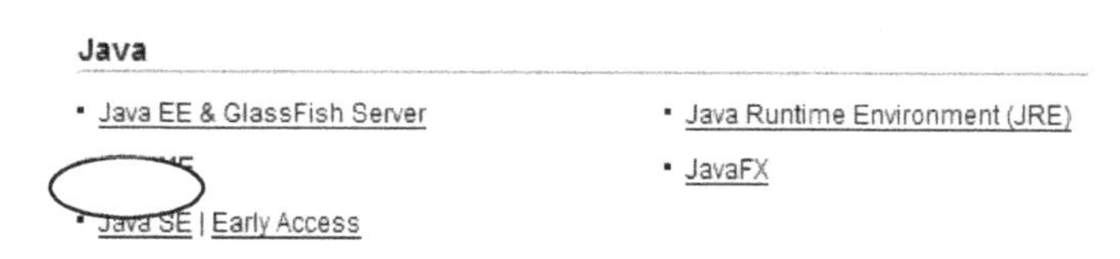

图 A-3

单击进入下一个页面，Oracle 公司开发的最新产品是 Java 7，所以现在只能下载 Java 7 的 JDK 了。单击“Java SE”后，有 4 个版本可供选择，我们选择最左边的最基本版本，即只有 Java 字样的版本（见图 A-4）。

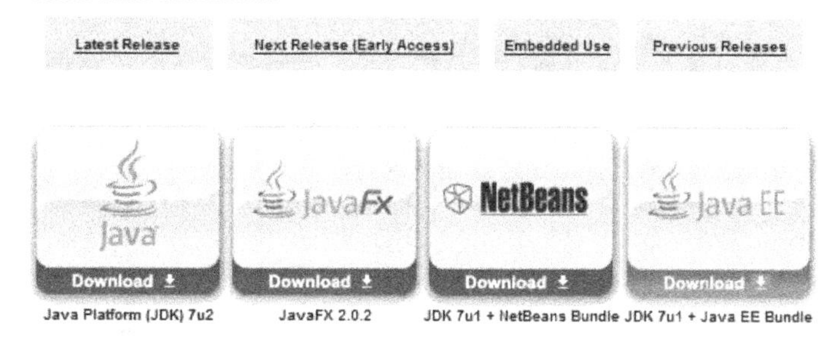

图 A-4

单击进入下一个页面，向下拖动页面，会看到下面的内容（见图 A-5）。

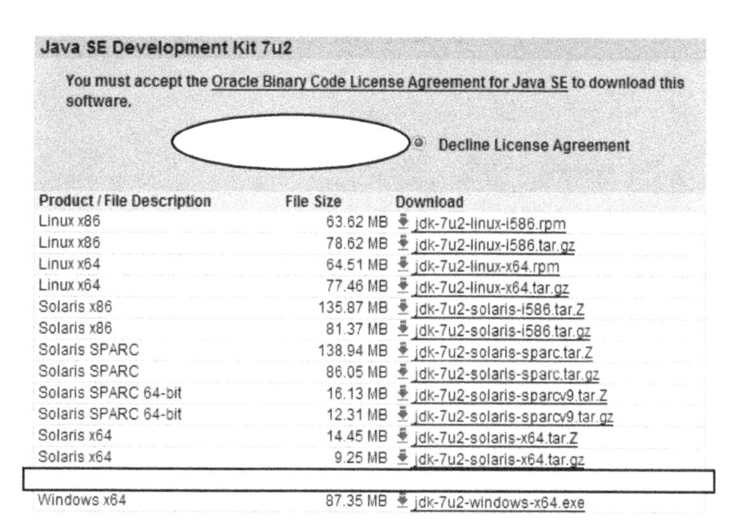

Looking for the JavaFX 2.0 SDK?
The JavaFX SDK 2.0 is now included in JDK 7u2 for Windows. For the JavaFX 2.0 Developer preview on Mac, go here.

Java SE Development Kit 7u2

You must accept the Oracle Binary Code License Agreement for Java SE to download this software.

Decline License Agreement

Product / File Description	File Size	Download
Linux x86	63.62 MB	jdk-7u2-linux-i586.rpm
Linux x86	78.62 MB	jdk-7u2-linux-i586.tar.gz
Linux x64	64.51 MB	jdk-7u2-linux-x64.rpm
Linux x64	77.46 MB	jdk-7u2-linux-x64.tar.gz
Solaris x86	135.87 MB	jdk-7u2-solaris-i586.tar.Z
Solaris x86	81.37 MB	jdk-7u2-solaris-i586.tar.gz
Solaris SPARC	138.94 MB	jdk-7u2-solaris-sparc.tar.Z
Solaris SPARC	86.05 MB	jdk-7u2-solaris-sparc.tar.gz
Solaris SPARC 64-bit	16.13 MB	jdk-7u2-solaris-sparcv9.tar.Z
Solaris SPARC 64-bit	12.31 MB	jdk-7u2-solaris-sparcv9.tar.gz
Solaris x64	14.45 MB	jdk-7u2-solaris-x64.tar.Z
Solaris x64	9.25 MB	jdk-7u2-solaris-x64.tar.gz
Windows x64	87.35 MB	jdk-7u2-windows-x64.exe

图 A-5

在这里需要选择“Accept License Agreement”，然后选择操作系统文件，单击“下载”按钮，这样你将得到一个名为 jdk-7u2-windows-i586.exe 的文件。

第二步：安装 JDK。

安装程序是个标准的 EXE 文件，可以通过双击在 Windows 环境中运行。开始安装后会遇到组件选择对话框，这个版本的 JDK 安装程序有两个阶段的安装，第一个阶段是单纯地安装 JDK，其中包括编译工具、Java 运行时环境和类库的安装；第二个阶段会问你是否要安装 JRE，事实上在第一个阶段的安装中，已经安装了 JRE。为什么还要多此一举呢？

这里提到一个名称 JRE（Java 运行时环境），JRE 是用来运行编译好的 Java 程序的系统，用户只需运行使用 Java 编写的程序就行，可以只安装 JRE，无须安装 JDK。若是搭建开发环境，则需要安装 JDK，由于测试运行也是开发必不可少的一个环节，所以 JDK 中也包含 JRE。也就是说，如果只是想运行 Java 程序，那么可以只安装第二个阶段的 JRE。

选择 JDK 的安装目录，也可以使用默认的目录，然后系统开始了安装过程。这个版本的 JDK 会同时安装 JDK、独立的 JRE，以及 Java 的一个新产品 JavaFX，安装完 JDK 后，安装程序会询问你是否要安装 JRE 和 JavaFX，你可以取消这两个安装。

2. Eclipse 的安装

Eclipse 也有自己的独立域名：www.eclipse.org，单击“Downloads”选项，你会看到多款 Eclipse 产品，我使用的是 Eclipse Classic 3.7.1，选择适合自己的系统文件，然后单击“下载”按钮（见图 A-6）。

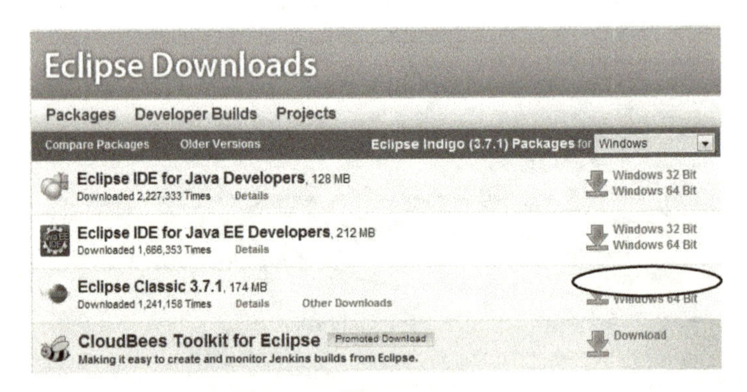

图 A-6

Eclipse 是个绿色软件，不需要安装，不修改注册表，找个目录解压就可以了。在解压的目录中能够找到一个名为 Eclipse.exe 的文件，双击运行这个文件便可以启动 Eclipse。

在启动过程中，Eclipse 会需要一个路径，这是你写的程序存放的地点，建议更改成自己定义的目录（见图 A-7）。可以勾选“Use this as the default and do not ask again”（每次打开不询问）复选框。

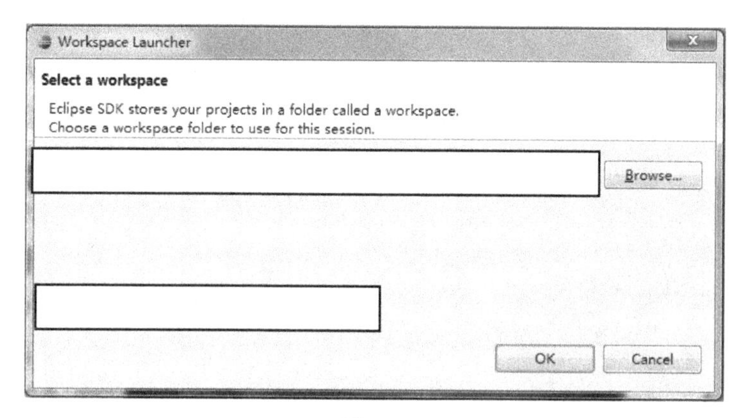

图 A-7

3. MySQL 的安装

MySQL 的官方网址是：www.mysql.com，同样寻找“Downloads”选项，能够直接看到 MySQL Installer 区域，单击后选择适合的操作系统和版本，然后单击“下载”按钮。在下一个页面中，需要注册一个新用户，然后登录，这样就能看到支持下载的服务器列表了，随便选择一个下载就行，如果速度太慢就换一个。

下载后，运行这个安装程序，经过一段时间的等待，可以看见一个欢迎页面（见图 A-8）。

图 A-8

可以看到现在 MySQL 也已经是 Oracle 公司的产品了。单击“Install MySQL Products”选项，随后你会看到版权声明，勾选“接受”复选框，然后单击“Next”按钮，在下一个页面中可以取消升级检查，选择“Execute”去检查，然后单击“Next”按钮。

在下一个页面中选择安装类型，我们选择默认的给开发人员的安装，即选择“Developer Default”选项（见图 A-9）。下面的选项是只安装服务器端和只安装客户端，我们知道数据库产品由服务器端和客户端构成，客户端程序是访问数据库的一种手段，但是在大多数情况下访问正式运行的数据库是程序的事情，这时就不需要安装客户端了。此外，还可以选择安装目录。

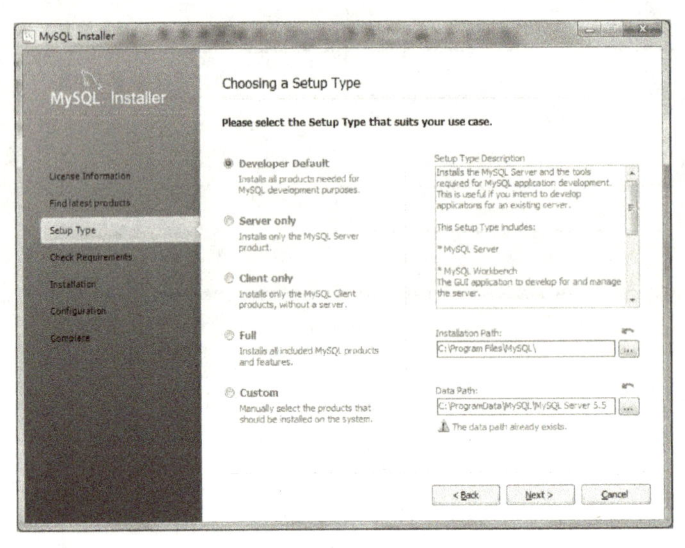

图 A-9

单击“Next”按钮后，系统要检查运行环境，下一步就会安装。在安装过程中，安装程序会要求输入 root 用户的密码，不建议使用空密码，这里最好提供一个密码，当然如果这里没有提供密码，后期也能够再提供。